Sternstunden der Wissenschaft

Eine Erfolgsgeschichte
des Denkens

»Durch Zweifeln nämlich gelangen wir zur Untersuchung;
in der Untersuchung erfassen wir die Wahrheit.«
Peter Abaelard, 12. Jhd.

»Religion ist eine Kultur des Glaubens,
Wissenschaft ist eine Kultur des Zweifels.«
Richard Feynman, 20. Jhd.

Lars Jaeger

Sternstunden der Wissenschaft

Eine Erfolgsgeschichte des Denkens

Bibliografische Information der Deutschen Nationalbibliothek
Die Deutsche Nationalbibliothek verzeichnet diese Publikation
in der Deutschen Nationalbibliografie; detaillierte bibliografische
Daten sind im Internet über http://dnb.dnb.de abrufbar.

ISBN 978-3-87800-140-9

Dieses Werk wurde durch die Literaturagentur Beate Riess
vermittelt.

© Südverlag GmbH, Konstanz 2020
Konzept- und Textberatung: Dr. Bettina Burchardt, Moos
Redaktion: Annette Güthner, Südverlag
Umschlag, Layout und Satz: Silke Nalbach, Mannheim
Umschlagabbildung: akg-images / Erich Lessing (AKG6604)
Druck und Bindung: CPI books GmbH, Ulm

Südverlag GmbH
Schützenstr. 24, 78462 Konstanz
Tel. 07531-9053-0, Fax: 07531-9053-98
www.suedverlag.de

INHALT

INHALT

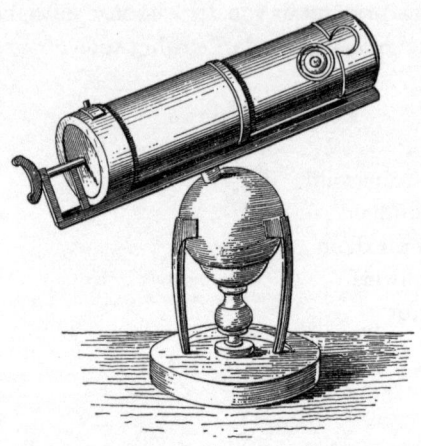

Das von Isaac Newton (1642–1727) entwickelte Teleskop
ist eine frühe Form des Spiegelteleskops.

Vorwort

»Die anderen Völker dieser Gruppe, welche die Wissenschaften nicht gepflegt haben, gleichen eher Tieren als Menschen. [...] Ihr Charakter ist deshalb kühl, ihr Humor primitiv, ihre Bäuche sind fett, ihre Farbe ist bleich, ihr Haar lang und strähnig. So mangelt es ihnen an Verstandesschärfe und Klarheit der Intelligenz, und sie werden von Unwissenheit und Apathie, fehlender Urteilskraft und Dummheit überwältigt.«

Dies schrieb im 11. Jahrhundert der arabisch-andalusische Richter Said Ibn Ahmad über die europäischen Völker und ihre intellektuellen Leistungen. Er sah den westlichsten Teil der damals bekannten Welt (mit Ausnahme der arabisch geprägten iberischen Halbinsel), das heutige Europa, als den zurückgebliebensten und bedauernswertesten Kulturraum überhaupt an.

Und doch sollte aus genau diesem Erdteil schon einige Jahrhunderte später die bedeutendste Revolution des menschlichen Geistes hervorgehen: die Entwicklung des rationalen, wissenschaftlichen Denkens. Der damit verbundene technologische Fortschritt in den folgenden drei Jahrhunderten ließ Europa zum Wissenszentrum der Moderne werden – und damit auch zur unumstrittenen ökonomischen und militärischen Weltmacht. Auch führte er dazu, dass Europäer heute in einem Wohlstand leben, der alle Hoffnungen und Vorstellungen früherer Generationen bei Weitem übertroffen hat.

Das wissenschaftliche Denken wurde nicht aus einer plötzlichen Eingebung heraus geboren. Seine Ursprünge reichen weit in die europäische Geistesgeschichte zurück. Die intellektuellen Tugenden, die dazu entwickelt und gelernt werden mussten, sind in Ansätzen bereits in der Antike erkennbar. Im Mittelalter, das aus der Perspektive des wissenschaftlichen Denkens zu Recht als »dunkel« bezeichnet wird, waren sie verschüttet. Erst im Verlauf vieler Jahrhunderte – und mit zahlreichen Rückschlägen – fanden diese Tugenden in die Köpfe und Herzen der europäischen Denker. Bis zum 18. Jahrhundert, dem Zeitalter der Aufklärung, das durch sie erst möglich wurde, wurden sie entscheidend weiterentwickelt und zur Reife gebracht.

Alle wissenschaftlichen Erkenntnisse, die nach 1650 in immer schnellerer Schlagzahl folgten und unser Leben umwälzten, sind sozusagen die Ernte, die nur eingefahren werden konnte, weil sich bis zu diesem Zeitpunkt die Tugenden des rationalen, wissenschaftlichen Denkens unter den Gelehrten Europas etabliert hatten. Jede einzelne dieser vier wesentlichen Tugenden brauchte viele Jahrhunderte, um sich im Denken der Menschen fest zu verankern. Bei der vierten Tugend ist dieser Prozess auch heute noch nicht abgeschlossen.

1. TUGEND: DIE ABKEHR VON DOGMEN.

Der Kern der wissenschaftlichen Methode ist der methodische Zweifel. Was Autoritäten für wahr erklären, erweist sich zuletzt nur allzu oft als unwahr. Allumfassende Welterklärungsmodelle, philosophische Gedankengebäude und wissenschaftliche Theorien müssen immer wieder auf den Prüfstand. Dank einer mit vorgegebenen Wahrheiten nicht zu bändigenden Neugier wagten es einige Gelehrte, seit Jahrhunderten bestehende Auffassungen kritisch zu hinterfragen. Sie wurden folgenden Generationen zum Vorbild. Erst ihr uneingeschränktes und kompromissloses Streben nach Wahrheit und eine damit verbundene Haltung intellektueller Redlichkeit, ihr Hinterfragen herkömmlicher Wahrheiten sowie ihre Akzeptanz der Möglichkeit des eigenen Irrtums erlaubten es uns, die Welt immer besser so zu erfassen, wie sie wirklich ist.

2. TUGEND: DAS VERTRAUEN IN DIE EIGENE BEOBACHTUNG.

Über viele Jahrhunderte war ausschlaggebend, wie die Welt aus philosophischer Sicht betrachtet werden muss. Gelehrte konnten z. B. endlos miteinander darüber spekulieren, wie viele Zähne ein Pferd theoretisch haben müsste. Einfach einmal nachzuschauen, war buchstäblich indiskutabel. Nur sehr langsam setzte sich die Auffassung durch, dass sich die Welt nur durch den Einsatz der eigenen Sinne und der phänomenologischen

Erfahrung realitätsnah erfassen lässt. Zum Zentrum dieses neuen, strikt empirischen Ansatzes wurde das wissenschaftliche Experiment.

3. TUGEND: DIE SUCHE NACH DEM GROSSEN GANZEN.

Solange die Beobachtungen einzelner Gelehrter und die Ergebnisse ihrer Experimente für sich allein stehen, kann sich die Macht der Wissenschaften nicht entfalten. Galileo Galilei erkannte es als Erster: Die Sprache der Natur ist die Mathematik. Mit ihrer Hilfe lassen sich aus isolierten Beobachtungsdaten allgemeine Naturgesetze herleiten. Erst als Wissenschaftler die allgemeingültigen Gesetze der Natur erkannten und mathematisch beschreiben konnten, war der Weg frei, sich ihrer auch zu bedienen. Auch heute noch arbeiten Wissenschaftler daran, verschiedene Naturgesetze zusammenzuführen; vielleicht finden sie ja tatsächlich eines Tages die »Weltformel«, die alle Phänomene des Universums erklärt.

4. TUGEND: DIE ANWENDUNG VON WISSEN ZUM WOHLERGEHEN DER MENSCHHEIT.

Aus dem Wissen über die Naturgesetze entwickelte sich die Möglichkeit seiner technologischen Anwendung. Mit ihr wurde und wird das Wohlergehen der Menschen immer weiter gesteigert. Die Entwicklung dieser Tugend des wissenschaftlichen Denkens ist noch nicht abgeschlossen, denn immer noch wird Technologie auch bewusst eingesetzt, um Menschen zu schaden. Eine besonders große Gefahr geht von ihr aus, wenn ihr Einsatz zu einer gravierenden Verschlechterung der Lebensbedingungen führt, ohne dass wir es beabsichtigen – der Klimawandel ist das bekannteste Beispiel für diesen Effekt.[1] In der Verankerung und Anwendung der vierten Tugend ist also noch viel Luft nach oben.

In seiner Auswirkung auf die Lebensbedingungen des Menschen ist die Entwicklung des wissenschaftlichen Denkens nur mit zwei anderen historischen Umwälzungen vergleichbar: erstens der kognitiven Revolution vor ungefähr 50.000 bis 70.000 Jahren, der Entstehung menschlicher Kultur überhaupt, und zweitens der neolithischen Revolution vor rund 10.000 bis 12.000 Jahren, als der Mensch sesshaft wurde. So wie diese beiden Revolutionen prägte auch die wissenschaftliche Revolution die Menschheitsgeschichte grundlegend.

Die Verankerung der vier Tugenden im Denken der Menschen war in den vergangenen 2000 Jahren von einem ständigen Auf und Ab gekennzeichnet. Die Abkehr von Dogmen z. B. verlief nicht geradlinig, denn immer wieder eroberten dogmatische Institutionen oder Personen das Feld für eine gewisse Zeit zurück. Doch mit der Zeit wurde es für die Dogmatiker zunehmend schwierig, die Köpfe der Menschen zu beherrschen und deren Wunsch, zu sehen, wie Dinge wirklich sind, zu unterdrücken.

Merkwürdigerweise sieht sich der westliche Kulturkreis heute mit der großen Herausforderung konfrontiert, dass alle vier Tugenden gleichzeitig angegriffen werden und in Gefahr sind:

- Fundamentalistisch-dogmatische Bewegungen, die wissenschaftliche Wahrheiten ablehnen, verbreiten sich ungehemmt und erreichen eine verblüffend große Anhängerschaft.
- Der Wert der eigenen Wahrnehmung wird von immer mehr Menschen unterschätzt. Sie gehen auch dann *fake news* auf den Leim, wenn diese offensichtlich ihren eigenen Erfahrungen widersprechen.
- Das große Ganze gerät aus dem Fokus; die Welt teilt sich immer weiter in einzelne Informations- und Wahrheitsblasen auf. Es ist wieder salonfähig, sich seine eigene Wahrheit zurechtzubasteln.
- Dass wir in der Anwendung von Technologie zum Wohle der Menschheit noch nicht am Ziel angekommen sind, ist offenbar. Auf der Haben-Seite können wir schier unglaubliche Erfolge vorweisen, doch auch auf der Soll-Seite summieren sich die Auswirkungen. Beispielsweise können autokratische Regierungen dank der digitalen Technologien heute ihre Bürger immer effizienter unterdrücken.

Ich möchte Sie mitnehmen auf eine Reise durch die spannende Geschichte des wissenschaftlichen Denkens. Wir werden dabei u. a. dem einzigartigen arabischen Gelehrten Alhazen aus dem 10. Jahrhundert begegnen, dem mutigen Theologen Peter Abaelard aus dem 12. Jahrhundert, abenteuerlustigen Seefahrern des 15. Jahrhunderts, couragierten Naturforschern und Philosophen des 17. Jahrhunderts und vielen Menschen mehr. Übermächtige Autoritäten und persönliches Leid hielten sie nicht davon ab, die Welt zu erforschen. Auch kluge Ingenieure wie Archimedes und risikofreudige Unternehmer wie Johannes Gutenberg, deren Erfindungen Licht in die Welt brachten, werden wir kennenlernen. Auf dieser Reise durch die Welt der vier oben erwähnten Tugenden wird der Leser schnell merken, dass diese allesamt intrinsisch miteinander verwoben sind: Befindet er sich gerade bei einer Tugend, so schimmern die anderen immer wieder hervor.

Diese Reise verbinde ich mit einer großen Hoffnung: Wenn wir erkennen, wie lang und mühsam der Weg war, bis das rationale Denken endlich den Glauben an Autoritäten und Magie vertreiben konnte, werden wir auch den vier wissenschaftlichen Tugenden wieder mehr Wertschätzung entgegenbringen. Denn dann erkennen wir, dass rationales Denken nicht selbstverständlich ist – und dass wir die vier Tugenden der Wissenschaft niemals kampflos preisgeben dürfen.

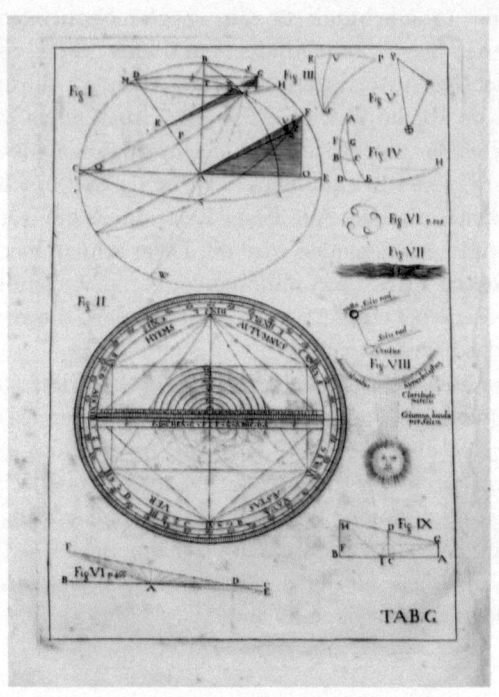

*Aus der wissenschaftlichen Korrespondenz
des Astronoms, Mathematikers und Astrologen
Johannes Kepler (1571–1630).*

Teil I

ABKEHR VON DOGMEN: DIE WISSENSCHAFT ALS KULTUR DES ZWEIFELS

Wissenschaft ist eine Kultur des Zweifels, nicht des Glaubens. Dogmen unterbinden Zweifel und machen einen offenen Diskurs unmöglich. Erst als die Menschen den Mut fanden, sich gegen philosophische und religiöse Autoritäten aufzulehnen, war der Weg frei, über eigene Beobachtungen die Welt so zu erkennen, wie sie ist.

Über mehr als ein Jahrtausend hinweg war in Europa jegliches Denken über die Natur und den Menschen von religiösen Dogmen beherrscht. Nahezu alles Wissen über die Natur, das die Antike der europäischen Geisteskultur zu bieten gehabt hätte, wurde beim Übergang zur vom Christentum dominierten Gesellschaft wie unter Schutt begraben (Kapitel 1). Erst ab dem 12. Jahrhundert nahm mit dem Theologen Peter Abaelard ein langer Prozess seinen Anfang, der die christlichen Dogmen zunehmend infrage stellte (Kapitel 2). Eine wesentliche Beschleunigung dieser Dynamik entstand durch die Entdeckungen in Übersee. Sie machten offensichtlich, dass die alten Autoritäten eben doch irren konnten (Kapitel 3). Der endgültige Durchbruch des wissenschaftlichen Denkens fand am Himmel statt. Mit dem Fall des Dogmas, dass Planeten sich auf perfekten Kreisbahnen bewegen müssen, verbuchte die wissenschaftliche Skepsis zum ersten Mal einen Sieg für sich (Kapitel 4). Letzten Endes war es auch philosophisch nicht mehr notwendig, eine göttliche Macht in die Erklärung der Welt einzubauen (Kapitel 5).

1 Die Taliban des Mittelalters – Die Zerstörung des antiken Wissens in Europa

Es war einer der blutigsten und welthistorisch bedeutendsten Bürgerkriege der Geschichte: Der Krieg zwischen Gaius Iulius Caesar und seinem Schwiegersohn Pompeius entschied darüber, ob Caesar als Imperator herrschen oder Rom eine Republik bleiben würde. Nachdem Caesar im Jahre 48 v. Chr. seinen Gegner im griechischen Thessalien vernichtend geschlagen hatte, floh Pompeius in die ägyptische Hafenstadt Alexandria. Dort schwelte gerade ein Thronstreit zwischen dem minderjährigen König Ptolemaios XIII. und seiner acht Jahre älteren Schwester Kleopatra. Beide waren in einer vom Vater testamentarisch angeordneten Geschwisterehe miteinander verheiratet – und kämpften erbittert gegeneinander um die Macht.

Eine explosive Situation: Zwei Bürgerkriege – einer um die Macht in Rom und einer um die in Ägypten – wurden durch Pompeius' Flucht miteinander verwoben. Die Berater des Ptolemaios waren sich klar darüber, dass sich Ägypten nicht in den römischen Bürgerkrieg hineinziehen lassen und sich v. a. nicht Caesar, den Sieger der Schlacht von Pharsalos, zum Feind machen durfte. In der Hoffnung, Caesars Unterstützung im Kampf gegen Kleopatra zu gewinnen, ließen sie den ahnungslosen Pompeius töten. Mit diesem Mord erreichten sie allerdings genau das Gegenteil ihrer politischen Ziele. Denn als Caesar kurz darauf in Ägypten landete und man ihm Pompeius' Kopf brachte, betrauerte er den Tod seines Feindes. Statt die Unterstützung Ptolemaios' XIII. zu belohnen, forderte Caesar hohe finanzielle Entschädigungen und erzwang die Schutzherrschaft Roms über Ägypten.

Die kluge Kleopatra nutzte die Situation zu ihren Gunsten: Von ihrem Gemahl und Bruder war sie aus Alexandria vertrieben worden. Nun ließ sie sich heimlich in einem kleinen Boot bis in die Nähe des Königspalastes fahren und in einem Bettbezug versteckt zu Caesar tragen. Dieser war von der listigen und riskanten Aktion der jungen ägyptischen Königin beeindruckt. Es war der Beginn einer der bekanntesten Liebesaffären der Weltgeschichte: zwischen dem 52-jährigen kommenden Herrscher von Rom, durch Schönheit und Sex-Appeal bezirzt, und der 21-jährigen ägyptischen Königin, die sich Vorteile in ihrem Streit um den ägyptischen Thron versprach. Caesar unterstützte Kleopatras Thronanspruch, doch Ptolemaios gab sich noch nicht geschlagen. Sein Truppenführer hob eine Armee aus, die fünfmal stärker als die römische Streitmacht in der Stadt war, und führte sie nach Alexandria. Caesar war gezwungen, sich im Palastviertel zu verschanzen und auf Verstärkung aus Rom zu warten.

Die nun folgenden Geschehnisse beschrieb Plutarch ca. 100 Jahre später in seinem Werk über das Leben Iulius Caesars:

> »In diesem Krieg begegnete Caesar zunächst der Gefahr, vom Wasser abgesperrt zu werden, da die Kanäle vom Feind gestaut wurden; zudem war er, als der Feind versuchte, seine Flotte abzuschneiden, gezwungen, die Gefahr durch Feuer abzuwehren, und dies breitete sich von den Werften aus und zerstörte die große Bibliothek; und drittens, als eine Schlacht bei Pharos entbrannte, sprang er von der Hafenmole in ein kleines Boot und versuchte, seinen Männern in ihrem Kampf zu helfen, aber die Ägypter segelten von allen Seiten gegen ihn, so dass er sich ins Meer stürzte und mit großen Schwierigkeiten schwimmend entkommen konnte.«[2]

Neben der spektakulären Rettung des später mächtigsten Mannes der Welt erwähnt der Text ganz am Rande ein weiteres Ereignis von welthistorischem Rang: die Zerstörung der großen Bibliothek von Alexandria.

DAS VERSCHWINDEN DER BÜCHER

Die makedonisch-griechische Stadt Alexandria wurde im Jahr 332 v. Chr. durch Alexander den Großen gegründet. Es war die Zeit der großen Athener Philosophenschulen, ins Leben gerufen von den Philosophie-Giganten Platon und Aristoteles. In ihrem Geiste wurde in Alexandria Ende des 3. Jahrhunderts v. Chr. eine Bibliothek gegründet, die zur bedeutendsten Büchersammlung der antiken Welt und zur Blaupause für alle folgenden Universalbibliotheken werden sollte. Nach Aussage des griechischen Geschichtsschreibers Strabon soll sogar Aristoteles selbst die Herrscher Alexandrias unterwiesen haben, wie die Bibliothek gebaut werden soll und auf welche Weise die Bücher in ihr geordnet sein sollen. Wahrscheinlicher ist es jedoch, dass einer der Schüler des Aristoteles die Planung übernahm, denn der große Lehrmeister starb bereits 322 v. Chr.

Finanziert wurde die Bibliothek von Alexandria durch die den Wissenschaften sehr verbundenen ptolemäischen Herrscher. Bald waren 400.000 bis 500.000, nach einigen Quellen sogar 700.000 oder mehr Buchrollen zusammengekommen; die verkehrsreiche Hafenstadt wurde zum wichtigsten wissenschaftlichen Zentrum der hellenistischen Welt. Von überallher kamen Gelehrte, um in Alexandria zu studieren und sich auszutauschen. Fast alle großen hellenistischen Wissenschaftler verbrachten eine längere Zeit ihres Schaffens in dieser Stadt, darunter der Arzt Herophilos von Chalkedon, der Ingenieur und Mathematiker Heron von Alexandria, der Astronom Aristarchos von Samos sowie die beiden bedeutendsten Mathematiker der Antike, Archimedes und Euklid. Archimedes' Freund Eratosthenes war der Chef-Bibliothekar der Bibliothek von Alexandria. Die Rolle Alexandrias und seiner Bibliothek für die antike Wissenschaft war so bedeutend, dass heutige Historiker nicht von der hellenistischen, sondern von der alexandrinischen Wissenschaft sprechen.

Die Ptolemäer waren sich der Bedeutung ihrer Stadt sehr wohl bewusst. Als Symbol der von Alexandria ausgehenden Erleuchtung bauten sie um 280 v. Chr. vor dem Hafen einen Leuchtturm von gigantischen Ausmaßen. Der Leuchtturm von Pharos galt als eines der sieben antiken Weltwunder, seine Größe und Strahlkraft wurden in den folgenden 2000 Jahren nicht übertroffen.

Sicher ist, dass die große Bibliothek von Alexandria schon seit langer Zeit nicht mehr existiert. Sicher ist auch, dass ein Großteil des antiken Wissens unwiederbringlich verloren ging und dieser Verlust den Fortlauf der gelehrten Welt um Jahrhunderte zurückwarf. Beispielsweise hatte Eratosthenes, der 194 v. Chr. in Alexandria starb, den Umfang der Erde bereits erstaunlich akkurat ermittelt, weit genauer etwa als der große Ptolemäus 300 Jahre später. Doch Eratosthenes' Werk ging verloren, deshalb wurden bis in die frühe Neuzeit die viel fehlerhafteren Berechnungen des Ptolemäus überliefert.

Aber war es wirklich der von Caesar ausgelöste Brand, der die Werke so vieler antiker Forscher vernichtete? Weil die Bibliothek nachweislich auch nach dem Jahr 48 v. Chr. noch stand, schenken die meisten Historiker der Darstellung Plutarchs heute nur eingeschränkt Glauben. Hätte der Brand einen Totalschaden der Bibliothek zur Folge gehabt, wäre es kaum möglich gewesen, in kurzer Zeit wieder Zehn- oder gar Hunderttausende Manuskripte an diesem Ort zu versammeln. Es ist auch unwahrscheinlich, dass der von Caesar im Hafen gelegte Brand die etwa einen halben Kilometer entfernte Bibliothek erreicht hat. Man geht heute davon aus, dass die Bibliothek damals nur teilweise abbrannte, vielleicht sogar völlig unbeschädigt das Feuer im Hafen überstand.

Eine andere Erklärung für das Verschwinden der alexandrinischen Bibliothek geht von ihrer Zerstörung im Jahr 272 n. Chr. aus. Nachdem die Stadt etwa zwei Jahre lang von Nicht-Römern beherrscht worden war, eroberte der römische Kaiser Aurelian sie zurück. Er ließ die Stadtmauern schleifen und den größten Teil des Palastviertels, einschließlich der Bibliothek, niederreißen.

Eine dritte Darstellung behauptet, dass die Bibliothek von Alexandria im Zuge der Eroberung Ägyptens durch die Araber im Jahr 642 zerstört wurde. Der Kalif soll befohlen haben, die Handschriften zur Beheizung der öffentlichen Bäder zu nutzen. Seine Begründung war sarkastisch: Diejenigen Bücher, deren Inhalt mit dem Koran übereinstimme, seien überflüssig, und diejenigen, die dem Koran widersprechen, unerwünscht. Aber auch diese Geschichte gilt heute als Legende, die wohl aus dem frühen 13. Jahrhundert stammt.

Wie es wirklich war, werden wir wohl nicht mehr erfahren. Vielleicht musste die Bibliothek in Alexandria bei allen drei

Ereignissen Verluste hinnehmen. Am wahrscheinlichsten ist aber, dass Hunderttausende von Manuskripten nicht auf einen Schlag verbrannt, zerrissen oder verheizt wurden, sondern dass über eine längere Zeitspanne hinweg ein unspektakulärer, schleichender Niedergang der größten Büchersammlung der antiken Welt den Garaus machte. In der späten Antike verschwand schlicht das Interesse am wissenschaftlichen Verständnis der Welt. Niemand wäre mehr auf die Idee gekommen, einer Bibliothek zu Ehren ein Weltwunder zu bauen. Ganz im Gegenteil: Man war noch nicht einmal mehr von dem Nutzen überzeugt, einen umfangreichen Wissens- und Literaturspeicher aufwendig zu unterhalten und zu pflegen. Die Ursache für diesen Stimmungsumschwung war die neue spirituelle Ausrichtung des Glaubens, die im spätantiken Europa massiv an Einfluss gewann und begann, die Gedankenwelt der Menschen zu beherrschen.

DER TOD EINER PHILOSOPHIN

Im Jahr 380 n. Chr. erhob Kaiser Theodosius das Christentum zur alleinigen Staatsreligion im römischen Imperium. Ab diesem Zeitpunkt bis zum Beginn des frühen Mittelalters, ungefähr 150 Jahre später, brach der Bücherbestand in Europa, im Vorderen Orient und in Nordafrika von mehr als einer Million Titeln und mehr als 10 Millionen Buchexemplaren um 99,9 Prozent auf maximal 1000 überlieferte Titel ein. Diesen Schwund an Büchern und damit an Wissen allein auf die Verbreitung der christlichen Lehre zurückzuführen, wäre nicht ganz korrekt. Denn auch die Völkerwanderungen mit ihren massiven kriegerischen Zerstörungen und der Fall West-Roms trugen wohl das Ihrige zu den Verlusten bei. Trotzdem – der Einfluss der neuen Religion auf die Wissenschaftskultur war katastrophal. Die Geschichte einer der bedeutendsten Frauen der Antike, der Mathematikerin, Astronomin und Philosophin Hypatia von Alexandria, die um 400 n. Chr. im überwiegend christlichen Alexandria lebte, ist nur eines von unzähligen Beispielen dafür, wie der Raum für kritisches Denken immer enger und das Verfassen von Büchern, die nicht mit den herrschenden Dogmen übereinstimmten, immer schwieriger wurde.

Der öffentliche Unterricht Hypatias war exzellent und bei ihren Zuhörern äußerst beliebt. Mit Charisma und Charme machte sie ihnen komplizierte mathematische und philosophische Konzepte verständlich. Hypatias erklärtes Ziel war es, die großen Werke des alexandrinischen Erbes – v. a. die der Mathematik – zu bewahren, zu erklären und fortzuführen. U. a. werden ihr einige tiefgehende Kommentare zur Mathematik des Diophantos von Alexandria und der Astronomie des Ptolemäus zugeschrieben. Leider ist keines ihrer Werke erhalten; wir wissen von ihnen nur über Sekundärliteratur.

Als kritisch denkende Wissenschaftlerin und auch als Philosophin, die mit christlichem Gedankengut wahrscheinlich nicht viel anfangen konnte, war Hypatia vielen ihrer Mitbürger ein Dorn im Auge. Im Oktober 415 n. Chr. wurde sie auf dem Weg nach Hause angegriffen. Ein Mob christlicher Mönche zerrte sie von ihrem Wagen, schleppte sie in eine Kirche, wo sie Hypatia nackt auszogen und schließlich erschlugen. Ihren Leichnam rissen die Mönche in Stücke und verbrannten ihn.

Hinter diesem Mordanschlag stand der christliche Patriarch von Alexandria, Kyrill, der einen ausgesprochen radikalen Kurs gegen Andersgläubige verfolgte. V. a. die Juden der Stadt hatten unter seiner Impulsivität und Intoleranz zu leiden. Der von Kyrill systematisch geschürte Hass gegen sie mündete in Pogrome, denen viele Menschen, Juden und Christen, zum Opfer fielen. Es kam zu einem erbitterten Machtkampf zwischen dem Hetzer Kyrill (der später mit der offiziellen Begründung zum Heiligen erklärt wurde, dass er das Heidentum unterdrückt und für den wahren Glauben gekämpft hätte) und dem Präfekten von Alexandria, dessen Aufgabe als höchster Repräsentant des Staates die Wiederherstellung der Ordnung war.

Hypatia geriet in dieser Auseinandersetzung zwischen die Fronten, weil sie Nicht-Christin war und dem Stadtpräfekten nahe stand. Zwar wurde gegen die Mörder Hypatias Klage erhoben, doch die Tat blieb ohne juristische Folgen. Die offizielle Position der Kirche von Alexandria war, dass Hypatias Tod gerechtfertigt sei, weil sie den Präfekten und die Stadtbevölkerung mittels satanischer Zauberei verführt habe. Der ungesühnte Tod

Hypatias bedeutete einen Triumph Kyrills über den Präfekten; der Widerstand gegen die christlichen Milizen hatte eine empfindliche Niederlage erhalten.

Der Aufstieg des Christentums in Alexandria ging mit dem Niedergang der intellektuellen Vielfalt der Stadt einher. Für Kyrill war nun der Weg frei, aufs Ganze zu gehen. Auf seinen Befehl hin wurden Bildungseinrichtungen mitsamt ihren Büchern geplündert und verbrannt. Es folgte ein Massenexodus der Intellektuellen und Künstler aus der Stadt, die 700 Jahre lang weltweit das Zentrum des Wissens gewesen war.

WISSEN AUF DEM RÜCKZUG

Auch außerhalb Alexandrias wurden die Daumenschrauben immer fester angezogen, nachdem das Christentum alleinige Staatsreligion im Römischen Reich geworden war. So befahl Kaiser Theodosius bereits elf Jahre nach der Promotion der neuen Religion zur einzigen Religion per Gesetz die Schließung aller heidnischen Tempel im Römischen Reich. Historiker gehen davon aus, dass dies auch die Vernichtung aller nicht-christlichen Bibliotheken mit einschloss.

408 n. Chr. erließ Theodosius' Nachfolger Honorius ein reichsweites Gesetz zur Zerstörung aller bis dahin geretteten, nicht-christlichen Kunstwerke: »Wenn irgendwelche Bildnisse noch in Tempeln oder Schreinen stehen und wenn sie heute oder jemals zuvor Verehrung von Heiden irgendwo erhielten, so sollen sie heruntergerissen werden«, hieß es darin. Im darauffolgenden Jahr, 409 n. Chr., verpflichtete ein weiteres kaiserliches Gesetz alle Mathematiker, ihre Bücher vor den Augen der Bischöfe zu verbrennen. Andernfalls seien sie aus Rom und allen Gemeinden zu vertreiben. Dies war das geistige Klima, in dem Hypatia gegen Ende ihres Lebens in Alexandria lehrte.

In jenen Zeiten lebten gebildete Menschen gefährlich. Wurden sie des Besitzes von Büchern mit verbotenem Inhalt überführt, konnte sie das ihr Leben kosten. Gläubige Christen, die sich intensiv mit den Werken der antiken Autoren auseinandergesetzt hatten, ließen davon ab und übten sich in Selbstbezichtigungen. So beschrieb der später als Kirchenvater heiliggesprochene Hieronymus eine Vision, in der der himmlische Richter ihm vorwarf, ein Anhänger des klassischen römischen Philosophen Ciceros zu sein, und ihn daraufhin auspeitschen ließ. Hieronymus gelobte Besserung und schwor der antiken Literatur ab. Ein anderer Kirchenvater, der heilige Augustinus, sprach sich zwar für den Erhalt der nicht-christlichen Schriften aus; sie sollten aber in einer verschlossenen Bibliothek aufbewahrt werden, sodass sie nicht verbreitet werden konnten.

Die Verfolgungen waren sehr effektiv, bereits Ende des 4. Jahrhunderts hatte der Erzbischof von Konstantinopel, Johannes Chrysostomos, festgehalten:

>>Obwohl diese teuflische Farce nicht vollständig vom Erdboden ausgelöscht ist, kann das, was bereits geschehen ist, Euch von der Zukunft überzeugen. Der größte Teil ist in sehr kurzer Zeit zerstört worden, von nun an wird sich niemand mehr über den Rest streiten wollen.<<[3]

Zug um Zug wurde die religiöse Vielfalt, die im Römischen Reich bestanden hatte, und die damit verbundene geistige und intellektuelle Toleranz zerstört. Auch die kleinsten Nischen, in die sich die überlebenden Bewahrer der alten Kultur hatten halten können, wurden mit der Zeit ausgeräumt. Auf Geheiß des Kaisers von Konstantinopel, Justinian, wurden im Jahr 529 n. Chr. die philosophischen Akademien Griechenlands geschlossen, darunter auch die berühmte, von Platon gegründete Akademie in Athen. Im gleichen Jahr gründete sich der Benediktinerorden, der Erste von zahlreichen katholischen Klosterorden, die im Mittelalter das philosophische Denken und die geistige Ausbildung der Menschen in Europa bestimmen sollten. Es folgten das Lehrverbot für Nicht-Christen und die Verfolgung nicht-christlicher >>Grammatiker, Rhetoren, Ärzte und Juristen<<. Und immer wieder loderten die Scheiterhaufen, auf denen >>heidnische<< Bücher öffentlich verbrannt wurden.

Ende des 6. Jahrhunderts war die Säuberung praktisch abgeschlossen. Damals sprach sich Papst Gregor für eine komplette Abwendung von den Künsten aus heidnischer Zeit aus. Disziplinen wie Rhetorik, Grammatik oder Logik, die der kritischen

Textanalyse dienen, durften von Christen fortan nicht mehr unterrichtet werden. Nur christliche Texte waren erlaubt, und deren Interpretation oblag allein der Kirche.

Viele Historiker sehen Hypatias Tod als Wendepunkt, der den Übergang vom klassischen Zeitalter der diskursfreudigen Philosophie und Wissenschaft zum mehrere Jahrhunderte währenden Zeitfenster des christlichen, bildungsfeindlichen Denkens beschreibt. Im Klima der zunehmenden religiösen Intoleranz ging ein Großteil des zivilisatorischen Wissens, das nicht in die Glaubensschemata der Christen passte, verloren. Doch immer noch gab es einen bedeutenden Speicher antiken Wissens. Die letzte große Bibliothek der Antike war die Palastbibliothek von Byzanz (später als Konstantinopel bekannt). Am Ende war es doch noch ein Brand, der auch diese Reste der übersehenen und vergessenen Schriften im christlichen Kulturkreis zerstörte. Die in ihr gelagerten 120.000 Codices wurden 475 n. Chr. durch ein Feuer zerstört. Nach dieser Katastrophe gab es keine größeren Bibliotheken in Europa mehr. Die Zeit der großen Wissenssammlungen und -speicher war vorbei.

GEHORCHEN STATT DENKEN

Archimedes, Platon, Aristoteles, die hellenistischen Astronomen Aristarchos, Hipparchos und Ptolemäus, die alexandrinischen Mathematiker, die Mediziner Hippokrates und Herophilos, sie alle hatten ein klares Ziel gehabt: In einer Welt voller Unsicherheiten wollten sie ihr Wissen vergrößern – uneingeschränkt, aufrichtig, rational und methodisch. Für diese Arbeit nutzten sie bewährte Werkzeuge: klare Kriterien, um Hypothesen zu bestätigen oder zu verwerfen, das ehrliche Bekenntnis zu Fakten, eine kompromisslos reflexive Einstellung in einem offenen und transparenten Diskurs, mathematische Stringenz und oft auch das Bekenntnis dazu, dass unser Wissen nicht absolut und letztendlich ist, man sich eben auch irren kann – oder, wie Sokrates, der Begründer der philosophischen Methode des Zweifelns und des systematischen Hinterfragens von bestehendem Wissen, damit so etwas wie der intellektuelle Urgroßvater der wissenschaftlichen Methode, sagte, zu »wissen, dass ich nicht weiß«[4].

Platon (428/427–348/347 v. Chr.),
griech. Philosoph.

Das christlich-römische Denken war in vielerlei Hinsicht das direkte Gegenteil zu dieser Einstellung. Sein Dogmatismus ließ sich kaum mit dem kritisch-empirischen Wissenschaftsverständnis und der mathematischen Methodik der alexandrinischen Wissenschaft vereinbaren. Nur wenige der antiken Autoren wurden von der Kirche anerkannt. Zu ihnen gehörten Platon und später auch Aristoteles, von dessen Werk in Europa lange nur ein Bruchteil überliefert war. Die sich entwickelnde christliche Kultur übernahm deren Philosophie und verklärte sie teilweise in teils absurder Weise. Die meisten anderen antiken Denker dagegen wurden kategorisch abgelehnt. Epikur, der eine naturalistisch-atomistische Naturauffassung lehrte, in der das Jenseits keine Rolle spielt und die das individuelle Lebensglück in den Vordergrund ethischer und lebensphilosophischer Betrachtungen stellt, war für den christlichen Glauben untragbar. Auch Epikurs römischer Nachfolger Lukrez, der für seine Auffassung, dass die Seele sterblich sein müsse, 28 Beweise präsentierte, passte nicht in den Kanon der von den Kirchenvätern akzeptierten antiken Gelehrten. Natürlich wurden die Bücher des Epikur, des Lukrez und die der meisten anderen antiken Autoren nicht aufgrund einer öffentlich geäußerten, sachlichen Kritik an den Inhalten verboten und verbrannt. Als offizielle Begründung für ihre Vernichtung genügte es zu behaupten, dass es sich bei diesen Schriften um »Zaubertexte« handele. Im Fall Epikurs leisteten die Zensoren ganze Arbeit: In der lateinischsprachigen Welt des Mittelalters waren seine Texte unbekannt.

Historiker der damaligen Zeit, wie beispielsweise Ammianus Marcellinus, beschreiben, dass es sich bei den verteufelten Schriften größtenteils um wissenschaftliche Texte klassischer antiker Autoren handelte. Eine Ausnahme bildeten die meisten mathematischen Schriften. Auch wenn sich in ihnen keine Widersprüche zur katholischen Lehre finden ließen, gingen diese Bücher mit der Zeit einfach verloren. Denn ihr Inhalt interessierte die christlichen Denker schlicht nicht. Das Studium der Mathematik und der Wissenschaften sei entbehrlich, so die Meinung des damaligen Klerus, da in der Bibel und in den Schriften der Kirchenväter doch alles stehe.

Kein Wunder, dass in der bildungsfeindlichen christlichen Kultur des frühen Mittelalters der allgemeine Alphabetisierungsgrad dramatisch abnahm. Während in römischer Zeit große Teile der Bevölkerung lesen und schreiben konnten, gehen heutige Historiker davon aus, dass im 6. Jahrhundert weit weniger als ein Prozent der Menschen das Lesen und Schreiben beherrschte. Selbst im Klerus waren diese Fähigkeiten nur selten anzutreffen. Ein Gesetz sagte zwar, dass Analphabeten vom Bischofsamt auszuschließen seien, doch ließ sich dieser Anspruch mangels kundiger Kandidaten kaum durchsetzen. Erst zum Ende des 18. Jahrhunderts wurde in Europa wieder ein der Antike vergleichbares Niveau der Alphabetisierung erreicht.

DAS NADELÖHR

Kulturelle Intoleranz, durch die Völkerwanderung ausgelöste Kriege, Brandkatastrophen: In der Spätantike und im frühen Mittelalter herrschten Bedingungen, die der Bewahrung von Büchern alles andere als förderlich waren. So katastrophal diese Umstände auch waren, der letztendliche Todesstoß für den größten Teil des antiken Wissens kam von einer ganz anderen Seite.

Etwa ab dem 4. Jahrhundert n. Chr. wechselte das Material, auf dem Geschriebenes festgehalten wurde: Papyrus wurde durch Pergament ersetzt – eine echte Medienrevolution. In feuchter Umgebung waren Papyrusrollen nicht sehr haltbar, auch Schädlinge setzten ihnen zu. Wenn sie nicht optimal gelagert wurden, mussten die Schriften also immer wieder mühsam kopiert werden, damit ihr Inhalt erhalten blieb. Eine teure und nie endende Mammutaufgabe! Als das Schreiben auf Pergament aufkam – in der Herstellung war dieses Material sehr teuer, aber dafür auch deutlich haltbarer –, beschränkte man sich auf die »nützlichen« Werke. Aus dem Riesenbestand an antiken Schriften wurden nur diejenigen auf Pergament übertragen, die von der Kirche »abgesegnet« waren. Papyrusrollen, die dieser Anforderung nicht entsprachen, wurden daher beiseitegelegt. So kam es, dass auch die von der gezielten Verfolgung übersehenen Schriften mit der Zeit verrotteten. Nun erst war die Reduktion von mehreren Millionen Papyri, die in der Spätantike noch existiert hatten, auf den winzigen Bruchteil von maximal 1000 von der Kirche geduldeten Titeln abgeschlossen.

Zu der starken Selektion in der Phase der Umschreibung kam eine fast zum Erliegen gekommene Buchproduktion hinzu. Vor 300 n. Chr. vermehrten mindestens 10.000 Schriften pro Jahr das Wissen, nach 400 n. Chr. wurden im lateinischen Westen nur noch durchschnittlich zehn Manuskripte pro Jahr fertiggestellt. Es dauerte nicht lange, und die Menschen waren sich der Beschränkung gar nicht mehr bewusst. Die bedeutendsten Klöster des 9. Jahrhunderts, darunter das Kloster auf der Insel Reichenau im Bodensee und das Kloster St. Gallen in der heutigen Schweiz, waren die kulturellen Hotspots jener Zeit. Zu ihren berühmten Bibliotheken pilgerten Gelehrte aus ganz Europa. Doch mit einem Bestand von gerade einmal 100 bis 400 Büchern waren sie lächerlich klein gegenüber den antiken Bibliotheken mit ihren jeweils mehreren Hunderttausend Schriftrollen.

RÜCKZUGSORT BYZANZ

Das Mittelalter begann im lateinisch geprägten Teil Europas tatsächlich mit einer (literarischen) Finsternis. Wie konnten in einem derart wissenschaftsfeindlichen Umfeld antike Texte überhaupt in die Neuzeit gelangen?

Ein Weg führte wie schon beschrieben über ihre Einverleibung in die christliche Kultur. Die Zahl der antiken Autoren, die mit Billigung der Kirche ins lateinische Mittelalter überliefert wurden, lässt sich allerdings geradezu an einer Hand abzählen. Die Texte Platons wurden durch die Bearbeitung des Kirchenvaters und eigentlichen Begründers der christlichen Philosophie, Augustinus von Hippo, zu einem Fundament der katholischen Lehre. Außer einem einzigen Schriftband Platons wurden alle seine Werke, die in der Antike bekannt waren, immer wieder neu kopiert und blieben so erhalten. Auch zwei weitere antike Wissenschaftler wurden in das Glaubensgefüge des christlichen Mittelalters eingereiht: Ptolemäus, dessen geozentrisches Weltbild sich wunderbar mit den Aussagen in der Bibel deckte, und Galen von Pergamon, dessen Werke das gesamte Mittelalter hindurch die Grundlage aller medizinischen Behandlungen bildeten. Noch heute wird in der Pharmazie die Lehre von der Zubereitung von Arzneimitteln »Galenik« genannt. Von beiden Autoren waren dem lateinischen Kulturraum allerdings über lange Zeit nur Teile ihrer Werke bekannt.

Neben Platon, Ptolemäus und Galen wurden vor dem 12. Jahrhundert so gut wie keine klassischen antiken Autoren kopiert. Auch die Schriften des Aristoteles fanden keine Gnade vor den Augen der weströmischen Kirche; sie wären fast für immer verloren gegangen. Zwar hatte es sich im frühen 6. Jahrhundert der römische Gelehrte Anicius Boethius zur Aufgabe gemacht, alle Werke Platons und Aristoteles' ins Lateinische zu übersetzen und zu kommentieren. Doch er konnte sein Vorhaben nicht abschließen. Aufgrund eines politischen Ränkespiels wurde er als Hochverräter verurteilt und hingerichtet. Ihm verdanken wir wenigstens die Übersetzung und Kommentierung von zwei der logischen Schriften des Aristoteles (*Kategorien* und *De interpretatione,* später als *Logica vetus* bezeichnet). Sie bildeten bis ins 12. Jahrhundert den Kern des Logik-Unterrichts. So wie die fehlenden griechischen Originaltexte des Ptolemäus und des Galen stand auch das Gesamtwerk des Aristoteles dem latei-

Aristoteles (384–322 v. Chr.),
griech. Philosoph und Universalgelehrter.

nisch-europäischen Kulturraum erst ab Mitte des 12. Jahrhunderts über arabische Übersetzungen zur Verfügung.

Ein großer Teil der antiken Schriften, die wir heute kennen, wurde nicht im Westen gerettet, sondern im Osten des ehemaligen römischen Weltreichs. Nach seinem Niedergang war es in zwei Teile zerfallen. Im römisch-katholischen Westen sah es düster aus, der griechisch-orthodoxe Osten dagegen mit seiner Hauptstadt Byzanz hatte nicht vollständig mit der antiken Tradition gebrochen. Zwar reduzierte sich auch hier der Bücherbestand empfindlich, aber die Verluste waren weniger stark als im Westen. Das lag auch daran, dass im byzantinischen Reich Griechisch gesprochen wurde – eine Sprache, die im Westen so gut wie niemand mehr beherrschte. Die klassische antike Literatur konnte im Osten also noch gelesen und verstanden werden. Auch waren viele Gelehrte aus dem wissensfeindlichen Umfeld des lateinischen Westens in den Osten geflohen – viele mit kostbaren Büchern im Gepäck. Byzanz wurde zu einem Hort antiker Literatur, darunter v. a. die Schriften griechischer Philosophen und Dramatiker sowie natur- und geisteswissenschaftliche Abhandlungen. Nach dem Brand der Bibliothek von Byzanz im

Jahr 475 n. Chr. gab es zwar keinen zentralen Ort mehr, an dem die Bücher aufbewahrt wurden, doch es muss noch viele private Sammlungen gegeben haben.

DER NEUE HORT DES WISSENS

Im 7. Jahrhundert machte sich erneut eine monotheistische Lehre auf, die Welt zu erobern. Auf die Gründung der islamischen Religion durch den Propheten Mohammed im frühen 7. Jahrhundert folgten Eroberungskriege, zunächst gegen die Weltmächte Ost-Rom und Persien, dann auch in Nordafrika und Südeuropa. Hatten bis dahin die Weltmächte Rom und Persien das geopolitische Machtgefüge zwischen Atlantik und Indien dominiert, so änderten sich die Machtverhältnisse in Mittelmeerraum und Vorderem Orient innerhalb nur eines halben Jahrhunderts grundlegend: Praktisch aus dem Nichts heraus erstreckte sich nun der arabische Einflussbereich vom heutigen Pakistan im Osten über Nordafrika bis nach Spanien und Südfrankreich im Westen. Auch große Teile des Byzantinischen Reiches brachten die Araber unter ihre Herrschaft.

Die neuen Herrscher zeigten sich erstaunlich liberal gegenüber den Besiegten. Die administrativen Strukturen blieben meist bestehen, und die Steuerlast drückte weniger als zuvor. Den Einwohnern wurden keine Vorgaben gemacht, welcher Religion sie anzugehören und welche Sprache sie zu sprechen hätten. In diesem Klima der Toleranz suchten sogar religiös unterdrückte Minderheiten aus den christlichen Ländern Zuflucht in den arabisch kontrollierten Gebieten.

Als der Islam die ehemals hellenistischen Zentren eroberte, allen voran Alexandria, stießen die arabischen Gelehrten auf die wenigen erhalten gebliebenen Bruchstücke der hellenistischen Geistestradition. Sie übersetzten die noch existierenden Bücher der antiken griechischen Denker ins Arabische und lehrten sie an ihren Schulen. Sich Wissen anzueignen, entsprach der direkten Anweisung ihres Propheten Mohammed und damit einem Wesenszug ihrer neuen Kultur. Viele arabische Herrscher förderten persönlich die Wissenschaften. Kalif Abu Jafar Abdullah al-Mamun errichtete im 8. Jahrhundert in seiner neu gegründe-

ten Hauptstadt Bagdad das »Haus der Weisheit«. Für viele Jahrzehnte war es das bedeutendste Forschungszentrum der Welt.
Weil fast die Hälfte der Gelehrten, die hier zusammenfanden,
Nicht-Muslime waren, fand ein starker interkultureller und
interreligiöser Austausch statt.

Die 500 Jahre zwischen 750 und 1250 n.Chr. gelten als das
goldene Zeitalter der arabischen Kultur. Die arabisch kontrollierten Gebiete waren in dieser Zeit Stätten des friedlichen und
toleranten Zusammenlebens. Wissenschaftliche Fragestellungen
wurden offen und undogmatisch diskutiert, denn wenn es um
Mathematik und wissenschaftliche Forschung ging, spielte religiöser Glaube im damaligen Islam kaum eine Rolle.

Die Gelehrten in den arabischen Kultur- und Wissenschafts-
zentren studierten die antiken Denker mit großem Enthusias-
mus und tiefem Respekt. Weil sie sich stark auf die direkte Beobachtung und auf mathematisches Denken stützten, erkannten
sie aber auch, dass deren Lehren Widersprüche und Ungereimtheiten in sich trugen. Insbesondere der Astronom Ptolemäus
und der Mediziner Galen wurden teils sehr kritisch gelesen und
in zahlreichen Einzelheiten korrigiert.

Während die arabischen Wissenschaftler so wie ihre antiken
Vorgänger mit der Wahrheit rangen und im kritischen Diskurs
ihre Erkenntnisse weiterzubringen trachteten, beharrten ihre
europäischen Kollegen bis ins 12. Jahrhundert hinein dogma-
tisch auf der christlich tradierten Interpretation der wenigen
Werke, die sich in ihrem Kulturkreis erhalten hatten. Die Schriften Platons, Ptolemäus', Galens und Aristoteles' wurden kopiert
und auswendig gelernt. Niemandem kam es in den Sinn, ihre
Studien weiterzuführen. So geschah es, dass die Zentren der naturwissenschaftlichen und mathematischen Forschung damals
nicht in Paris, Oxford, Köln oder Bologna lagen und auch nicht
in Konstantinopel, sondern in Bagdad, Kairo, Damaskus und
Cordoba. Das lateinisch-europäische Gelehrtenwissen hinkte
weit hinterher.

Die vollständige Überlieferung vieler antiker Wissenschaftler, von Aristoteles über Ptolemäus bis hin zu Galen, nach Westeuropa geschah über den arabischen Raum. Ab dem 12. Jahrhun-

dert, nach der Eroberung arabischer Städte und Gelehrtenzentren auf der spanischen Halbinsel sowie dem Kontakt mit der islamischen Kultur während der Kreuzfahrten, wurden lange unbekannte Texte des Aristoteles – wie die *Metaphysik*, die *Nikomachische Ethik* und die anderen logischen Schriften (*Analytiken, Topik*) – aus dem Arabischen ins Lateinische übersetzt und den christlichen Gelehrten des Westens zugänglich gemacht. Sie machten schließlich die sogenannte *Logica nova* aus. Das gilt auch für andere: Der bekannte lateinische Titel des Hauptwerks von Ptolemäus' *Almagest* stammt aus der arabischen Übersetzung. Das arabische Wort *al-magisti* heißt »die große Synthese« und übersetzt den heute weitgehend unbekannten Originaltitel *Syntaxis mathematica*.

Der Richter Said Ibn Ahmad aus der andalusischen Stadt Toledo, der uns schon im Vorwort begegnet ist, verfasste im 11. Jahrhundert ein Buch über die Kategorien der Völker. Das entscheidende Merkmal für ihn waren dabei die intellektuellen Leistungen. So teilte Said Ibn Ahmad die Völker in zwei Gruppen ein: Jene, die sich mit Wissenschaften befassen, und jene, die dies nicht tun. Zur ersten Gruppe zählte er die Inder, Perser, Chaldäer, Griechen, Byzantiner, Ägypter, Griechen, Araber und Juden. Er zeigte auch Wertschätzung gegenüber den Leistungen der Chinesen und der Türken. All diese Völker machten den Hauptteil der Abhandlung aus. Was von der Menschheit übrig blieb, klassifizierte Said Ibn Ahamd als nördliche und südliche Barbaren. Über die Barbaren des Nordens, also die Westeuropäer, schrieb er den bereits im Vorwort zitierten Abschnitt, der hier in seiner Gänze noch einmal aufgeführt werden soll:

»Die anderen Völker dieser Gruppe, welche die Wissenschaften nicht gepflegt haben, gleichen eher Tieren als Menschen. Für jene von ihnen, die am weitesten nördlich liegen, zwischen dem letzten der sieben Klimas und den Grenzen der bewohnten Welt, lässt die übermäßige Entfernung von der Sonne im Verhältnis zur Zenitlinie die Luft kalt und den Himmel wolkig werden. Ihr Charakter ist deshalb kühl, ihr Humor primitiv, ihre Bäuche sind fett, ihre Farbe ist bleich, ihr Haar lang und strähnig. So mangelt es ihnen an Verstandesschärfe und Klarheit der

Intelligenz, und sie werden von Unwissenheit und Apathie, fehlender Urteilskraft und Dummheit überwältigt.«

Damals war es nicht vorstellbar, dass aus genau dieser Kultur die bedeutendste Revolution des menschlichen Denkens hervorgehen sollte. Doch bis es so weit war, musste noch ein halbes Jahrtausend vergehen.

2 Das Wiedererwachen des Denkens – Peter Abaelard und die wissenschaftliche Renaissance im Mittelalter

Die berühmtesten Liebepaare der europäischen Literaturgeschichte sind sicher Romeo und Julia sowie Tristan und Isolde. Es gibt noch ein drittes Paar, das den beiden Erstgenannten zwar an Bekanntheit ein wenig nachsteht, ihnen gegenüber aber einen großen Vorteil hat: Es handelt sich um Menschen, die tatsächlich gelebt haben. Auch die Liebe von Abaelard und Héloïse hat kein glückliches Ende genommen. Doch der Grund dafür, dass ihre Namen bis heute unvergessen sind, liegt nicht nur darin, dass die beiden Liebenden die tragischen Opfer von Leidenschaft, Missgunst und fatalem Ehrgefühl wurden. Ihr Leben weist auch eine intellektuelle und spirituelle Tiefe auf, die Auswirkungen bis in die heutige Zeit hat.

MIT SCHARFEM VERSTAND UND SCHARFER ZUNGE

Peter Abaelard wurde 1079 in der Nähe von Nantes als Sohn eines Ritters geboren. Mit 16 begann er ein Studium der »Sieben freie Künste«, heute würde man sagen: ein Studium der Wissenschaften. In einer der *septem artes liberales* zeichnete sich der junge Abaelard besonders aus: in der Kunst der Dialektik.

Die Dialektik war von antiken griechischen Philosophen entwickelt worden, um Theorien oder Meinungen auf ihren Wahrheitsgehalt zu überprüfen. Die Methode ist im Prinzip ganz einfach: Jede Aussage beruht auf einer Reihe von Grundannahmen; diese werden auf ihre Logik hin abgeklopft. Ergibt sich ein Widerspruch, kann die entsprechende These nicht wahr sein. Sokrates, der erste Meister dieser Denkrichtung, zog eine Parallele zur Hebammenkunst: Er meinte, dass es einer Geburtshilfe entspräche, den Gesprächspartner durch geschickte Fragen dazu zu bringen, Irrtümer aufzudecken. Denn indem der Mensch den tatsächlichen Sachverhalt aus dem eigenen Geist herausholt, würde er Einsichten »gebären«.

Sokrates (470–399 v. Chr.),
griech. Philosoph.

Zwei Generationen nach Sokrates verfeinerte Aristoteles die Methodik der Dialektik. Leider wurde im christlichen Europa nur ein Teil seines Werks über dieses Thema überliefert, die fehlenden Schriften erreichten erst um 1200 herum über den arabischen Kulturkreis den lateinischen Westen. Doch auch als Fragmente standen die Gedanken des Aristoteles bei christlichen Gelehrten hoch im Kurs. Der Kirchenvater Augustinus sprach von der Dialektik sogar als *disciplina disciplinarum*, als »Disziplin der Disziplinen«.

Auch Abaelard war der Meinung, dass die Dialektik »als Führerin den Vorrang vor der ganzen Philosophie besitzt«. So nachsichtig wie der »Geburtshelfer« Sokrates ging er mit seinen Gesprächspartnern allerdings nicht um. Der Rittersohn hatte auf seine Erbansprüche verzichtet, um, wie er sagte, »ein Ritter der Feder zu werden«. Die dialektische Methode war für ihn eine Art Schwertkampf: Mit Lust und Leidenschaft stürzte er sich ins Kampfgetümmel logischer Auseinandersetzungen.

Mit Witz, Brillanz und Polemik brachte er seine Gegner zur Strecke.

Die Kombination aus Scharfsinn und aggressivem Ehrgeiz war nur für Zuschauer der hochgelehrten Auseinandersetzungen unterhaltsam. Für Abaelards Diskussionsgegner endeten die Streitgespräche meist mit einer Demütigung. Das mussten schon seine Lehrer Wilhelm von Champeaux und Anselm von Laon erfahren, die berühmtesten Theologen seiner Zeit. Aus den intellektuellen Streitgesprächen mit ihrem Schüler ging meist der junge Abaelard als Sieger hervor.

In seiner Autobiografie, die er *Historia calamitatum* (»Die Leidensgeschichte«) nannte, schrieb Abaelard:

> »Von der Philosophie sagte mir die Logik am meisten zu. Schließlich kam ich auch nach Paris, dem alten Mittelpunkt der logischen Studien, und Wilhelm von Champeaux wurde mein Lehrer. Ich war anfangs lieb Kind, später wurde ich ihm mehr als lästig, suchte ich doch etliche seiner Thesen zu widerlegen und gestattete mir, Gegengründe aufmarschieren zu lassen, was mir einige Male im Wortgefecht einen klaren Sieg über den Professor einbrachte. Dies gab das erste Glied der Leidenskette, die noch kein Ende hat.«

Mit 23 Jahren machte sich der smarte Gelehrte in Paris selbstständig – und hatte Erfolg. Seine Schule für Logik konnte sich vor Schülern kaum retten, denn seine Dispute mit den größten Kirchengelehrten seiner Zeit machten ihn weit über die Landesgrenzen berühmt. Zu seiner Popularität trug auch seine unfassbare Unverfrorenheit bei. Als ihm sein König verbat, auf seinem Land zu lehren, kletterte Abaelard kurzerhand auf einen Baum und lehrte von dort. Der König präzisierte seinen Befehl: Abaelard dürfe weder auf dem Land noch in der Luft lehren. Da stieg der junge Dialektiker in ein Boot, fuhr auf die Seine hinaus und lehrte von dort. Gegen so viel Dreistigkeit war der König machtlos und ließ Abaelard schließlich in Ruhe.

*Medaillon zum Briefwechsel zwischen Abaelard
und Héloïse. Gotische Buchmalerei aus der »Bible moralisée«,
um 1220/30.*

ZWEI LEBEN VOLLER WIDERSTÄNDE

Der aufstrebende und zugleich wegen seiner Intelligenz gefürchtete Peter Abaelard schien nur eines im Kopf zu haben: seine Lust am Denken und Argumentieren. Doch dann änderte sich sein Leben von Grund auf. Als er schon fast vierzig Jahre alt war, wurde er vom Geistlichen Fulbert gebeten, dessen Nichte und Mündel Privatunterricht zu erteilen. Die meisten Quellen beschreiben Héloïse d'Argenteuil als 16 oder 17 Jahre alt, andere Berichte sagen, dass sie selbst schon eine bekannte Gelehrte war. Fest steht, dass Héloïse eine kluge und hochbegabte junge Frau war. Schon allein, dass sie lesen und schreiben konnte, war zu jener Zeit für eine Frau sehr ungewöhnlich. Doch Anfang des 12. Jahrhunderts, in das sie hineingeboren war, hatte sie keine Chance, ihre Fähigkeiten voll auszuschöpfen, geschweige denn ein selbstbestimmtes Leben zu führen.

In Fulberts Haus begannen die beiden heimlich eine leidenschaftliche Beziehung. Héloïses Onkel bekam schließlich Wind von der Liebschaft und trennte das Paar. Trotzdem fanden die Liebenden Wege, sich weiterhin zu treffen. Als Héloïse schwanger wurde, ließ Abaelard seine Geliebte zu seiner Schwester in seinen Geburtsort Le Pallet bringen. Dort brachte Héloïse ihren Sohn zur Welt und nannte ihn Astralabius – übersetzt bedeutet der Name »Der zu den Sternen greift«. In der Zwischenzeit gelang es Abaelard, den wütenden Fulbert zu beruhigen; er erhielt von ihm die Erlaubnis, Héloïse zu heiraten. Ende gut, alles gut – so scheint es.

Bis hierher war der Weg des Paares steinig genug. Doch nun traten Verwicklungen ein, die sonst nur fantasievolle Dramatiker wie Shakespeare als Kunstgriffe herbeiführen, um ihr Publikum zu fesseln. Weil Abaelard befürchtete, dass mit der Ehe auch die Umstände ihres Zustandekommens publik wurden, bestand er darauf, dass die Hochzeit heimlich durchgeführt wurde. Auch Héloïse machte die Angelegenheit kompliziert: Sie wehrte sich vehement gegen die Eheschließung. Nicht etwa, weil sie ihren Abaelard nicht liebte, sondern aus einem ganz anderen Grund. In einem ihrer späteren Briefe an ihn schrieb sie:

»In dem Namen ›Gattin‹ hören andere vielleicht das Hehre, das Dauernde; mir war es immer der Inbegriff aller Süße, Deine Geliebte zu heißen, ja – bitte zürne nicht! – Deine Schlafbuhle, Deine Dirne. Die tiefste Erniedrigung vor Dir versprach die höchste Huld bei Dir ... Herr Gott, sei Du mein Zeuge, wenn der Kaiser käme, der Beherrscher der ganzen Welt sich herabließe, mich zu ehelichen, wenn er mir dabei die ganze Erde verschriebe und verbriefte zum ewigen Besitz: Ich möchte doch lieber Deine Dirne heißen – und wäre noch stolz darauf, als seine Kaiserin.«

In ihrer kompromisslosen Liebe gab Héloïse schließlich nach und willigte in die Heirat ein. Doch dann machte Fulbert gegen die Absprache die Ehe öffentlich bekannt, und Héloïse leugnete, mit Abaelard verheiratet zu sein. Tumult! Héloïse und ihr Onkel gerieten aneinander, Abaelard wollte seine Frau vor ihrem Vormund schützen und schickte sie ins Kloster Argenteuil. Dort war Héloïse aufgewachsen und fand nun als Gast Aufnahme. Jetzt wurde es vollends wirr: Fulbert glaubte, dass Abaelard Héloïse ins Kloster abgeschoben hatte und sie zum Nonnendasein zwang, weil er ihrer überdrüssig sei. Er beschloss: Mit diesem schändlichen Verhalten durfte Abaelard nicht durchkommen! Fulbert heuerte eine Gruppe Männer an, die Abaelard nachts in seinem Zimmer überfielen – und ihn kastrierten.

Abaelard, der Shooting-Star der »Sieben freien Künste« und Leiter einer der berühmtesten Philosophie-Schulen Frankreichs, überlebte den Anschlag. Gedemütigt beschloss er, als Mönch ins Kloster St. Denis bei Paris zu gehen. Aber was sollte aus seiner Frau Héloïse werden? Abaelard bestand darauf, dass auch sie das Gelübde ablegte und Nonne wurde. Das war ganz gewiss nicht das, was sich Héloïse von ihrem Leben erhofft hatte, doch auch dieses Mal lenkte sie ein und folgte dem Wunsch ihres Geliebten. Aus dem Liebes- und Ehepaar wurden Mönch und Nonne. Den Grund für ihre Einwilligung beschrieb Héloïse in einem ihrer späteren Briefe an Abaelard:

> »Ich traue mich kaum, es zu sagen, meine Liebe schlug in Wahnsinn um; sie opferte in hoffnungslosem Verzweifeln das eine einzige Ziel ihrer Sehnsucht. Ohne Zaudern – Du, Du gabst ja den Befehl – brachte ich mein altes Gewand und mein altes Herz zum Opfer, um aller Welt zu zeigen, wie ich Dein eigen sei mit Leib und Seele. Gott ist mein Zeuge, ich habe je und je in Dir nur Dich gesucht, Dich schlechthin, nicht das Deine, nicht Hab und Gut. Ein festes Eheband, eine Morgengabe – habe ich je danach gefragt? Du bist mein Zeuge, nicht meine Lust, nicht mein Wille war je mein Ziel, nein, nur Deine volle Befriedigung.«

Abaelard und Héloïse sahen sich nie wieder. Zehn Jahre lang herrschte Schweigen zwischen ihnen, dann begannen sie, miteinander zu korrespondieren. Über fünfzehn Jahre, bis zu Abaelards Tod 1142, schrieben sich die beiden Briefe, die so leidenschaftlich wie gelehrt sind. Sie zählen heute zu den Höhepunkten der europäischen Literatur. Abaelard wurde in dem Kloster zu Grabe getragen, in dem Héloïse mittlerweile Äbtissin geworden war. Mehr als zwanzig Jahre später starb auch Héloïse; sie wurde neben ihrem Geliebten und Gemahl bestattet.

Während der Französischen Revolution wurde das Kloster zerstört, und man brachte die Gebeine von Abaelard und Héloïse nach Paris. Auf dem berühmten Friedhof Père Lachaise wurde ihnen ein Grabmal errichtet. Bis heute hinterlassen Besucher dort Briefe zu Ehren des Paares – oder in der Hoffnung, die wahre Liebe zu finden.

DER TRIUMPH DES EIGENSINNS

So weit die Liebesgeschichte zwischen Abaelard und Héloïse. Doch die beiden stehen für mehr als ihre Leidenschaft füreinander. In ihrer Korrespondenz bewies Héloïse die Eigenständigkeit und Radikalität ihres Denkens. So schrieb sie beispielsweise in ihrem ersten Brief über ihre Anstrengungen, ihr Leben in größtmöglicher Unabhängigkeit zu verbringen: »Ich zog die Liebe der Ehe vor, die Freiheit der Bindung.« Héloïse geht sogar so weit, die Ehe als die ultimative Form der Prostitution zu erklären.

Auch Abaelard begab sich auf ungewöhnliche Gedankenwege. Nach dem Anschlag auf ihn hatte er eigentlich für immer zurückgezogen von der Welt leben wollen. Doch sobald er sich von seinen physischen und psychischen Wunden erholt hatte, waren auch seine Schüler wieder da; sein Einfluss war ungebrochen. Auch seinen Humor hatte Abaelard nicht verloren. Über seine Peiniger schrieb er: »Sie beraubten mich der Körperteile, mit denen ich begangen hatte, worüber sie klagten.«

Im Kloster von St. Denis begann für Abaelard die fruchtbarste Schaffensperiode seines Lebens. Nach seiner Krise gab er sich nicht mehr damit zufrieden, Wortgefechte zu gewinnen und Schüler zu beeindrucken. Nun trieb ihn seine Leidenschaft für die Vernunft zu ganz neuen Horizonten. Er begann – undenkbar! – die Bibel und die Lehren der Kirchenväter mit den Mitteln der menschlichen Vernunft zu untersuchen. In der europäischen Geistesgeschichte war dieser Ansatz eine Revolution. Seit Bestehen des Christentums hatte Philosophie den ausschließlichen Zweck, die Bibel und die heiligen Lehren der katholischen Kirche zu interpretieren und zu untermauern. Eine Kritik war nicht vorgesehen. Doch nun definierte Abaelard Wissen als etwas, das niemandem dienen soll, sondern seinen Sinn und Zweck aus sich selbst heraus hat.

Man könnte sagen, dass das Wissen durch Abaelard »eigensinnig« wurde. Denn wenn Wissenschaft nur dem Wissen dient, hat die Bevormundung der Menschen durch die Kirche ein Ende. Es darf dann keine Instanz mehr geben, die das Hinterfragen vorgegebener Wahrheiten verbietet. Genau in dieser »Eigensinnigkeit« des Denkens liegt der Schlüssel der modernen Wissenschaften: Unser Wissen über die Welt dient nicht irgendeiner Instanz, sondern ist nur dem ureigenen Wunsch des Menschen gewidmet, auf rationale, wissenschaftlich methodische Weise echtes Wissen zu erlangen. Und so dürfen wir auch an dem Wissen zweifeln, das zu haben uns Autoritäten vorgeben.

Abaelards philosophischer Ausgangspunkt mutet sehr modern an, wenn er schreibt:

> »Durch Zweifeln nämlich gelangen wir zur Untersuchung; in der Untersuchung erfassen wir die Wahrheit.«[5]

Man vergleiche diesen Satz aus der ersten Hälfte des 12. Jahrhunderts mit der Aussage des theoretischen Physikers und Nobelpreisträgers Richard Feynman 850 Jahre später:

> »Religion ist eine Kultur des Glaubens, Wissenschaft ist eine Kultur des Zweifels.«[6]

Uns niemals auf vorgegebene Wahrheiten zu verlassen, sondern jederzeit bereit zu sein, Irrtümer einzugestehen, ist eine Aufgabe, die uns Menschen auch nach so langer Zeit nicht leicht fällt. Peter Abaelard ist der Erste, der diesen Anspruch an uns stellte.

DER IRRTUM ALS METHODE

Mithilfe der Wissenschaft und ihrem methodischen Zweifel verstehen wir die Welt um uns herum sehr viel besser als mithilfe von Dogmen, die uns scheinbare Sicherheiten vorgeben. Die wissenschaftliche Haltung des Zweifelns besitzt eine wichtige psychologische Dimension: Sie hilft uns, Fehler zu akzeptieren. Und nicht nur das: Sie gibt uns auch den Mut, uns Fehler zu erlauben. Durch Fehler zum Wissen zu gelangen, ist nur scheinbar ein Widerspruch. Indem wir unsere eigene Fehlerhaftigkeit erkennen und sie auch akzeptieren, müssen wir weniger an Fehlern

(Dogmen) festhalten. Die daraus folgende Beweglichkeit hat den Effekt, dass wir weniger Fehler in der Beschreibung der Welt machen.

Diesen Vorteil der modernen wissenschaftlichen Methode hat Abaelard so klar und deutlich formuliert wie kein anderer Europäer vor ihm. Noch heute ist der damit verbundene scheinbare Gegensatz zwischen Fehlerakzeptanz und Fortschritt in unserem Wissen für Nicht-Wissenschaftler nicht leicht zu verstehen. Dass jede wissenschaftliche Erkenntnis innerhalb der wissenschaftlichen Community immer auch angezweifelt und kontrovers diskutiert wird, sorgt bei Laien für Verwirrung und nicht zuletzt für Verunsicherung. Die Diskussionen unter Wissenschaftlern und der oft über eine Kette von Irrtümern stattfindende Prozess wissenschaftlicher Erkenntnis erscheinen den meisten Menschen wenig glaubwürdig und erlauben es beispielsweise Politikern, ihr eigenes Wahrheitssüppchen zu kochen.

In seiner Schrift *Sic et non* (»Ja und Nein«) behandelte Abaelard 158 Themen, zu denen es in den Bibel- und Kirchenvätertexten widersprüchliche Aussagen gab. Für ihn luden diese Widersprüche zu einer logischen Untersuchung geradezu ein. Abaelard ging es dabei weder darum, die Wahrheit der Heiligen Schrift in Zweifel zu ziehen, noch darum, die Kirchenväter zu diskreditieren. Vielmehr zeigte er in seinem Werk, das als Übungsbuch für Studenten gedacht war, dass in der Wissenschaft nicht das Gewicht der Autorität, sondern Gründe, Argumente, Logik und Beweise entscheiden sollen.

Für Abaelard ist Wissen nicht mehr etwas, das es zu bewahren gilt, sondern etwas, das sich ständig verändert und immer wieder neue Erkenntnisse erzeugt. Dies geschieht durch beständiges Zweifeln an vorgegebenen Wahrheiten und durch methodisch kontrolliertes Fragen. Mit anderen Worten: Zweifel und Kritik werden zu einer wissenschaftlichen Tugend. Kritik am eigenen Lehrer wird salonfähig und der Disput zum zentralen Arbeitsmodus. Der Zweifel an vorgegebenen, »ewig gültigen« Wahrheiten ist die Geburtsstunde des modernen wissenschaftlichen Denkideals: Wahrheit wird nicht mehr vorgefunden, sie muss gesucht werden.

VON DER KIRCHE VERFOLGT

Dass die kirchlichen Autoritäten auf Abaelards Schriften allergisch reagierten, kann man sich vorstellen. Bereits seine ersten theologischen Werke, die er kurz nach seinem Rückzug aus der Öffentlichkeit veröffentlichte, wurden sehr kritisch aufgenommen. Abaelard bekam den langen Arm der Kirche zu spüren: Sein erstes theologisches Werk, die *Theologia Summi boni,* musste er auf der Synode von Soissons 1121 unter Aufsicht eigenhändig verbrennen. Es folgten klösterliche Verbannung und Rückzug in ein eremitisches, asketisches Leben.

Doch so leicht kann man einen kritischen Geist nicht mundtot machen. Als Abaelards Rückzugsort in der Wildnis bekannt wurde, strömten Studenten aus Paris herbei. Sie bauten Zelte und Hütten auf und baten ihren Lehrer, wieder zu unterrichten. Später wurde Abaelard sogar die Position des Abtes im bretonischen St.-Gildas-Kloster angeboten – allerdings wohl weniger wegen seiner Schriften, als vielmehr weil die dortigen Mönche sich von dem Verführer Héloïses versprachen, dass er als Abt nicht allzu streng sein würde.

Weil die bretonischen Mönche und ihr Abt nicht miteinander auskamen, verließ Abaelard das Kloster und ging zurück nach Paris. Dort verfasste er zwei weitere Teile seines Hauptwerkes zur systematischen Theologie, die *Theologia christiana* und die *Theologia scholarium*, sowie die schon erwähnte *Historia calamitatum*, in der er von seinem Leben berichtet. Diese Abrechnung mit seinem früheren Ich erreichte auch das Kloster, in dem Héloïse Äbtissin war. Sie nahm den Kontakt zur Liebe ihres Lebens wieder auf und schrieb Abaelard. Über den folgenden Briefwechsel entwickelte sich eine enge spirituelle Nähe zwischen den ehemaligen Liebenden und Eheleuten.

In den folgenden Jahren unterstützte Héloïse Abaelard in seinen philosophischen Arbeiten durch viele Denkanstöße. U. a. schickte sie ihm zweiundvierzig Fragen zur ethischen Auslegung bestimmter Bibelstellen: Wie kann ein Mensch ein integres Leben führen, wenn doch die Liebe zweifellos Teil des Lebens ist, sie aber als Sünde betrachtet wird? Mit Fragen wie diesen, die bis heute als *Problemata Heloissae*, »Probleme der Héloïse«, bekannt sind, setzte sich Abaelard detailliert auseinander. Héloïse widmete er auch eines der Kernstücke seiner Arbeit, sein Glaubensbekenntnis.

All dies fand unter den wachsamen Augen der misstrauischen kirchlichen Behörden und Autoritäten statt, die Abaelards unabhängiges Denken in Alarmzustand versetzt hatte. Wie einst Sokrates geriet Abaelard aufgrund seiner aufrührerischen Aussagen in Konflikt mit der Obrigkeit. Und wie dem antiken Dialektiker wurde Abaelard vorgeworfen, er entwickele gefährliche neue Gedanken und verderbe die studierende Jugend. Der kritische Gebrauch des eigenen Verstandes, der Zweifel an bestehendem Wissen und der Mut zu neuem Denken vertrugen sich nicht mit der Überzeugung der Ankläger, dass die überlieferten Wahrheiten absolut seien und ewig gelten.

ABAELARDS GRÖSSTER FEIND

Es wurde zu Abaelards Verderben, dass seine Schriften auch die Aufmerksamkeit des mächtigen Benediktinermönches und Zisterzienserabtes Bernard de Clairvaux auf sich zogen. Dieser ist bis heute durch seine Predigten, in denen er zu Kreuzzügen aufrief, und als gnadenloser Verfolger von Ketzern bekannt. Auch Abaelard war für Bernard ein Häretiker, die »Überhöhung der Vernunft« für ihn ein rotes Tuch. Intellektuelle Spitzfindigkeiten hatten für Bernard in der Beziehung zwischen Gott und den Menschen nichts verloren. Er war überzeugt, dass man die Wahrheit über Gott und die kirchlichen Lehren niemals durch Logik und Diskurs gewinnen könne, sondern allein über Gebet und Frömmigkeit: »Wenn man nicht glaubt, dann kann man auch nicht verstehen.«

In der Auseinandersetzung zwischen Bernard de Clairvaux und Peter Abaelard prallten zwei Welten aufeinander: auf der einen Seite der Glaube an die Unfehlbarkeit der Kirche, auf der anderen Seite der Wunsch nach Klarheit und Vernunft. Abaelards Credo lautete: »Ich glaube, dass keiner diese Dinge wirklich umfassend verstehen kann, wenn er sich nicht nächtelang mit Philosophie und v. a. mit Dialektik intensiv beschäftigt hat.« Er wandte sich damit gegen den Gedanken, dass die Erkenntnis Gottes nur eine Sache ergebener Frömmigkeit und meditativer Versenkung darstellte. Für Abaelard war sie eine Angelegenheit intellektueller Durchdringung. Er wollte die von Bernard und dessen Traditionalisten streng gehüteten Siegel aufbrechen, den Glauben entmystifizieren und ihn der Vernunft zugänglich machen. Dass Abaelard für diesen Angriff auf die in Jahrhunderten gewachsene Glaubenslehre der Kirche ausgerechnet die antiken, also heidnischen Philosophen ins Feld führte, ließ ihn in den Augen Bernards de Clairvaux und anderer Traditionalisten umso gefährlicher erscheinen.

Ein zweiter, weniger bekannter Kampfplatz der Auseinandersetzung zwischen Bernard de Clairvaux und Peter Abaelard war die Ethik. Abaelard hatte seine Schrift über diesen Bereich der Philosophie *Scito te ipsum* genannt. Mit der Wahl des Titels – »Erkenne Dich selbst« – verwies er provokant auf den Spruch des Orakels von Delphi und damit auf die antik-heidnischen Aspekte praktischer Philosophie, die der Kirche ein Dorn im Auge waren. Auch der Inhalt der Schrift hatte es in sich: Als goldene Regel postulierte Abaelard, ein jeder solle

> »einen so guten Willen dem anderen gegenüber haben, dass dieser sich nicht beklagen kann, so wie man auch selbst nicht will, dass einem von jenem etwas geschieht, worüber man sich zu Recht beklagen kann«.

Für heutige Ohren klingt diese Forderung absolut vernünftig. Abaelard ist sozusagen der Erfinder des Spruches »Was du nicht willst, das man dir tu, das füg auch keinem anderen zu«. Doch hinter der Sache steckt mehr. Für Abaelard stand fest, dass allein die Absicht des Handelns darüber entscheidet, ob die Tat jemanden schuldig sein lässt oder nicht – was aus Unkenntnis geschieht, kann also nicht als Schuld angerechnet werden. Hier finden wir erste Ansätze einer vernunftbasierten Moralität, wie sie 650 Jahre später durch Immanuel Kant entwickelt wurde. Bernard von Clairvaux wertete Abaelards Ethik als Frontalangriff auf die Kirche, denn sie stellte Erbsünde und Gnade infrage. Ohne die abschreckende Dramatik der Sünde und ohne die Hoffnung auf göttliche bzw. kirchliche Gnade aber würden der Institution Kirche die mächtigsten Mittel zur Durchsetzung ihrer Autorität fehlen.

Das Maß war voll. Bernard beschuldigte Abaelard der Häresie, also der Ketzerei. Abaelard forderte im Gegenzug Bernard auf, diese Anschuldigung entweder zurückzuziehen oder sie auf dem bevorstehenden Konzil in Sens 1141 öffentlich zu verteidigen. Diese Reaktion brachte Bernard in große Nöte. Auch wenn er absolut überzeugt war, im Recht zu sein, wusste er doch sehr gut, dass er in der Diskussion gegen den brillanten Dialektiker kaum eine Chance hatte. Deshalb holte Bernard zum Schlag unter die Gürtellinie aus.

Am Vorabend des geplanten Disputs in Sens lud Bernard die versammelten Bischöfe zu einer privaten Sitzung ein. Die kirchlichen Würdenträger tafelten festlich und in bester Stimmung. Ein Zeitzeuge, Berengar von Poitiers, berichtete später sogar, Bernard habe seine Ziele erreicht, weil die Bischöfe sinnlos betrunken waren. Bernard rief einzelne, aus dem Zusammenhang gerissene Sätze des Abaelard in den Saal und fragte jedes Mal in die Runde: »Verdammt ihr dies?« Und die Bischöfe antworteten: »Wir verdammen!« Jede der ketzerischen Aussagen, die Bernard seinem Herausforderer Abaelard unterschob, wurde verurteilt. Als der ahnungslose Abaelard am nächsten Tag vor dem Konzil erschien, um über seine Thesen zu disputieren, war die Entscheidung längst gefallen. Statt des Streitgesprächs fand ein Ketzergericht statt. Bernard war der schlechtere Rhetoriker, aber der gewieftere Politiker gewesen.

Abaelard versuchte zu retten, was zu retten war. Er appellierte an Papst Innozenz II. in Rom, seine Verurteilung wegen Ketzerei abzuwenden. Doch wieder einmal war Bernard von Clairvaux der Schnellere, hatte er doch längst eine Depesche nach Rom geschickt. »Sollte nicht der Mund, der solche Dinge spricht, eher mit Knüppeln zerschmettert als mit vernünftigen Argumenten widerlegt werden?«, hatte er geschrieben, und: »Fordert nicht gerade er, dessen Hand sich gegen alle Menschen richtet, verdientermaßen aller Leute Hände gegen sich selbst heraus?«

Das Urteil gegen Abaelard kannte keine Gnade. So wie 492 Jahre später der Universalgelehrte Galileo Galilei wurde auch Abaelard im Schnellverfahren und ohne Anhörung zu lebenslangem Schweigen verurteilt; alle seine Bücher wurden verbrannt. Abaelard wurde für den Rest seines Lebens in ein Kloster verbannt. Von diesem Schlag erholte er sich nicht mehr, kurze Zeit später starb er im Kloster von Cluny bei Châlons-sur-Marne.

EIN RUCK IN DER WELTGESCHICHTE

In Liebesdingen war Abaelard im Vergleich zu Héloïse der weitaus Schwächere. Dass er später darauf bestand, dass er sie nie wirklich geliebt habe, sondern nur »nach ihr gierte«, und dass ihre Beziehung eine Sünde gegen Gott gewesen sei, musste für die ins Kloster abgeschobene Héloïse ein Schlag ins Gesicht sein. In Bezug auf seine Kastration ging Abaelard sogar so weit zu behaupten, dass »die göttliche Gnade mich mehr geläutert hat als beraubt. Denn was tat sie anderes, als dass sie die unreinen und abscheulichen Teile entfernte, um die Unverfälschtheit meiner Reinheit zu bewahren?« Er empfahl seiner Frau, die für ihn alles aufgegeben hatte, sich ganz ihrer religiösen Berufung zu weihen und ihre Aufmerksamkeit auf den einzigen Menschen zu richten, der sie jemals wirklich geliebt habe – Jesus Christus. Was für eine Enttäuschung musste das für Héloïse sein! Und welche Größe von ihr (oder welche Verzweiflung, weil Abaelard ja noch der Beste und Intelligenteste von allen war), dass sie trotz allem den Kontakt wieder suchte und Abaelard in seiner Suche nach Wahrheit zur Seite stand.

Als Philosoph und Dialektiker war Peter Abaelard einer der ganz Großen. Er ist der erste bedeutende Intellektuelle der nach-antiken europäischen Geistesgeschichte. Durch ihn hat, wie es der Philosophie-Historiker Kurt Flasch formuliert, »die Weltgeschichte einen Ruck gemacht«[7].

Abaelard hatte erkannt, dass wissenschaftliches Fragen vom rationalen Zweifel ausgeht. Viele Jahrhunderte vor der eigentlichen Entstehung der modernen Wissenschaften predigte Abaelard bereits den Vorrang der Vernunft auf allen Gebieten des Wissens. Er war auch der erste Christ, der das Denken und

Reden über Gott als wissenschaftliche Disziplin anging – und damit der erste Theologe. Und noch etwas Drittes hat Abaelard auf den Weg gebracht: Seine Schulgründungen in Paris hatten einen entscheidenden Einfluss auf die weitere Entwicklung des Gelehrtentums. Nach Abaelards Tod entstanden aus dem von ihm geschaffenen Geist des offenen und kritischen Diskurses ganz neue Institutionen: Die Gesamtheit der Lehrer und Schüler, die *universitas magistrorum et scholarium,* schloss sich zu autonomen »Universitäten« zusammen. Die Erste von ihnen in Abaelards Heimatland Frankreich wurde 1160 im Lateinischen Viertel von Paris gegründet – die heutige Sorbonne. 1231 veröffentlichte Papst Gregor IX. die Bulle *Parens scientiarum* (»Mutter der Wissenschaften«), die der Pariser Universität Selbstbestimmung und Unabhängigkeit – insbesondere von kirchlichen Autoritäten – garantierte.

Die Pariser Sorbonne wurde zum Vorbild aller modernen europäischen Universitäten. Auch wenn es noch 400 Jahre bis zur vollständigen Entfaltung der wissenschaftlichen Revolution in Europa dauern sollte, so war mit der Institution der Universitäten der fruchtbare Boden für diese Entwicklung bereits Ende des 12. Jahrhunderts gelegt.

Heute wird Abaelard als der »Sokrates des 12. Jahrhunderts« geehrt. Seine Leistung markiert die Geburtsstunde des modernen wissenschaftlichen Denkideals. Mit den Waffen der Logik begann er den Kampf um die Freiheit der menschlichen Vernunft und um Individualität im Denken wie im Handeln. Manche Historiker sprechen von der »humanistischen Renaissance des 12. Jahrhunderts«, die v. a. durch Peter Abaelard ausgelöst wurde.

Zu Lebzeiten hat Abaelard seine Liebe zum Wissen und Denken teuer bezahlen müssen. Der österreichische Journalist, Schriftsteller und kommunistische Politiker Ernst Fischer beschrieb es so:

»Es gibt zwei paradigmatische Gestalten des europäischen Intellektuellen, den Dr. Abaelard und den Dr. Faustus. Der eine wurde entmannt, der andere vom Teufel geholt. In beiden Fällen stimmten die Herrschenden mit den Analphabeten überein: was der Intelligenz gebührt, ist Kastration oder Höllenfahrt.«[8]

Es scheint ein ehernes Gesetz der Weltgeschichte zu sein: Wer sich mit zu viel Wissbegierde gegen die Gedanken und Strukturen der Obrigkeit stellt, hat vom Schicksal nicht viel zu erwarten. Erst mit dem Durchbruch des wissenschaftlichen Denkens in der Breite im späten 18. Jahrhundert sollte sich dies ändern.

3 Vom begrenzten Raum zum Globus – Wie Europa in die Mitte der Welt rückte

Die Stimmung der Mannschaft war auf dem Tiefpunkt. Über einen Monat waren die drei Schiffe schon auf See. Keiner der Seeleute hatte je eine Reise unternommen, bei der so lange Zeit kein Land in Sicht war. Immer wieder musste der Oberbefehlshaber des kleinen Geschwaders seine Leute zum Durchhalten überreden. Er erinnerte sie an die großartigen Schätze, die an ihrem Ziel auf sie warteten. Doch die Männer hatten den Glauben an einen Erfolg der Reise längst verloren.

Der Chronist Las Casas, Teilnehmer der Expedition, schrieb später:

> »Sie beklagten sich über die lange Reise; aber der Admiral ermutigte sie, so sehr er konnte, und weckte bei ihnen Hoffnung auf die Vorteile, die sie haben könnten, und er fügte hinzu, es sei außerdem zwecklos, sich zu beklagen, denn er habe vorgehabt, nach Indien zu kommen, und müsse nun fortfahren, bis er dort ankomme mit der Hilfe Unseres Herrn.«[9]

Der Admiral hatte gewusst, dass es schwierig werden würde, die Männer motiviert zu halten. Das zeigt schon die Tatsache, dass er bereits ab dem zweiten Tag nach der Abfahrt aus dem spanischen Huelva begonnen hatte, zwei unterschiedliche Logbücher zu führen: In dem einen trug er täglich die nach seinen Berechnungen tatsächlich gesegelte Strecke ein. In das andere, in das er auch andere Seeleute Einblick nehmen ließ, schrieb er falsche, geringere Distanzen hinein, »damit die Leute, wenn die Reise lang würde, sich nicht entsetzten und nicht den Mut sinken ließen«. Mehrfach notierte er, dass er die Mannschaft wieder einmal nur durch List und Überredung zum Weiterfahren gebracht hatte. Die Namen des Admirals und seiner Schiffe kennt heute jedes Schulkind: Die Rede ist von Christopher Kolumbus und seinen Karavellen Nina, Pinta und Santa Maria.

Christopher Kolumbus (1451–1506),
ital. Seefahrer und Entdecker.

DER UNDENKBARE WEG

Schon der Beginn der Reise stand unter keinem guten Stern. Der Wind wehte aus einer ungünstigen Richtung, und gelegentlich gab es Flauten. Erst nach 15 Tagen drehte der Wind. Hinzu kam, dass die Kompassnadel, die den Seeleuten auch bei schlechtem Wetter Orientierung erlaubte, immer mehr von der Position des Nordsterns abwich. Da den Menschen der damaligen Zeit die magnetische Deklination[10] noch nicht bekannt war, hielt die Mannschaft das Abweichen der Nadel für einen Beleg, dass die Schiffe in ein Gebiet vordrangen, in dem die bekannten Gesetze der Natur nicht mehr galten.

Weitere 17 Tage vergingen, und noch immer waren sie nicht auf Land gestoßen. Meuterei lag in der Luft. Kolumbus rief seine wichtigsten Besatzungsmitglieder zusammen. Mit Müh und Not gelang es ihm, ihnen eine weitere Frist von drei Tagen abzuhandeln. Doch er wusste: Nach diesem allerletzten Aufschub wäre Schluss, ein weiteres Mal würde er seine Leute nicht mehr vorantreiben können. An diesen drei Tagen standen der Erfolg seiner jahrelangen Bemühungen und sein gesamtes Lebenswerk

auf Messers Schneide. Endlose Kraftanstrengungen hatte es
Kolumbus gekostet, für sein Projekt zu werben und entweder
den Herrscher Spaniens oder den Monarchen Portugals davon
zu überzeugen, dass die Länder Indien, Zipangu (das heutige
Japan) und Cathay (China) auch vom Westen her erreichbar
sind[11].

Die meisten Menschen kannten die Berichte Marco Polos
von den sagenhaften Reichtümern Zipangus. Dieser war zwar
nie selbst in Japan gewesen, hatte aber die wundersamen Schil-
derungen anderer Reisender wiedergegeben:

>>Zipangu sei reich an Gold, Perlen und Edelsteinen, und die Tempel und
königlichen Residenzen sind mit massivem Gold bedeckt. Die Menschen dort haben enorme Mengen an Gold. Der Palast des Königs
ist mit reinem Gold überdacht, und seine Böden sind mit zwei Finger
dickem Gold gepflastert.<<

Die Handelsroute, über die neben den genannten kostbaren Waren auch Gewürze, Seide, Porzellan und vieles mehr seinen Weg
nach Europa fand, führte seit Menschengedenken von Europa
aus ostwärts durch die arabischen Länder. Die monatelange
Reise war voller Risiken, und die Potentaten Asiens erhoben hohe
Zölle, die die Gewinne der Handelsherren empfindlich schmäler-
ten. Vier Jahre bevor Kolumbus sich auf den Weg nach Westen
machte, hatte der portugiesische Seefahrer und Entdecker Bar-
tolomeu Diaz als erster Europäer Afrika und das Kap der Guten
Hoffnung umsegelt und gezeigt, dass Indien auch über das Meer
erreicht werden kann. Doch das Monopol auf den neuen Seeweg
in Richtung Osten war fest in portugiesischer Hand.

Als Kolumbus die Länder von der anderen Seite her, also
über den Atlantik westwärts fahrend, erreichen wollte, wurde er
ausgelacht. Wie konnte das sein? Für die Herrscher Spaniens
wäre dies eine willkommene Möglichkeit, Araber wie Portugiesen auf dem Weg zu Indiens Reichtümern zu umgehen. Niemand, der auch nur ein Stückchen Bildung genossen hatte, hielt
die Welt mehr für eine Scheibe. Schon der große Philosoph Aristoteles hatte es für denkbar gehalten, dass man den Atlantischen

Ozean zwischen Gibraltar und Asien innerhalb weniger Tage überqueren könne:

> »Und deshalb erachten wir die Ansicht derer, die aus Gründen der Ähnlichkeit und Nähe die Region im äußersten Westen der Säulen des Herkules (die Herkules als Denkmal für seinen Sieg errichtet hat) und die Region im Fernen Osten um den Indischen Ozean verbinden wollen, nicht für sehr absurd, und, dass es ein Meer gibt, den Ozean, der an beide Orte grenzt. Und sie leiten ihre Vermutung über die Ähnlichkeit beider Orte von den Elefanten her, die an beiden Orten auftauchen, aber nicht in den Regionen zwischen ihnen gefunden werden. Dies ist natürlich ein Zeichen für die Übereinstimmung dieser Orte, aber nicht unbedingt für ihre Nähe zueinander.«[12]

So wie Aristoteles im 4. Jahrhundert v. Chr. war auch Ptolemäus im 2. Jahrhundert n. Chr. davon ausgegangen, dass sich der Ferne Osten auch über den Weg nach Westen erreichen ließe. Beide Gelehrten waren von der Kirche akzeptiert, es handelte sich also nicht um verbotenes Geheimwissen. Tatsächlich gingen zu Kolumbus' Zeiten die meisten Menschen, die sich überhaupt darüber Gedanken machten, von einer Kugelgestalt der Erde aus. Das zeigt sich schon am Reichsapfel, der zusammen mit Krone und Zepter zu den Reichsinsignien des Heiligen Römischen Reiches gehört: Er symbolisiert die Weltkugel. Warum also war trotz alldem die Mehrheit von Kolumbus' Zeitgenossen fest davon überzeugt, dass ein Seeweg nach Indien westwärts prinzipiell unmöglich sein müsse?

THE DARK SIDE OF THE WORLD

Die meisten Gelehrten gingen damals zwar von einer Kugelgestalt der Erde aus, doch ihrer Meinung nach bildeten die Landmassen der bekannten Kontinente Europa, Afrika und Asien eine eigene Zone, die vollständig von einer separaten Wasserzone umgeben war. Man nahm an, dass die Ausmaße dieser Wasserwelt unfassbar groß waren und sich jeder Messung entzogen.

Die Landmassen der Erdoberfläche, die sogenannte »Ökumene«, bildeten die »Vorderseite« der Erdkugel. Diese Vorderseite ist es, die auf den kreisförmigen Karten des späteren Mittelalters dargestellt wurde. So zeigen die Karten des Mittelalters also nicht etwa eine flache Tellerscheibe von oben, sondern die Projektion der Landzone der Weltkugel auf die Fläche. Von der »Rückseite« nahm man an, dass dieser Teil eine reine Wasserwelt sei, lebensfeindlich und unüberbrückbar. Der Atlantische Ozean war als Teil der unermesslichen Wassersphäre nicht befahrbar; nur entlang der Küstenlinien machte Schifffahrt einen Sinn.

Man wusste also, dass es »hinter dem Horizont weitergeht«, doch niemand wollte dorthin. Nicht etwa, weil man dann vom Rand der flachen Erde ins Bodenlose gefallen wäre, sondern weil dieser Teil der Welt einfach nicht für Menschen gemacht war. Die manchmal an den Rändern der Weltkarten eingefügten Seeungeheuer dienten als Zeichen dafür, dass dort die bekannte Welt ein Ende hatte: Dieser Teil der Weltkugel war nicht erreichbar, geschweige denn bewohnbar.

Wie war man auf die Idee gekommen, dass die »Rückseite« der Welt nur eine Wasserwüste sein konnte? Ganz einfach – es konnte sich dort ja unmöglich Land befinden! Der frühchristliche Gelehrte und Berater Konstantins des Großen, Lucius Lactantius, beschrieb im 3. Jahrhundert n. Chr. die dahinterliegende Logik auf die folgende Weise:

> »Was verkünden denn jene, die meinen, es gebe Antipoden, die uns die Füße zukehren? Ja, wer ist denn so töricht wie der, der glaubt, es gebe Menschen, deren Füße über den Köpfen sind? Oder wo das, was bei uns herunterzeigt, nach oben hängt? Wo Pflanzen und Bäume nach unten wachsen? Wo Regen und Schnee und Hagel zur Erde nach oben fallen?«[13]

Diese Auffassung teilte der Kirchenvater Augustinus von Hippo – und damit war die Sache auch für die Gelehrten des gesamten Mittelalters klar. Insbesondere der Gedanke, dass Menschen auf der gegenüberliegenden Seite der Erdkugel leben könnten, wurde als völlig absurd abgetan.

Die Vorstellung von der Erde in Form des uns heute so vertrauten Globus mit einer einheitlichen und in allen Richtungen befahrbaren Mischung von Landmassen und Ozeanen wurde nur von sehr wenigen Menschen gewagt. Kolumbus hatte genau so eine Quelle aufgetrieben. Er hatte einen Brief des italienischen Mathematikers und Kosmografen Paolo Toscanelli in die Hände bekommen, in dem dieser die Entfernung zwischen Lissabon und der Stadt Qinsay, die man mit einem westwärts fahrenden Schiff zurücklegen müsste, mit 6500 Seemeilen bezifferte – »26 Abschnitte, ein jeder 250 Seemeilen breit« –, was ca. einem Drittel des von ihm ermittelten Erdumfangs entsprach.[14] Qinsay heißt heute Hangzhou und liegt südwestlich von Shanghai an der Ostküste Chinas. Die Stadt besaß eine nahezu mythische Aura: Marco Polo hatte von ihren prächtigen Palästen und öffentlichen Warmbädern geschwärmt. Doch für Entdecker, die von Europa über den Atlantik dorthin gelangen wollten, hatte sie noch eine andere Bedeutung: Für sie war Qinsays Hafen das Tor zum Fernen Osten und seinen Reichtümern.

Die Sache hatte leider einen Haken. Für die Berechnung der Entfernung hatte Toscanelli den Wert zugrunde gelegt, den Ptolemäus für den Gesamtumfang der Erdkugel angab: 30.000 Kilometer[15]. Doch dieser Wert ist viel zu niedrig geschätzt, tatsächlich liegt er bei knapp über 40.000 Kilometern. Über Land beträgt die Entfernung von Lissabon nach Qinsay 10.700 Kilometer. Der Weg von Portugal zur chinesischen Ostküste über die andere Hälfte der Erdkugel ist also gute 29.000 Kilometer lang – deutlich mehr, als Toscanelli berechnet hatte. Selbst wenn der Doppelkontinent Amerika nicht im Weg liegen würde, wäre es für die damaligen Schiffe nicht möglich gewesen, China über eine Westroute zu erreichen.

Kolumbus ahnte nichts von dem Rechenfehler Toscanellis. Die vermutete Strecke von 6500 Seemeilen war, wie Toscanelli anmerkte, zwar »eine große Entfernung, die in unbekannten Gewässern überquert werden muss«[16], doch für Kolumbus ein kalkulierbares Risiko.

ERSTE ZWEIFEL

11. Oktober 1492. Am zweiten Tag der Drei-Tages-Frist, die Kolumbus mit seiner Mannschaft vereinbart hatte, kam schwere

See auf. Die Mannschaft sah Blütenzweige und Schilfrohr an den Schiffen vorbeischwimmen. Im Nu wich das Verlangen umzukehren erwartungsvoller Spannung und Freude darüber, schon bald auf Land zu stoßen. Der Admiral versprach demjenigen, der es zuerst sah, eine besondere Prämie. Nur wenige Stunden später, um zwei Uhr morgens, war es so weit: Der Matrose Rodrigo de Triana sichtete Land. Kolumbus ließ eine Kanone abfeuern, um alle Seeleute aufzuwecken und ihnen die frohe Botschaft mitzuteilen.

Bekannterweise glaubte Kolumbus bis an sein Lebensende 1506, die asiatischen Länder erreicht zu haben. Er wähnte sich südlich von Zipangu und wollte seine Schiffe weiter nach Westen lenken, um endlich Qinsay zu erreichen. Doch er stieß nur auf weitere, unbekannte Inseln. Schließlich kehrte er nach Spanien zurück. Noch dreimal versuchte Kolumbus, den Weg zur Ostküste Asiens zu finden.

Als Kolumbus auf seiner dritten Reise – noch immer auf der Suche nach Indien – 1498 auf den nördlichen Mündungsarm des Orinoco-Flusses traf (an der heutigen venezolanischen Küste), müssen ihm Zweifel an seinem Glauben gekommen sein, dass er seinem Ziel nahe sei. Die gewaltigen Süßwassermengen, die dieser viertgrößte Strom der Welt ins Meer drückte, ließen nur einen Schluss zu: Hinter der Küste musste sich eine ausgedehnte Landfläche befinden, die der Fluss durchzogen hatte. Kolumbus schrieb zwar unter diesem unmittelbaren Eindruck in sein Logbuch, dass dieses Land eine »unbekannte Neue Welt« sei. Doch später schüttelte er die unangenehme Idee wieder ab und klammerte sich an seine Annahme, dass es sich um asiatisches Gebiet handeln müsse.

Die Gelehrten in Europa nahmen die Berichte von den Fahrten des Kolumbus interessiert auf. Doch solange der Italiener nur weitere Inseln entdeckte, waren sie nicht gezwungen, ihr Weltbild zu ändern.

Warum sollte es nicht noch ein paar weitere, auf den Karten noch nicht kartografierte Inseln östlich des asiatischen Festlandes oder kleinere, noch unbekannte Bereiche des asiatischen Festlandes geben?

Amerigo Vespucci (1454–1512),
ital. Seefahrer und Entdecker.

EIN NEUES WELTBILD ENTSTEHT

Im Jahr 1503 berichtete Amerigo Vespucci von der Entdeckung eines südlich des Äquators und etwa 2000 Meilen südwestlich der Kapverdischen Inseln liegenden, »ausgedehnten« Landes – das heutige Brasilien. Vespucci war nicht der Erste, der das Festland gesichtet hatte. Kolumbus hatte das Orinoco-Delta 1498 gesehen, war aber nicht an Land gegangen. Zwei Jahre später, im April 1500, war der portugiesische Seefahrer Pedro Alvarez Cabral zufällig auf die Küste Südamerikas gestoßen, als er einen weiten Bogen nach Westen geschlagen hatte, um die Westwinde und -strömungen im südlichen Atlantik für seine Fahrt ostwärts um Afrika herum zu nutzen. Noch bevor Cabral aus Indien zurückkehrte, hatte der portugiesische König Manuel I. eine Flotte nach Brasilien gesandt, um das Land im südwestlichen Ozean näher zu erkunden. An dieser Expedition nahm Vespucci teil. Er war bereits ein alter Hase, denn er hatte zuvor unter spanischer Flagge schon an mindestens einer Fahrt in die Neue Welt teilgenommen.[17]

Vespuccis Reisebericht wurde in mehreren Sprachen gedruckt und in ganz Europa gelesen. In Windeseile machte die sensationelle Neuigkeit von der Entdeckung eines ganz neuen Erdteils die Runde. In der Einleitung schrieb Vespucci:

> »Und allerdings überschreitet dies die Kenntnis unserer Alten, denn die Mehrheit von ihnen sagt, jenseits des Äquators und Richtung Süden gebe es kein zusammenhängendes Land, sondern nur ein Meer, das sie Atlantik nannten. Und wenn einige von ihnen zustimmten, dort gebe es solches Land, so verneinten sie mit vielen Gründen, dass es eine bewohnbare Erde sei. Aber dass diese ihre Meinung falsch und der Wahrheit vollständig entgegengesetzt ist, hat diese meine letzte Reise offenbart, denn ich habe in jenen südlichen Gebieten zusammenhängendes Land gefunden, das mit Völkern und Tieren dichter besiedelt ist als unser Europa oder Asien oder Afrika.«[18]

Nicht durch die Entdeckungsfahrten Kolumbus', erst mit Vespuccis Reisebericht geriet das traditionelle Weltbild ins Wanken. Niemand konnte nun mehr die Augen vor der Tatsache verschließen, dass der von Christopher Kolumbus entdeckte Erdteil nicht Indien oder Asien, sondern vielmehr ein ganz eigener Kontinent war. Noch überraschender war, dass auf dem bisher unbekannten Kontinent, der nach dem traditionellen Weltbild gar nicht hätte existieren dürfen, Antipoden-Menschen lebten – ganz normal mit den Füßen auf dem Boden. Diese Erkenntnisse führten unweigerlich zu weiteren Folgerungen:

- Der Ozean hatte sich als durchaus überwindbar gezeigt; die Vorstellung eines unbefahrbaren Meeres, das die damals bekannte Welt umschließt, musste aufgegeben werden.
- Auf der gegenüberliegenden Seite der bekannten Erdmassen liegt kein lebensfeindlicher, riesenhafter Ozean, sondern weit ausgedehntes, bewohnbares Land.
- Die Welt ist nicht in zwei Sphären getrennt – eine bewohnbare, eine unbewohnbare. Der Globus kennt weder eine »richtige« Vorder- noch eine »falsche« Rückseite, kein »Oben« und »Unten«. Land und Wasser bilden eine gemeinsame Sphäre.

Die Widerlegung der bisherigen Anschauungen über die Gestalt der Erde stellte den eigentlichen Wendepunkt in der Geschichte der überseeischen Entdeckungen dar. Der Historiker Klaus Vogel bezeichnet ihn in seiner lesenswerten Dissertation *Sphaera terrae* als die »kosmographische Revolution«[19]. Aus der in zwei unvereinbare Sphären geteilten Weltkugel wurde ein Globus, den sich Land und Wasser teilen.

Heute verbinden wir die Entdeckung Amerikas mit dem Namen Christopher Kolumbus. Doch für die meisten Europäer im frühen 16. Jahrhundert hieß der Entdecker der Neuen Welt und Urheber des neuen Weltbildes Amerigo Vespucci. Dass Martin Waldseemüller und Matthias Ringmann 1507 in ihrer geografischen Schrift *Cosmographiae introductio* den neuen Kontinent auf der Südhalbkugel nach Vespuccis Vornamen »America« nannten, wurde ganz selbstverständlich übernommen. Auch wenn oft Kritik an dieser Entscheidung laut geworden ist, ist der Name »Amerika« doch weitaus gerechtfertigter als es etwa »Kolumbia« gewesen wäre.

ARISTOTELES WAR NIE IN AMERIKA

Der endgültige Beweis für die Kugelform der Erde wurde 1522 mit der ersten Weltumsegelung durch Ferdinand Magellan erbracht. Dessen Problem bestand weniger darin zu beweisen, dass der Weg nach Westen tatsächlich nach Indien führt; viel wichtiger war es zu zeigen, dass der neu entdeckte Kontinent den Seeweg dorthin nicht vollständig abriegelt.

Dass die Welt eine Kugel ist, wurde nun auch außerhalb der Gelehrtenkreise akzeptiert. Das kurz zuvor noch gültige Weltbild der zwei getrennten Land- und Meeressphären wurde als Irrtum und Fehlinterpretation gewertet. Das Licht des Ptolemäus strahlte so hell wie nie zuvor. Denn dieser hatte ja bereits im 2. Jahrhundert n. Chr. das Globus-Modell eingeführt, in dem Land- und Wassermassen dieselbe Sphäre teilen. Auch die Einteilung der Welt in Längen- und Breitengrade zur Ortsbestimmung auf der Erde stammte von Ptolemäus.

Doch zeigten die neuen Entdeckungen sehr deutlich, dass antikes Wissen nicht fehlerfrei ist. Von den gewaltigen Landmassen der Neuen Welt hatten die antiken Denker offensichtlich nichts geahnt. Ptolemäus hatte in seinem Atlas, der die Kugelform der Erde auf eine Karte projizierte und die ganze Welt umfassen sollte, den amerikanischen Doppelkontinent komplett ausgelassen. Von den Kanarischen Inseln im Westen bis nach China im Osten zeigt seine Karte nur eine leere Wasserfläche. Auch lag Ptolemäus' Angabe zum Erdumfang weit neben dem wahren Wert. Dass der griechische Mathematiker und Philosoph Eratosthenes bereits im 3. Jahrhundert v. Chr. mit einer cleveren Messmethode eine sehr viel genauere Angabe zum Erdumfang gemacht hatte, die weniger als 5 Prozent vom tatsächlichen Wert abweicht, war im Mittelalter unbekannt.[20]

Die Menschen des frühen 16. Jahrhunderts mussten sich also fragen: Wenn der bedeutendste Kartograf der Antike einen ganzen Kontinent übersehen und sich derart massiv in der Berechnung der Größe der Erde geirrt hat, wie weit ist den antiken Autoritäten dann überhaupt zu trauen? Was haben sie sonst noch übersehen? Mit zunehmendem Wissen über die Neue Welt schwand das Vertrauen in das Wissensfundament der Alten Welt. Die antiken Klassiker zu kennen, im Spätmittelalter noch die unangefochtene Quelle allen Wissens, reichte nicht mehr aus, um sich in der Welt zurechtzufinden. Wer etwas über die Zusammenhänge des Lebens und nicht zuletzt über den Menschen wissen wollte, musste sich zunehmend auf Erfahrungen verlassen – auf die eigenen oder auf die von Autoren, die ihre Erfahrungen beschrieben.

WIE EUROPA REICH WURDE

Die großen Entdeckungsreisen des Kolumbus, des Magellan und vieler weiterer mutiger Abenteurer teilten die Welt neu auf. Spanien und Portugal wurden von Hinterwäldler-Königreichen zu Global Playern. Doch auch in intellektueller Hinsicht war die Entdeckung der Neuen Welt ein Meilenstein in der Weltgeschichte.

Mit dem Wechsel vom alten zum modernen Bild der Erde ging ein bedeutender Wandel im gesellschaftlichen Bewusstsein einher. Der Einfluss der antiken Denker wurde schwächer, das

Selbstbewusstsein der Menschen größer. Sie wussten nun, dass sie ganz neue Erkenntnisse erlangen konnten, die weit über den Erfahrungshorizont der Antike hinausgingen. Man sah die Welt nicht mehr nur durch die Augen von seit Jahrhunderten begrabenen Denkern und Gelehrten: Der Fokus verlegte sich nun zunehmend von der Theorie zur unmittelbaren Erfahrung – genau dies war eine der vielen Voraussetzungen dafür, dass in der kommenden Zeit das naturwissenschaftliche Denken seinen Siegeszug in Europa antreten konnte. Es war zuletzt diese Erfahrung, die die Menschen skeptisch bzgl. des antiken Wissens werden ließ.

Amerika trägt seinen Namen zu Recht. Denn es ist Amerigo Vespucci gewesen, der mit seinen eigenen Augen gesehen hatte, dass auf der gegenüberliegenden Seite der Welt eine große, zusammenhängende Landmasse existiert und dass auf ihr Antipoden leben – und der dies der Alten Welt auch als Erster mitgeteilt hat.

Auch der sich einstellende Fortschrittsglaube war ein Effekt, der direkt auf die Entdeckung der Neuen Welt zurückgeht. Je mehr man wagte, sich von den Vorstellungen der antiken Denker zu lösen, desto größer wurde die Gewissheit, dass Menschen das Wesen der Dinge immer besser verstehen können. Im 19. Jahrhundert schrieb Alexander von Humboldt:

>»Die Wichtigkeit dieser Entdeckungen und der ersten Ansiedlung der Europäer berührte auch andere Sphären als die, welcher diese Blätter vorzugsweise gewidmet sind; sie gehört jenen intellectuellen und moralischen Wirkungen an, welche die plötzliche Vergrößerung der Gesamtmasse der Ideen auf die Verbesserung der gesellschaftlichen Zustände ausgeübt hat. Wir erinnern daran, wie seit jenem großen Zeitpunkt ein neues, regsameres Leben des Geistes und der Gefühle, wie mutige Gefühle und schwer enttäuschte Hoffnungen allmählich sämtliche Klassen der bürgerlichen Gesellschaft durchdrungen haben.«[21]

Mit der durch die Entdeckung der Neuen Welt ausgelösten mentalen Horizonterweiterung endete das Mittelalter. Dem europäischen Menschen öffnete sich nicht nur ein geografischer, sondern auch ein Erfahrungsraum, der sehr viel größer und komplexer war als der, über den sie zuvor verfügt hatten. Zugleich war das neue Weltbild viel simpler als das komplexe Sphärenmodell des Mittelalters. Dieses scheinbare Paradoxon aus komplexen Erfahrungen und simplen Erklärungen, die die wahrgenommene Komplexität wieder herunterschraubten, blieb in den nächsten Jahrhunderten weiter bestehen.

EUROPA RÜCKT INS ZENTRUM DER WELT

Die Entdeckung der Neuen Welt hatte neben dem neuen Weltbild, der Relativierung antiken Wissens und dem neuen Glauben an Fortschritt noch vielerlei weitere Auswirkungen, die oft übersehen werden.

Bis 1492 galt Europa als »Abendland«; es war im äußersten Westen das in Richtung der untergehenden Sonne liegende Anhängsel der großen asiatischen Landmasse. Hinter Gibraltar (den Säulen des Herakles), Spanien (Finisterre), Frankreich (Finistère) und Britannien (Land's End) hörte die Welt auf. Dieses Randdasein führte Europa bis ins späte Mittelalter auch in kultureller, intellektueller und wirtschaftlicher Hinsicht. Kultur und Wirtschaft des »Morgenlandes«, also im Wesentlichen Arabiens, Indiens und Chinas, waren weitaus stärker entwickelt als die des christlichen Europa. Um 1500 war das chinesische Kaiserreich der Ming-Dynastie die mit Abstand größte Volkswirtschaft der Erde. Europäer galten dort als Barbaren, denen lediglich das Recht zugesprochen werden konnte, mit der Absicht einer Tributmission in den Osten zu kommen, angezogen vom Glanz der chinesischen Zivilisation.

Mit der Entdeckung Amerikas endete Europas Randdasein, es rückte nicht nur kartografisch ins Zentrum der Welt. Plötzlich befand sich Europa auch in einer bevorzugten Handelslage – der Handel mit der Neuen Welt übertraf schon bald den mit Indien um ein Vielfaches. Die dabei angehäuften Reichtümer führten zu einem beispiellosen ökonomischen Aufstieg, zunächst in Spanien und Portugal, dann in England, Frankreich und Holland und schließlich in ganz Europa.

Verantwortlich für diesen Höhenflug waren nicht nur die Gold-
und Silberströme, die aus den Kolonien in die europäischen Länder fluteten. Das Wissen um die vielen Länder, die noch auf ihre
Entdeckung und Inbesitznahme warteten, verstärkte dramatisch die wirtschaftliche und militärische Konkurrenz der europäischen Länder untereinander. Anfangs befanden sich die Kolonien fest in spanischer und portugiesischer Hand, doch bald
gesellten sich andere Länder zu den Kolonialmächten. Im Zusammenhang mit dem Wettlauf um die noch weißen Flecken der
Landkarte fand auch ein Wettrüsten um Innovationen statt.

Dass neues Wissen entscheidende politische und militärische Vorteile bringen kann und umgekehrt die Vernachlässigung
des wissenschaftlichen Strebens Nachteile und plötzliche, uner-
wartete Unterlegenheit, sorgte unter den europäischen Ländern
für eine ganz neue Dynamik technischen Fortschritts. Herrscher
und politische Führer begannen, Wissenschaft als eine lohnenswerte Investition anzusehen und nicht mehr als zweckfreie
Spielerei, die sie Mönchen und anderen Klerikern überlassen
konnten. Denn aus wissenschaftlichen Erkenntnissen gehen oft
direkt technologische Innovationen hervor, die die Konkurrenz
für eine gewisse Zeit benachteiligt. Beispiele sind die Erfindung
des Fernrohrs oder die Entwicklung handlicher Feuerwaffen,
zunächst Arkebusen, später Musketen.

In den Kulturräumen außerhalb Europas, die eher groß-
flächige und gesellschaftlich wie politisch weitaus homogenere
Reiche darstellten, gab es einen solchen Wettlauf der Innovationen nicht. So bekamen diese Reiche die Auswirkungen der wissenschaftlichen und technologischen Überlegenheit der europäischen Länder bald zu spüren. Im 16. Jahrhundert war das
osmanische Imperium noch der bestorganisierte und militärisch
mächtigste Staat zwischen China und dem Atlantik gewesen.
Der fehlende Erfolg der Osmanen 1683 bei der Belagerung Wiens
zeigt, dass sich das Blatt gewendet hatte. Wien blieb unerobert.
Dies war der Beginn einer europäischen Expansion nach Osten
und Süden, auf den Balkan sowie später nach Nordafrika – alles
auf Kosten des kollabierenden Osmanischen Reiches. Spätestens
ab Mitte des 18. Jahrhunderts gerieten die muslimischen Länder

gegenüber den Europäern vollends in die technologische und militärische Defensive, von der sie sich bis heute nicht erholt haben.

Im Fernen Osten war die Situation nicht anders. Die ehemalige ökonomische und militärische Supermacht China wurde vom kleinen Großbritannien in den beiden Opiumkriegen (1839–1842 und 1856–1860) gezwungen, sich europäischen Wirtschaftsinteressen zu unterwerfen, den Opiumhandel zuzulassen und den wichtigen Hafen Hongkong abzutreten. Der Schaden, den dies der chinesischen Wirtschaft zufügte, war gewaltig: Große Teile der chinesischen Ökonomie brachen zusammen, unmittelbare Massenarmut und Verelendung waren die Folge.

Die Entdeckung der Neuen Welt stellte den Beginn eines Prozesses dar, der Europa (mitsamt seinem nordamerikanischen Ableger) in kultureller, intellektueller, wissenschaftlicher, wirtschaftlicher und nicht zuletzt militärischer Hinsicht schließlich ab Mitte des 19. Jahrhunderts zur uneingeschränkten Weltmacht werden ließ. Erst seit dem frühen 21. Jahrhundert verschieben sich die Machtverhältnisse wieder gen Osten – China ist erneut Supermacht, ein Ende seines ökonomischen Aufstiegs nicht in Sicht. Der europäische Westen kann nur hoffen, dass der Osten seine ökonomische und technologische Macht nicht mit derselben Brutalität und Rücksichtslosigkeit ausspielen wird, wie es die Europäer in den Jahrhunderten zuvor getan haben.

4 Johannes Kepler und die Ellipsen – Wie die Realität über den Wunsch nach Perfektion siegte

Im Oktober 1601 starb der damals bedeutendste Astronom Europas, der Däne Tycho Brahe, im Alter von 54 Jahren einen qualvollen Tod. Nach einem Bankett am Hofe Kaiser Rudolfs II. klagte er über starke Blasenschmerzen. Erst nach zehn Tagen unter furchtbaren Krämpfen war Brahe endlich von seinem Leid erlöst. In Haarproben, die bei seiner Exhumierung im Jahre 1901 entnommen wurden, wurde in den 1990er-Jahren eine so hohe Quecksilberkonzentration gefunden, dass die Vermutung nahe lag, Brahe sei an diesem Gift gestorben. Wurde der große Astronom möglicherweise ermordet? Und was wäre das Motiv gewesen?

Über zwanzig Jahre lang hatte Tycho Brahe mit viel Akribie ein gigantisches Programm der Sternenvermessung durchgeführt: Mit von ihm selbst entwickelten Geräten zur Positionsbestimmung und einem Heer von Assistenten hatte der Astronom den nächtlichen Sternenhimmel beobachtet und Daten zu den Planetenbahnen und den Standorten von rund 1000 Fixsternen gesammelt. Brahes Zahlenmaterial übertraf alle bis dahin zur Verfügung stehenden Daten um ein Vielfaches.

Auch die Genauigkeit seiner Messungen war atemberaubend: Die Präzision der damals noch mit bloßem Auge durchgeführten Bestimmungen von Fixstern- und Planetenpositionen lag bei etwa zwei Bogenminuten; damit war das Zahlenmaterial etwa hundertmal exakter als die antiken Sterntafeln des Ptolemäus. Selbst mit moderner Technik lässt sich diese Genauigkeit nicht einfach erreichen.

Für die Astronomen seiner Zeit bedeutete die Datensammlung Brahes einen gewaltigen Schatz. Auf dieser Basis hätten sie schnell über den Wert der verschiedenen Erklärungsmodelle über den Aufbau des Universums entscheiden können. Doch Tycho Brahe rückte seine Daten nicht heraus: Wie ein alter Drache saß er auf seinem Schatz und wehrte jeden ab, der versuchte, in seinen Datenspeicher einzudringen.

KAMPF DER GENERATIONEN

Als junger Mann hatte Tycho Brahe einen neuen Stern im Stern-bild Kassiopeia entdeckt, der heller strahlte als die Venus und an einer Stelle erschien, an der bislang noch nie ein Stern gesehen worden war. Einige Wochen darauf war er wieder verschwunden. Heute wissen wir: Tycho Brahe hatte eine Supernova beobach-tet, einen explodierenden Stern, der für einige Wochen tausend-mal heller strahlt als zuvor, um dann in sich zusammenzufallen. Brahe wusste also, dass die aristotelische Weltordnung mit ihrem angeblich ewigen und unveränderlichen Firmament nicht stimmen konnte. Er bastelte an einer eigenen Welterklärung, die ein merkwürdiger Zwitter zwischen geo- und heliozentri-schem Weltbild wurde. Darin kreisen die Planeten um die Sonne, doch die Sonne steht nicht etwa im Zentrum des Geschehens, sondern sie umkreist samt Planetenschleppe die im Zentrum stehende Erde. Natürlich passten Brahes Daten nicht exakt zu dieser Annahme. Umso eifersüchtiger hütete er sein Zahlen-material.

Im Jahr 1600, Brahe war kaiserlicher Hofastronom in Prag geworden, stellte er den jungen Johannes Kepler als Assistenten ein. Das junge Mathematik-Genie sollte ihm bei der Auswertung der Daten helfen. Doch die Zusammenarbeit war schwierig: Brahe wird als jähzornig und herrschsüchtig beschrieben, der 25 Jahre jüngere Kepler als eher zurückhaltend und empfind-sam. Auch beider Ansichten und Motive passten nicht zusam-men: Brahe versprach sich vom Mathematik-Genie Kepler neue Rechenkniffe, mit denen er seinem eigenen kosmischen Modell zum ersehnten Durchbruch verhelfen konnte. Kepler dagegen wollte den Zugriff auf Brahes Datenmaterial, um die heliozent-rische Vorstellung von Nikolaus Kopernikus zu überprüfen. Er bekam zu seinem Leidwesen aber nur ausgewählte kleine Daten-häppchen, die er zur Bearbeitung der von Brahe gestellten Re-chenaufgaben unbedingt benötigte. Immer wieder kam es zum Streit. Einmal verließ Kepler sogar Prag; finanzielle Schwierig-keiten zwangen ihn aber kurz darauf, wieder zu seinem Brother-ren zurückzukehren. So hätte es endlos weitergehen können, wäre Tycho Brahe nicht plötzlich und unerwartet verstorben.

Johannes Kepler (1571–1630),
deut. Astronom und Mathematiker.

Bis heute wird darüber spekuliert, ob Johannes Kepler seinen Arbeitgeber aus dem Weg räumte, um endlich Zugang zu den Positionsdaten zu bekommen. Eine Untersuchung aus dem Jahr 2012 entlastet Kepler: Sie kam zu dem Ergebnis, dass keine tödliche Quecksilbervergiftung vorlag. Viele Historiker gehen heute von einer ganz anderen Todesursache aus: Brahe war als starker Biertrinker bekannt – bei dem kaiserlichen Bankett sprach er dem Getränk stark zu. Vermutlich war sein Harnleiter durch Harnsteine verstopft, sodass er nach seinem zehntägigen Martyrium mit einiger Wahrscheinlichkeit durch das Platzen seiner Blase zu Tode kam. Überliefert ist auch die – wenig glaubhafte – Darstellung, dass Brahe, so wie alle anderen Gäste des kaiserlichen Banketts, es sich keinesfalls erlauben konnte, die Toilette aufzusuchen, bevor Seine Majestät dies getan hatte – und deshalb seine Harnblase platzte.

Fest steht, dass mit Brahes Tod die Bahn für Kepler frei war. Brahe hatte testamentarisch verfügt, dass seine Aufzeichnungen in die Hände seines Mitarbeiters gehen sollten. Kepler wurde sogar Brahes Nachfolger als kaiserlicher Mathematiker und Hofastronom. Nun standen ihm alle Mittel zur Verfügung, um seine neue, im wahrsten Sinne des Wortes »bahnbrechende« Theorie der Planentenbewegung zu entwickeln.

WIE HIMMEL UND ERDE EINS WURDEN

Johannes Kepler wurde im Jahr 1571 im schwäbischen Weil der Stadt als Sohn einer verarmten Familie geboren. Mit vier Jahren erkrankte er an den Pocken. Er überlebte die gefährliche Krankheit, doch seine Sehfähigkeit war fortan stark eingeschränkt – keine gute Voraussetzung für astronomische Beobachtungen. Ab 1589 studierte Kepler in Tübingen evangelische Theologie, hörte aber auch mathematische und astronomische Vorlesungen, in denen er das heliozentrische System der Planetenbewegungen kennenlernte, das Nikolaus Kopernikus ca. fünfzig Jahre zuvor entwickelt hatte. Kepler war von der Einfachheit dieses Weltbildes zutiefst beeindruckt. Statt wie geplant protestantischer Geistlicher zu werden, nahm er 1594 einen Lehrauftrag für Mathematik an einer evangelischen Stiftsschule in Graz an. Dort begann er, eine auf dem kopernikanischen Weltbild beruhende kosmologische Theorie auszuarbeiten, die er 1596 in seiner ersten Publikation *Mysterium Cosmographicum* veröffentlichte. Diese Schrift hatte Tycho Brahe so sehr beeindruckt, dass er den jungen Mathematiker zu sich nach Prag holte.

Johannes Kepler war kein Wissenschaftler im heutigen Sinne; im Grunde seines Herzens und Denkens war er ein Mystiker:

• Für Kepler standen die fünf platonischen Körper für die verschiedenen Elemente: Das Tetraeder war für ihn die Form des Feuers, das Oktaeder das Symbol der Luft, der Würfel das der Erde, das Ikosaeder symbolisierte das Wasser, und das Dodekaeder stand für den Kosmos als Ganzes oder den Äther. Auch die Bahnbewegungen der fünf Planeten Merkur, Venus, Mars, Jupiter und Saturn setzte Kepler mit den fünf platonischen Körpern in Beziehung.

- So wie die meisten seiner Zeitgenossen war Kepler davon überzeugt, dass die Konstellationen der Himmelskörper das Schicksal der Menschen beeinflussen. Zwischen Astronomie und Astrologie wurde damals noch kein Unterschied gemacht. Als kaiserlicher Hofmathematiker war Kepler dafür zuständig, die Planeten- und Sternenkonstellationen der Zukunft möglichst genau zu berechnen, sodass er für Kaiser Rudolf II. und die ihm nachfolgenden habsburgischen Kaiser sowie für ihre bedeutenden Höflinge die Horoskope erstellen konnte. Mithilfe der von ihm gefundenen Gesetzmäßigkeiten konnte Kepler ein Tafelwerk erstellen – die sogenannten »Rudolfinischen Tafeln«, deren mittlerer Fehler zwischen vorhergesagter und beobachteter Planetenposition statt bei fünf Grad nur noch bei zehn Bogenminuten lag. Diese Genauigkeit machte ihn zu einem der berühmtesten Astrologen seiner Zeit. Auch der Feldherr Albrecht von Wallenstein war von seinem von Kepler erstellten Horoskop überaus beeindruckt.
- Kepler glaubte fest daran, dass es im Universum eine platonische Harmonie gibt. »Die Natur liebt die Einfachheit, sie liebt die Einheit«, schrieb er. Seine Überzeugung, dass sich die Natur in einfachen und allgemeingültigen Gesetzen offenbart, war zunächst rein philosophischer Natur; es fehlte jegliche empirische und damit wissenschaftliche Basis für diese Behauptung.

Platonische Körper und Astrologie spielen in der Gegenwart kaum mehr eine Rolle. Es ist der letzte Punkt, aus dem heraus die größten Leistungen Keplers entstanden: Weil er von universellen Gesetzen der Natur ausging, nahm er an, dass die irdische und himmlische Physik von gleichen Gesetzen gesteuert wird. Was für uns heute selbstverständlich ist, war damals ein ungeheuerer Bruch mit der aristotelischen Lehre. Denn die besagte, dass die Gesetze auf der Erde und im Himmel grundsätzlich verschieden sein müssen.

Mithilfe von Brahes Daten konnte Johannes Kepler zeigen, dass die Planetenbewegungen tatsächlich universellen Gesetzen unterworfen sind. Doch entsprachen diese nicht den Kriterien der Perfektion und Einfachheit, die Kepler bisher selbst als so wesentlich angesehen hatte. Am deutlichsten offenbarte sich ihm dies in den beobachteten Bewegungen des Mars: Dessen Bahn wich zweifellos von einer gleichförmigen, kreisförmigen Planetenbewegung ab, wie Kepler sie in seinem Glauben an die Harmonie in der Natur gefordert hatte. Und auch dass sich der Mars zu verschiedenen Zeitpunkten mit unterschiedlichen Geschwindigkeiten um die Sonne bewegt, sprach gegen eine perfekte Kreisbewegung.

In dieser Situation zeigte sich Keplers Eigenständigkeit: Er war nicht bereit, auch nur die kleinste Abweichung zwischen den Beobachtungen und seiner Theorie zu akzeptieren. Durch die empirischen Daten Brahes sah er sich gezwungen, seinen Glauben an perfekte Kreisbahnen der Planeten zu verwerfen.

Im Jahr 1609 publizierte Kepler seine neue Theorie in der Schrift *Astronomia Nova* (»Neue Astronomie«). Weil der mathematische Inhalt auch für Fachleute nur schwer nachvollziehbar war, blieb das Werk lange unverstanden. Was Keplers Berufskollegen aber sofort begriffen, war, dass sich die Planeten nicht in perfekten Kreisen, sondern in Ellipsen bewegen sollten. Die Gelehrten reagierten ähnlich bestürzt wie zuvor Kepler selbst, denn das widersprach sowohl der platonischen Vorstellung einer natürlichen Harmonie als auch dem aristotelisch-christlichen Glauben an die Perfektion der Schöpfung Gottes. Gleichzeitig waren sie zutiefst beeindruckt von der Präzision, die Kepler mit seinen mathematischen Berechnungen für die Planetenkonstellationen erreichte. Ihre Genauigkeit übertraf die des Kopernikus sowie aller anderen astronomischen Theorien zuvor um Längen.

Zwischen 1617 und 1621 publizierte Kepler in sieben Bänden sein Werk *Epitome Astronomiae Copernicae* (»Abriss der kopernikanischen Astronomie«), die seine Entdeckungen zum kopernikanischen Weltbild zusammenfasste. Es ist das erste Lehrbuch des heliozentrischen Weltbildes. Erst Keplers Einsichten und die nach ihm benannten Gesetze der Planetenbewegung markieren den entscheidenden Bruch mit dem geozentrischen Weltbild.

Damit verschwanden auf einen Schlag fast alle Probleme des kopernikanischen heliozentrischen Weltbildes.

DIE MATHEMATIK WIRD ZUR FESTEN GRÖSSE

Das wirklich Neue, das Kepler in die Welt brachte, sind nicht seine Gesetze, diese sind nur die Folge seines neuen Denkens. Worin sich Kepler von den Griechen (und auch von Kopernikus) unterschied, war etwas anderes: Er versuchte nicht mehr zu erklären, warum die Planeten sich so bewegen, wie sie es tun, sondern er beschrieb einfach nur, wie sie sich bewegen. Es ging nun nicht mehr darum, sich Erklärungen wie »Das ist die göttliche Harmonie« zurechtzulegen. Kepler machte den entscheidenden Schritt, der ihn von den Weltmodellen, die auf religiösem Glauben und dem Wunsch nach idealen Zusammenhängen beruhten, zur Realität führte. Als sich diese Realität als weit weniger ideal und vollkommen als erwartet erwies, validierte er sein Weltbild durch die Konsistenz einer mathematischen Theorie.

Kepler hatte sich lange dagegen gesträubt, sich von den religiösen und weltanschaulichen Zwängen zu verabschieden, die so typisch für seine Zeit waren. Doch am Ende ließ ihm die Realität keine andere Wahl, als sein eigenes Modell der kreisförmigen Bewegung der Planeten aufzugeben. Dennoch blieb er wie die meisten seiner Zeitgenossen ein tief gläubiger Mensch, der dem göttlichen Bauplan der Schöpfung auf die Spur kommen wollte. Im Vorwort zu seinem Hauptwerk *Harmonice mundi* (»Weltharmonik«) von 1596 schrieb er:

> »Drei Dinge waren es vor allem, deren Ursachen, warum sie so und nicht anders sind, ich unablässig erforschte, nämlich die Anzahl, die Größe und die Bewegungen der Planetensphären. Dies zu wagen bestimmte mich jene schöne Harmonie der ruhenden Dinge, nämlich der Sonne, der Fixsterne und des Zwischenraumes mit Gott dem Vater, dem Sohne und dem Heiligen Geist.«

Eine Erklärung, warum sich die Planeten nicht auf einer kreisförmigen, sondern einer elliptischen Bahn bewegen, konnte Kepler noch nicht geben. Doch spekulierte Kepler auf der Grundlage seiner mathematischen Gesetze bereits, dass es so etwas wie eine fernwirkende Kraft geben müsse, welche auf die Planeten wirkt und sie auf ihren Bahnen hält. Basierend auf dem Werk des englischen Arztes William Gilbert von 1600 *De Magnete, Magneticisque Corporibus et de Magno Magnete Tellure* (»Über den Magneten, magnetische Körper und den großen Magneten Erde«) gelangte Kepler zu der Auffassung, dass die Sonne eine in die Ferne wirkende Kraft ausübt, die mit wachsender Entfernung quadratisch abnimmt und die Planeten auf ihren Umlaufbahnen hält. Diese sogenannte *Anima motrix* (»Seele des Bewegers«), so nahm Kepler an, sei eine von der Sonne sich strahlenförmig ausbreitende, magnetartige Wirkung. Von seiner Erklärung konnte Kepler seine Zeitgenossen allerdings nicht überzeugen; als zu abstrakt und mystisch erschien eine solche Kraft. Erst 80 Jahre später führte Isaac Newton diesen Gedanken erfolgreich weiter und lieferte mit seiner allgemeinen Theorie der Gravitation eine Erklärung für Keplers Gesetze.

In Kepler mischten sich das alte Denken (religiöse Motivation und philosophische Spekulation) und das neue Denken (Wissensgewinn durch Erfahrung und das Erkennen mathematischer Zusammenhänge). Dies macht Kepler zum Verbindungsglied zwischen der mittelalterlichen und der modernen Welt. Das kopernikanische Weltbild war für viele Gelehrte eine mathematische Fiktion gewesen, ein reines Hilfsmittel, um zu genauen Daten zu gelangen. Kepler machte den Weg frei für die Vorstellung, dass mathematische Theorien nicht mehr nur idealistische Fiktion sind, sondern sich tatsächlich auf eine physikalische Realität beziehen können.

In der Schule hören die Schülerinnen und Schüler heute von der »Kopernikanischen Revolution«, die die Sonne ins Weltzentrum stellte. Doch die »Kepler'sche Revolution« ist viel tiefgreifender. Das liegt nicht daran, dass erst Keplers Korrekturen an den Kreisen des Kopernikus dem heliozentrischen Weltbild den Durchbruch ermöglichten. In der Nachschau ist Keplers Vorgehen, die Welt durch die Kombination von Beobachtungen und Mathematik zu erklären, viel bedeutender.

5 Die Meister des Zweifelns – Wie Descartes, Leibniz und Kant nach letzten Gewissheiten suchten

Ab etwa dem Jahr 1700 war der Siegeszug des wissenschaftlichen rationalen Denkens, der mit der Abkehr von Dogmen begonnen hatte, nicht mehr aufzuhalten. Nach den stotternden Anfängen entwickelte das neue Denken nun eine enorme Durchsetzungskraft. Doch es blieben philosophische Fragen offen. Sie ließen sich nicht einfach beiseiteschieben, denn im westlichen Kulturkreis war die Erforschung der Natur von Anfang an ein Teilgebiet der Philosophie.

Sehr vereinfacht gesagt gehören zur Wissenschaft all die Fragen, auf die wir eine Antwort finden können. Die Philosophie denkt über Fragen nach, auf die es keine endgültigen Antworten gibt. Beide Bereiche sind eng miteinander verzahnt, denn oft haben sich Fragen, die ursprünglich ins Reich der Philosophie zu gehören schienen, doch noch durch die Wissenschaft lösen lassen. Gleichzeitig werfen die meisten wissenschaftlichen Antworten eine Vielzahl neuer philosophischer Fragen auf. Dass Wissenschaften und Philosophie so eng miteinander verbunden sind, ist schon daran abzulesen, dass die bedeutendsten Naturwissenschaftler immer auch wichtige philosophische Fragen behandelten. Dies gilt von Aristoteles über Galileo Galilei bis zu Albert Einstein, Niels Bohr und Werner Heisenberg.

Bis weit ins 17. Jahrhundert hinein bedeutete Philosophie im christlichen Kulturkreis nichts anderes als den Versuch, Gottes Willen zu erkennen und zu deuten. Die neuen Naturwissenschaften waren ein willkommenes Hilfsmittel, diesen höchsten Willen in Form der Naturgesetze zu erkennen. Je deutlicher die physikalischen Zusammenhänge verstanden wurden und je wunderbarer die Naturgesetze ineinandergriffen, umso größer waren das Staunen und die Ehrfurcht vor der Größe Gottes. Die Väter der Naturwissenschaft wie Galileo Galilei, Johannes Kepler oder Isaac Newton verstanden die Revolution im Denken keinesfalls als eine Rebellion gegen die Religion des Christentums oder gar den Gottesglauben. Die beobachtete mathematische Exaktheit der Naturgesetze wurde für sie vielmehr zum eigentlichen Gottesbeweis: Nur der Allmächtige konnte diese Perfektion ersonnen und hergestellt haben.

Erst nach und nach trennten sich Religion und Naturwissenschaften. Ein Motor dieser Entwicklung waren die neu gegründeten Wissenschaftseinrichtungen. Die *Royal Society for the Improvement of Natural Knowledge by Experiment,* der Isaac Newton jahrzehntelang vorstand, nahm 1662 in London ihre Arbeit auf. 1666 folgte die *Académie Royale des Sciences* (später nur noch *Académie des Sciences)* in Paris. Diese Zentren hatten den klaren Auftrag, sich ausschließlich auf die Naturforschung zu konzentrieren und sich aus Diskussionen zu Politik und Religion herauszuhalten. Das Studium und die Erforschung der Naturphänomene sollten anschauungs- und wertneutral sein. Zum ersten Mal seit der Antike wurde in Europa wieder die rein weltliche, nicht auf Gott bezogene Erkenntnis über die Welt gefördert.

DAS METAPHYSISCHE DILEMMA DER WISSENSCHAFT

Aus heutiger Sicht war es wohl unvermeidlich, dass die Abkehr von den Dogmen letzten Endes die religiösen und göttlichen Prinzipien aus dem neuen Weltbild verdrängte. Am Anfang dieser Entwicklung stand der Franzose René Descartes. Dass er ein bedeutender Wissenschaftler war, ist heute fast vergessen. Als Mathematiker wurde er geehrt, indem das rechtwinkelige Koordinatensystem zur Darstellung von Funktionen nach ihm das »kartesische Koordinatensystem« genannt wird, obwohl es nirgendwo in seinem Werk explizit auftaucht. Auch als Physiker leistete Descartes bedeutende Beiträge zu den Naturwissenschaften: Auf dem Feld der Optik erforschte er die Lichtbrechung beim Übergang des Lichtstrahls von einem Medium in ein anderes. Indem er mit wassergefüllten Glaskugeln das Lichtverhalten in einem Regentropfen simulierte, konnte er als erster Mensch die Entstehung des Regenbogens wissenschaftlich exakt erklären.

V. a. interessierte Descartes die Dynamik von Flüssigkeiten. Er sah ganz allgemein Wirbel als Grundlage aller Bewegungen

René Descartes (1596–1650),
frz. Philosoph, Mathematiker und Wissenschaftler.

und Kräfte an – inklusive der Anziehungskraft zwischen den Planeten und der Sonne. Was auf den ersten Blick etwas merkwürdig anmutet, erweist sich bei näherem Hinsehen als geradezu prophetisch. Denn Descartes' Faible für Wirbel beeinflusste auch seine Theorie zur Planetenentstehung: Von Gott geschaffene Materiewirbel pressten sich mit der Zeit zu Sonne und Planeten zusammen. Hundert Jahre später entwickelten Kosmologen auf dieser Idee basierend eine erste tragende wissenschaftliche Theorie zur Entstehung unseres Sonnensystems.

Trotz all dieser Leistungen ist uns Descartes heute nicht als Wissenschaftler oder Mathematiker ein Begriff, sondern hat als Philosoph Unsterblichkeit erlangt. Das liegt daran, dass er gleich zu Beginn des Zeitalters der modernen Naturwissenschaft als Erster einige sehr wichtige philosophische Fragen stellte. Darunter diese:

»Woher nehmen wir die Gewissheit, dass Naturgesetze auch in der Zukunft und an jedem Ort des Universums Gültigkeit besitzen?«

Obwohl Descartes tiefgläubig war, wollte er die Antwort »Weil Gott allmächtig ist und er es eben so bestimmt hat« nicht gelten lassen. Mit dieser Haltung gilt er als ein Begründer der modernen Philosophie.

Descartes' Frage an sich ist immer noch aktuell. Bis heute beschäftigen sich Wissenschaftler und Philosophen mit ihr, denn sie zielt genau auf die Schwachstelle des neuen wissenschaftlichen Weltbildes. Wissenschaft beruft sich darauf, dass die Naturgesetze allgemeingültig sind. Doch genauso wie der Glaube an Gott liegt auch der Glaube an die absolute Gewissheit der Naturgesetze jenseits jeder Erfahrung. Mit rein rationalem wissenschaftlichem Denken hat diese Annahme jedenfalls nichts zu tun. Solange Descartes' Frage nicht geklärt ist – und sie wird wohl niemals abschließend beantwortet werden können –, ist jeder Anspruch der Wissenschaft nach letzten Wahrheiten auf Sand gebaut.

DIE DREI GEWISSHEITEN DESCARTES'

Die Suche nach Gewissheit hat René Descartes schon früh angetrieben. Bereits als Schüler war er tief beeindruckt von der vollkommenen Sicherheit, mit der die Mathematik ihre Aussagen macht. Mathematische Zusammenhänge, die als richtig erkannt und bewiesen sind, behalten ihre Gültigkeit für immer und ewig – der Satz des Pythagoras wird auch in Millionen Jahren noch wahr sein. Genau diese Allgemeingültigkeit faszinierte Descartes an der Mathematik. Doch konnte man sich auch auf die Naturgesetze verlassen? Descartes gab sich nicht zufrieden damit, dass Naturgesetze unserer Erfahrung nach zutreffen. Hohe Wahrscheinlichkeiten interessierten ihn nicht. So wie einen mathematischen Satz wollte er mit den rationalen Mitteln unseres Verstandes beweisen, dass die Naturgesetze für alle Zeiten und an allen Orten gültig sind.

Auf seiner philosophischen Suche nach diesem Beweis schlug Descartes einen radikalen Weg ein: Er begann, sämtliches Wissen und Denken zu bezweifeln. Es hätte ja sein können, dass ein böser Dämon auf seinen Verstand einwirkt und ihn falsche Schlüsse ziehen lässt. Descartes lehnte es zudem ab, sich auf

Sinneseindrücke und Erfahrungen zu verlassen. Denn auch was die Augen sehen, die Ohren hören, die Nase riecht und die Zunge schmeckt, konnte ja eine Täuschung sein. Nachdem er alles eliminiert hatte, in dem ein Mensch irren konnte, blieben für Descartes drei Dinge übrig, an denen sich seiner Auffassung nach nicht zweifeln lässt und die für ihn den Rang von absoluten Gewissheiten einnahmen:

1. Die Wahrheit mathematischer Zusammenhänge.
    Die Mathematik war für Descartes ein Fels der Gewissheit.
2. Die eigene Existenz.
    Bei allem Zweifel am eigenen Wissen kann ein Mensch niemals sein Bewusstsein von seiner Existenz bezweifeln. Diese Überlegung führte Descartes zu seinem berühmten Satz *Cogito ergo sum* (»Ich denke, also bin ich«). So hatte übrigens auch schon Augustinus im späten 4. Jahrhundert argumentiert, als er sagte: »Selbst, wenn ich mich täusche, bin ich. Denn wer nicht ist, kann sich auch nicht täuschen.«[22]
3. Die Existenz Gottes.
    Hierbei stützte sich Descartes auf den Gottesbeweis des Frühscholastikers Anselmus von Canterbury aus dem 11. Jahrhundert[23]:
    *   Gott ist das vollkommenste Wesen.
    *   Ein Wesen, das existiert, ist vollkommener als ein Wesen, das nicht existiert.
    *   Gäbe es Gott nicht, stellten wir ihn uns als vollkommener vor, als er ist. Das steht im Widerspruch zur ersten Feststellung.
    *   Daraus folgt: Gott existiert.

Aus seiner absoluten Gewissheit, dass Gott existiert, folgerte Descartes die Allgemeingültigkeit der naturwissenschaftlichen Gesetze: Ein allmächtiger und vollkommener Gott würde und könnte den Menschen niemals täuschen. Heute wundert man sich, dass solch fadenscheinige Gottesbeweise und Welterklärungen jemals ernst genommen wurden. Klar ist: Obwohl Descartes als großer Zweifler in die Geschichte der Philosophie eingegangen ist, hatte er sich doch keinen Schritt von den alten Dogmen entfernt.

Descartes' aus heutiger Perspektive sehr durchsichtige Bemühungen, Gott um jeden Preis als Erklärung für die Welt zu behalten, zeigen v. a. eines: Zu groß war der Sprung von der beruhigenden Gewissheit, dass die Natur nach Gottes Willen gelenkt ist und der Mensch als höchstes Wesen seiner Schöpfung im Zentrum des Universums steht, zu dem neuen Weltbild, das von abstrakten und unpersönlichen mathematischen Formeln und Gesetzen bestimmt wird. Aus diesem Grund wurde der religiöse Glaube an die Allmacht Gottes vorübergehend noch in das naturwissenschaftliche Weltbild eingebaut.

Nur eine Generation später warf Blaise Pascal, wie Descartes ein Mathematiker, Physiker und Philosoph, seinem Vorgänger vor, dass er Gott zu einem »Lückenbüßer« gemacht habe. Pascal selbst lieferte eine sehr viel rationalere Begründung für seinen Glauben an Gott: Wer nicht an Gott glaubt, hat viel zu verlieren, falls er doch existiert. Wer an Gott glaubt, verliert weniger, wenn er vergeblich geglaubt hat.

Für die Philosophie- und Wissenschaftsgeschichte ist bedeutend, welche Folgerung Descartes aus seiner Suche nach Gewissheit zog: Er unterschied streng zwischen absoluten, objektiven Gewissheiten und eingebildeten, subjektiven Empfindungen. Die Welt so zu sehen, ist für uns westlich geprägte Menschen zur Selbstverständlichkeit geworden. Wer aber über den Tellerrand der westlichen Kultur hinausschaut, weiß, dass es z. B. im Buddhismus diese Trennung zwischen (unzuverlässigem) Innen und (zuverlässigem) Außen nicht gibt bzw. vom Menschen möglichst aufgelöst werden soll.

Für Descartes existieren die zwei Welten nebeneinander: Beide bestehen aus absoluten »Substanzen«, d. h. absoluten Instanzen, die keinen weiteren Bedingungen ihrer Existenz mehr unterliegen, die also losgelöst (lateinisch: *substrahere* = »loslösen, abtrennen«) von allem anderen existieren. Beide Welten sind ihrem Wesen nach völlig unterschiedlich, stehen aber miteinander in Wechselwirkung. Mit Descartes findet der Dualismus zwischen Subjekt und Objekt, Geist und Materie,

Gottfried Wilhelm Leibniz (1646–1716),
deut. Universalgelehrter.

Mensch und Gott zum ersten Mal seit der Antike wieder einen
ersten philosophischen Höhepunkt.

DIE BESTE ALLER WELTEN

Der zweite große Denker, der den Aufschwung der modernen
Naturwissenschaften philosophisch reflektierte, war Gottfried
Wilhelm Leibniz. Als Descartes starb, war Leibniz vier Jahre alt.

Zwei philosophische Fragen spielten für Leibniz eine wesentliche Rolle:

> »Warum gibt es das Universum und nicht einfach nichts?«
> »Warum gibt es Naturgesetze?«

Die letzte Frage hatte Descartes schon gestellt. Auch für Leibniz
war klar: Gott hat die Welt geschaffen. Interessant ist, wie
Leibniz die Gültigkeit der Naturgesetze herleitete: Weil Gott
allmächtig ist, standen ihm alle möglichen Welten zur Auswahl.
Und natürlich wählte er die eine Welt aus, die die beste aller

möglichen Welten darstellt. Deshalb muss Gott auch nicht mehr in die Naturgesetze eingreifen. Sie besitzen ihre Gültigkeit für alle Zeiten.

Mit dieser Erklärung meinte Leibniz auch das theologische Problem der Theodizee, der Rechtfertigung Gottes, zu lösen: Wie kann es angesichts eines allmächtigen und gütigen Gottes Leiden in der Welt geben? Entweder ist Gott nicht allmächtig und kann das Leiden nicht verhindern, oder er ist nicht gütig, da er es trotz seiner Macht, es zu verhindern, zulässt. An diesen logischen Schlüssen waren schon viele Gläubige verzweifelt. Die Theodizee Leibniz' lautet: Da die tatsächlich existierende Welt die beste aller möglichen Welten ist, muss jede Form des Übels unvermeidlich sein. Mit anderen Worten: Gott war zwar mächtig genug, eine optimale Welt zu erschaffen, aber nicht mächtig genug für eine perfekte Welt ohne Leid. Für Descartes war Gott noch allmächtig – ohne Wenn und Aber. Bei Leibniz begegnen wir bereits einer gewissen Relativierung des »Allmächtigen« – auch wenn Leibniz das bestimmt in Abrede gestellt hätte.

Leibniz' Gedanke einer optimalen Welt erscheint uns heute reichlich spekulativ, doch überraschenderweise finden sich in der Physik zahlreiche Entsprechungen dafür. Ein bekanntes Beispiel ist der Weg, den das Licht nimmt, wenn es verschiedene Medien durchquert: Es nimmt nicht den räumlich kürzesten Weg – also den direkten –, sondern den zeitlich schnellsten. Das hatte schon im 17. Jahrhundert der französische Mathematiker Pierre de Fermat erkannt.

Licht ist im Vakuum knapp 300.000 Meter pro Sekunde schnell. In Wasser wird es auf 225.000 Meter pro Sekunde verlangsamt, in Fensterglas sogar auf 160.000 Meter pro Sekunde. Um möglichst schnell von A nach B zu kommen, nimmt ein Lichtstrahl also den in nachfolgender Abbildung gezeigten Weg: Wenn es nur um den Weg durch das Glas ginge, wäre ein senkrecht zur Glasscheibe laufender Lichtstrahl noch schneller; doch unterm Strich verkürzt sich die Dauer bis zum Erreichen von Punkt B, wenn ein gewisser Winkel eingehalten wird. Diesen Zusammenhang kennen wir auch aus unserem Alltag: Wenn wir von A nach B eine dicht befahrene Straße überqueren wollen und wissen, dass wir die Straße nur langsam überqueren können, weil wir den Autos ausweichen müssen, ergibt sich aus unserer Erfahrung heraus genau dasselbe Bild unseres Weges – jeweils an den Bordsteinkanten macht unser Weg einen Knick.

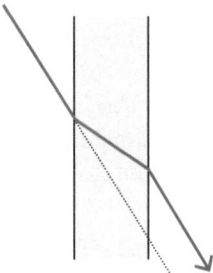

Weg eines Lichtstrahls durch ein Fensterglas –
und auch der schnellste Weg eines Menschen über
eine dicht befahrene Straße.

Die Tendenz der Natur, bestimmte Werte optimal, d. h. besonders groß oder klein, zu halten, nennen die Physiker »Extremalprinzipien«. Weitere Beispiele hierfür:

* Bienen bauen ihre Brutkammern in Wabenform, weil aneinandergrenzende Sechsecke den größten Raum bei geringstem Materialverbrauch für die Wände bedeuten.
* Seifenblasen nehmen Kugelform an, weil eine Kugel bei gegebenem Volumen die kleinste Oberfläche hat und damit die Oberflächenspannung den geringsten Wert annimmt.

Durch die Tatsache, dass es in der Natur Extremalprinzipien gibt, sah sich Leibniz in seiner Annahme bestätigt, dass wir in der besten aller Welten leben.

FINALE KAUSALITÄT UND KAUSALE FINALITÄT

Manche Philosophen leiten aus der Existenz von Extremalprinzipien ab, dass das Weltgeschehen zielgerichtet, also »final«, verläuft. Diese Auffassung scheint dem Prinzip in der Physik – und auch unserer Erfahrung – zu widersprechen, dass das Geschehen zwischen zwei Zeitpunkten durch kausale Zusammenhänge bestimmt wird. Denn woher soll denn der Lichtstrahl vor seinem Weg durch das Glas »wissen«, welcher Weg durch das Fensterglas der kürzeste sein wird?

Was für eine Erleichterung, dass die Mathematik, Descartes' Fels der Gewissheit, diesen scheinbaren Widerspruch auflöst!

- Differenzialgleichungen beschreiben kausales Geschehen.
- Die aus der Infinitesimalrechnung stammende Variationsrechnung beschreibt das durch Extremalprinzipien bestimmte Geschehen.

Mathematiker konnten zeigen, dass beide Darstellungen äquivalent sind, d. h. die Natur verhält sich kausal und final zugleich! Im Fall der Lichtbrechung am Fensterglas bedeutet dies, dass es im atomaren Bereich – genauer gesagt: auf der Ebene der Wellenlänge des Lichtes – kausal zugeht und dieser Umstand dafür sorgt, dass in der Welt unserer menschlichen Erfahrung der Lichtstrahl final den kürzesten Weg nehmen kann.

Aus diesem Grund gehen die Physiker heute davon aus, dass nicht die Naturgesetze die Form vorgeben, an die sich die physikalischen Größen zu halten haben, sondern – ganz im Gegenteil – dass physikalische Größen sozusagen »aktiv« optimale Werte annehmen und so den Naturgesetzen ihre Form vorgeben. Nicht nur die Optik, sondern auch die Mechanik und die Elektrizitätslehre, die Atom, Astro- und Teilchenphysik gründen auf Extremalprinzipien. Hätte Leibniz gewusst, dass physikalische Werte tatsächlich »wie von allein« optimale Werte annehmen, wäre dies für ihn sicherlich die größtmögliche Genugtuung gewesen.

EINER DER VIELEN LETZTEN SEINER ART

Nun zum dritten Naturwissenschaftler-Philosophen. Im Jahr 1755 veröffentlichte der zu diesem Zeitpunkt noch unbekannte junge Mann sein Erstlingswerk. Unter dem Titel »Allgemeine Naturgeschichte und Theorie des Himmels« verband er zwei

Beobachtungen miteinander, die den Astronomen mit ihren immer besser werdenden Teleskopen längst bekannt waren: Die Milchstraße ist eine Ansammlung unzähliger Sterne. Und: Einige der Lichtpunkte, die am Firmament zu sehen sind, sind keine Sterne, sondern nebelartige Sternwolken mit Spiralarmen. Anhand der Form der Sternwolken entwickelte der Autor die Theorie, dass diese Sternensysteme eine gigantische Rotationsbewegung durchlaufen. Und er wagte den Gedanken, dass wir die Milchstraße am Himmel als Sternenband sehen, weil wir selbst in so einer nebelartigen Sternwolke sitzen. Er nannte diese Sternwolken »Galaxien« (vom griechischen Wort *galaxias* (γαλαξίας), »milchig«). Seine Behauptung, dass unsere Galaxie nur eine von unzähligen Galaxien im Kosmos sei, führte zu der Erkenntnis, dass das Universum weitaus größer ist, als es sich Menschen je vorgestellt haben.

In der gleichen Schrift lieferte der junge Wissenschaftler auch eine Theorie zur Entstehung unseres Sonnensystems. Nach seiner Auffassung war es aus einer rotierenden Gasmasse entstanden. Im Zentrum bildete sich die Sonne, weiter außen fügten sich die Partikeln dieses Gases zu den Planeten zusammen. Die Ähnlichkeit zu Descartes' Wirbeltheorie ist nicht zu übersehen. Doch dieser hatte noch einen die Materiewirbel erschaffenden Gott gebraucht. Unser junger Wissenschaftler führte die Entstehung unseres Sonnensystems ausschließlich auf natürliche Ursachen zurück.

Einige Jahre später fand der französische Mathematiker Pierre Simon Laplace auf der Basis von Newtons Gesetzen dieser Theorie eine stimmige mathematische Form. Zum ersten Mal in der Menschheitsgeschichte gab es nun eine naturwissenschaftlich fundierte Erklärung des Ursprungs des Sonnensystems – ohne Bezüge auf göttliche Einwirkung. Auch wenn diese Theorie im Laufe der Zeit durch verschiedene Details erweitert wurde, ist sie in ihrem Kern bis heute anerkannt und steht als sogenannte »Kant-Laplace-Theorie« in den Lehrbüchern. Denn der junge Autor war niemand anderes als der große Philosoph Immanuel Kant. Ähnlich wie bei Descartes ist auch mit Blick auf Kant in Vergessenheit geraten, dass er sich mit wissenschaftlichen Fragen auseinandersetzte. Kants Wirken als Philosoph hat alle anderen seiner Leistungen überstrahlt.

Oft wird Leibniz, der im 17. Jahrhundert lebte und wirkte, als »der letzte Universalgelehrte« bezeichnet. Doch auch Immanuel Kant (1724–1804) darf sich mit Fug und Recht in diese illustre Gruppe einreihen, der oft auch der noch später geborene Alexander von Humboldt zugeordnet wird. Kant war in Mathematik, altgriechischen Sprachen, Geschichte, Geografie und Astronomie bewandert und zudem ein ausgewiesener Experte der Newton'schen Physik. Auch als Philosoph war er breit aufgestellt: Er entwickelte wegweisende philosophische Werke auf dem Gebiet der Erkenntnistheorie, der Ethik und Morallehre, der Politikwissenschaften, der Kunst, des Rechts und der Religion. Diese Themenvielfalt hatte es seit Platon und Aristoteles in einem einzigen Denker nicht mehr gegeben. Durch seine berühmte Schrift *Was ist Aufklärung?* gab er sogar einer ganzen Epoche ihren Namen.

DIE KOPERNIKANISCHE WENDE IN DER PHILOSOPHIE

Zeit seines Lebens war Immanuel Kant von zwei Dingen zutiefst beeindruckt: von der Schönheit der Natur und ihrer in den Newton'schen Naturgesetzen sichtbar werdenden Schlüssigkeit und Erhabenheit. Im Zentrum von Kants Denkens stand genau die Art von Fragen, die auch Descartes und Leibniz schon gestellt hatten: Warum gelten die Naturgesetze, die wir beobachten, und keine anderen? Woher kommen sie, und was verleiht ihnen Gültigkeit? Warum können wir die Natur gerade mit der Mathematik, die ja nicht unserer Erfahrung, sondern unserem Verstand entspringt, so erfolgreich beschreiben? Und wie weit kann unsere Kenntnis über die Natur überhaupt gehen? In Kants eigenen Worten: »Was macht Naturgesetze überhaupt möglich?«

In jungen Jahren erklärte sich Kant die Tatsache, dass die Naturgesetze so sind, wie sie sind, mit der göttlichen Fügung – so wie Descartes und Leibniz es auch getan hatten. Doch mit fortschreitendem Alter änderte der Königsberger Philosoph seine Meinung: Gott spielte nun für ihn keine Rolle mehr. 1781 fasste Kant seine neuen Gedanken in seinem Hauptwerk, der *Kritik*

Immanuel Kant (1724–1804),
deut. Philosoph.

der reinen Vernunft, zusammen und brachte darin ganz neue
Ideen ins Spiel:

- Wir erfahren und erkennen die Natur immer nur mit den
  Möglichkeiten unserer Wahrnehmung und unseres Denkens.
- Auf der Grundlage der Formen unseres eigenen Wahrneh-
  mungs- und Denkapparats beschreiben wir die Natur und
  legen ihre Gesetze fest. Die Naturgesetze sind eine Konsequenz aus unserer Art, wahrzunehmen und zu denken.
- Wir sehen die Natur also nicht so, wie sie ist, sondern nur
  so, wie unsere Sinne und unser Verstand es uns erlauben,
  sie wahrzunehmen und zu beschreiben.

Diese Gedanken haben eine ungeheure Konsequenz: Die Naturgesetze sind eine Folge unseres Wahrnehmungs- und Denkver-
mögens. So wie die Form eines Eimers die Form des mit ihm
geschöpften Wassers prägt, prägt die Art unserer Vernunft das,
was wir erkennen. Weil »unser Eimer« zylindrisch ist, können
wir Wasser auch nur in zylindrischer Form wahrnehmen.

Kants Gedanke bedeutet weiter, dass es uns völlig unmöglich
ist, die Welt so zu erfassen, wie sie wirklich ist; die »Welt an sich«

ist für uns nicht erkennbar. Mit unserem »Eimerchen« im Kopf können wir zwar ahnen, dass da draußen auch Seen und Ozeane existieren, doch es bleibt uns für immer verborgen, wie sie aussehen.

Anhand von zwei Beispielen, die Kant ausführlich diskutiert hat, wird der Zusammenhang von Wahrnehmungsfähigkeit und dem, was wir wahrnehmen, deutlich:

- Das erste Beispiel behandelt das Wesen von Raum und Zeit. Newton hatte behauptet, dass beides absolut sei und damit unabhängig von unserer Erfahrung. Kant nimmt Newtons Spekulation auf, beschreibt Raum und Zeit aber nicht als unbeeinflussbar, sondern als Voraussetzung für unsere Erfahrungen. Raum und Zeit gehören zum »Eimer«, der unsere Erfahrungen und unser Denken erst möglich macht. Erkenntnisse außerhalb von Raum und Zeit zu gewinnen, ist für uns buchstäblich undenkbar. Genauso wenig können wir Raum und Zeit »an sich« erfahren. Solche Elemente, die selbst nicht unmittelbar erfahrbar sind, aber unsere Erfahrungen erst möglich machen, nennt Kant »transzendental«.

- Ein zweites Beispiel betrifft das Denken in Zusammenhängen: Wir Menschen denken in kausalen Abläufen; es entspricht unseren Erfahrungen, dass es für jedes Geschehen eine Ursache gibt. Hören wir einen Knall im Haus, so folgern wir, dass eine Tür zugeschlagen wurde. Diese Kausalität ist der Grundstoff, aus dem die Naturgesetze bestehen. Der englische Philosoph David Hume hatte behauptet, dass die Kausalität, die uns umgibt, eine »Gewöhnung unseres Denkens« sei. Für Kant ist sie etwas ganz anderes. Er sieht sie als Form unserer Erfahrung, die wir der Natur aufpressen. Seine Argumentation: Wie Raum und Zeit ist das Herleiten von Kausalitäten eine notwendige Voraussetzung der Erfahrung überhaupt. Wir können nur das wahrnehmen, was nach kausalen Abläufen strukturiert ist. Deshalb presst die menschliche Vernunft alle Geschehnisse in der Natur, die sie erkennt, in kausale Formen.

Die Sprengkraft dieser Aussagen ist gewaltig. Unsere Wahrnehmung und unser Denken sind nicht einfach nur passiv und rezeptiv. Vielmehr zwingt unser Wahrnehmungs- und Denkapparat der für uns erfahrbaren Welt ihre Gesetzmäßigkeiten auf. Anders gesagt: Nicht die Welt prägt unsere Erfahrungen, sondern die Art und Weise, wie wir Erfahrungen machen, prägt die von uns wahrgenommene Welt. Den Ursprung der Naturgesetze müssen wir also nicht in der Natur oder in Gottes Werken suchen, sondern in uns selbst. Dieser Gedanke stellte alle bis dahin existierenden Versuche, die Welt zu erklären, auf den Kopf. Damit ist er genauso – im Wortsinne – revolutionär wie Kopernikus' Gedanke, dass nicht die Sonne, sondern die Erde im Mittelpunkt des Universums steht.

Kants Philosophie schenkt uns auch die Antwort auf die Frage, warum der Mathematik in der Naturwissenschaft eine so fundamentale Rolle zukommt: Die Mathematik ist ein Produkt unserer Vernunft und also ein Denkschema (oder auch »Eimer«), mit dem wir der Welt eine Form geben.

AUF DEM SEZIERTISCH DER WISSENSCHAFTLICHEN SKEPSIS

Können wir denn nicht wenigstens darüber spekulieren, wie sich die Dinge außerhalb unserer Erfahrung verhalten? Kant sagt, dass das unmöglich sei, denn weil sie nicht durch unsere Wahrnehmung und unser Denken geprägt werden, können wir sie auch nicht erfassen. Versuchen wir Menschen dennoch, außerhalb der Grenzen unserer Vernunft und nach den Regeln der Kausalität diese »Dinge an sich« zu erkennen, so »irrlichtert unsere Vernunft umher« und führt sich selbst in logische Sackgassen und innere Widersprüche. Diese Widersprüche nennt Kant »Antinomien der reinen Vernunft«. Hier zwei seiner Beispiele:

- Die Frage, wie die Welt entstanden ist, werden wir nie beantworten können. Denn wir haben weder die nötigen Erfahrungen noch das ausreichende Wahrnehmungs- und Denkvermögen, die uns eine Antwort erlauben würden. Das gilt auch für alle zukünftigen Generationen. Wir gehen zwar heute davon aus, dass das Universum mit einem Urknall begann, doch unsere kausalen Denkkategorien zwingen uns zu der Frage, was vor diesem Urknall war. Darauf können wir keine Antwort finden.

- Auch die Frage, woraus die Welt im Innersten besteht, lässt sich laut Kant nie endgültig beantworten, weil sie jenseits unserer Erfahrungsmöglichkeiten liegt. Demokrits Atomtheorie besagt, dass die Welt aus kleinsten, »massiven« Teilchen aufgebaut sein muss, nur so ist ihr fester Halt gewährleistet. Gäbe es diese Grundbausteine nicht, so müsste alle Materie wie Wasser zerfließen. Zugleich müssen solche Atome einen gewissen Raum einnehmen. Wir meinen, uns diese Räume vorstellen zu können. Doch diese sind nicht zu vergleichen mit denen, die wir aus unserem Alltag kennen und die sich in Zentimetern und Kilometern messen. Trotzdem zoomen wir uns mit unserem Verstand kontinuierlich herunter auf die atomare Ebene, die doch jenseits unserer wirklichen Erfahrung liegt. Weil wir mit unserer Vernunft und unserem Vorstellungsvermögen die Grenzen des Erfahrbaren überschreiten, stoßen wir zuletzt unvermeidbar auf einen Widerspruch. Denn wenn wir meinen, uns auch kleinere Räume vorstellen zu können als den, den ein Atom einnimmt, können wir uns auch Teile von Atomen vorstellen. Damit sind sie aber nicht mehr kleinste und unteilbare Teilchen. Über diesen Widerspruch sind schon die Griechen der Antike gestolpert.

In der Brillanz seiner Philosophie war Immanuel Kant ein radikaler Revolutionär des Denkens und seine *Kritik der reinen Vernunft* eine Sternstunde der Philosophie. Doch so genial ein Genie der Wissenschaft oder Philosophie auch sein mag und so effizient er die Dogmen seiner Zeit bekämpft und überwindet – es besteht doch immer die Gefahr, dass seine neuen Erkenntnisse wiederum zum Dogma werden. Davon blieb zuletzt auch Kant nicht verschont.

Er hatte postuliert, dass Raum und Zeit reine Formen unserer Anschauung und Atome in ihrer Form für unseren Geist nicht zu erfassen sind und dass wir daher nie wissen werden, was und wie sie wirklich sind. Einige Jahrzehnte lang machten die

Wissenschaftler einen großen Bogen um diese »sinnlosen« Fragen. Doch auf Dauer akzeptiert der wissenschaftliche Geist keine Grenzen. Im 20. Jahrhundert überschritten die Physiker die Grenzen der menschenmöglichen Erfahrung: Mithilfe der Relativitätstheorie stießen sie in den Makrokosmos des Universums vor. Und mithilfe der Quantenphysik sammelten sie Erkenntnisse über den Mikrokosmos der Atome.

An beiden Enden der Größenskala und jenseits jeder menschlichen Erfahrungsmöglichkeit fanden die Wissenschaftler ganz neue Naturgesetze. Diese sind weder auf die Welt unserer alltäglichen Erfahrungen übertragbar noch anschaulich verstehbar – ohne umfangreiche mathematische Kenntnisse sind sie noch nicht einmal nachvollziehbar. Trotzdem lassen sich mit diesen Gesetzen die Eigenschaften entfernter Sterne und Galaxien sowie die der Atome überaus genau beschreiben und berechnen. Aus den getrennten Strukturen von Raum und Zeit wurde die Raumzeit. Nun konnten endlich auch die Ungereimtheiten der klassischen Physik Newtons, wie beispielsweise die Frage nach der Relativität von Raum und Zeit, aus dem Weg geräumt werden. Darunter war auch eine winzigste und dennoch mit den Newton'schen Gesetzen nicht erklärbare Abweichung der Merkur-Bahn um die Sonne.

Kepler war auf die Ellipsenform der Planetenbahnen gestoßen, weil ihm die kleinen Abweichungen der Planentenbewegungen von der Kreisbahn keine Ruhe gelassen hatten. Genauso waren Albert Einstein, Max Planck und Niels Bohr die kleinen Ungereimtheiten in der klassischen Physik, die sich mit den Newton'schen Gesetzen nicht ausräumen ließen, ein Dorn im Auge. Dank ihres Zweifels an bestehenden Auffassungen konnte aus der klassischen Newton'schen Physik die moderne Physik entstehen.[24]

Kant hatte also Recht und Unrecht zugleich: Vorstellen können wir uns die Natur außerhalb unseres Erfahrungshorizontes definitiv nicht. Trotzdem können wir sie mithilfe der Mathematik, also unseres Verstandes, erforschen. Quantentheorie und Relativitätstheorie haben uns ganz neue Welten eröffnet und unser Wissen über die Natur noch einmal potenziert.

Der Franziskanermönch Roger Bacon (ca. 1219/20–1292)
war der wohl früheste Fürsprecher der empirischen Methode
zur Naturerkenntnis.

Teil II

UNEINGESCHRÄNKTE NEUGIER: DURCH EIGENE BEOBACHTUNG ZUR ERKENNTNIS

In der Wissenschaft kommt es auf die eigene, überprüfbare Wahrnehmung an, nicht auf einen kollektiven Glauben. Als sich die Menschen nicht mehr allein auf das Jenseits konzentrierten, sondern auch das Diesseits verstehen wollten, und dies mit ihren eigenen Augen und Ohren, nahmen sie nicht nur die Naturdeutung, sondern auch ihr Schicksal in die eigenen Hände. Sie begannen, sich als Individuen wahrzunehmen. Jetzt erst kamen Wissenschaftler auf die Idee, Beobachtungen unter künstlichen Bedingungen durchzuführen – denn nun kam es auf ihre individuellen Erfahrungen an. Gleichzeitig mussten die Experimente nachvollziehbar und wiederholbar gestaltet sein. So vervielfachte sich die Anzahl wegweisender Wahrnehmungen, man kam den Geheimnissen der Natur immer mehr auf die Spur.

Die ersten Schritte zur systematischen Beobachtung der Natur mit dem Ziel, ihre Gesetze zu verstehen, unternahm der arabische Physiker Ibn al-Haitham. Dabei betonte er die Wichtigkeit des Zweifelns an bestehenden Autoritäten und deren »Wahrheiten«. Ibn al-Haitham wurde zum ersten anerkannten »Physiker« der Geschichte (Kapitel 1). Er und die ihm folgenden arabischen Wissenschaftler waren über viele Jahrhunderte dem Westen weit voraus. Startschuss für das Aufholen der Europäer war die wohl größte Katastrophe in der Geschichte Europas (Kapitel 2). Fünfzig Jahre nach der Pest begannen die Humanisten, in alten Bibliotheken bis dahin verschollenes antikes Wissen über die Natur und den Menschen wieder auszugraben (Kapitel 3). Dieses Wissen stellte schließlich jahrtausendalte Dogmen infrage und definierte einen neuen, individualistischen Bezug des Menschen zur Natur. Zuletzt brachten die beiden Philosophen Roger und Francis Bacon die Grundprinzipien der Naturerforschung – Skepsis und unbestechliche Beobachtung – auf den Punkt (Kapitel 4). Zum ersten Mal taucht auch der Gedanke einer Verbesserung des menschlichen Lebens durch Wissen auf.

1 Der arabische Frühling der Physik – Alhazens Optik als Wegbereiter der wissenschaftlichen Revolution in Europa

Die Geschichte kennt viele Beispiele dafür, dass und wie große Wissenschaftler und Gelehrte in Konflikt mit ihren Obrigkeiten gerieten. Sokrates und Giordano Bruno bezahlten die Auseinandersetzungen mit ihrem Leben; der eine musste den Schierlingsbecher trinken, der andere endete auf dem Scheiterhaufen. Aristoteles starb in der Verbannung, Galileo Galilei und Peter Abaelard mussten ihrer Lehre abschwören und verbrachten ihr restliches Leben unter strenger Aufsicht der Kirche. Noch im 20. Jahrhundert musste Albert Einstein aus seinem Heimatland Deutschland emigrieren; nicht nur seine jüdische Abstammung, auch seine bekannt kritische Einstellung zwangen ihn zu diesem Schritt.

Fast immer bestand der Konflikt darin, dass sich die Wahrheit der Wissenschaftler nicht mit der Wahrheit der Herrschenden deckte und jene deshalb von den Machthabern brutal daran gehindert wurden, ihre Forschungen weiterzutreiben. Der Grund aber, warum der arabische Gelehrte Ibn al-Haitham in Kairo um das Jahr 1010 unter Arrest gestellt wurde, war ein ganz anderer und historisch einzigartig: Um die ihm angebotene Stellung als hoch angesehener Regierungsbeamter nicht annehmen zu müssen, täuschte er eine Geisteskrankheit vor. Doch sein Täuschungsmanöver war allzu erfolgreich! Zehn Jahre lang war er als »Verrückter« tatsächlich eingesperrt.

DER SCHUSS, DER NACH HINTEN LOSGING

Ibn al-Haitham wurde um das Jahr 965 geboren. Über sein Leben wissen wir nur wenig Gesichertes, doch spätere Biografen berichten von zahlreichen Anekdoten, die ihn für uns wieder lebendig werden lassen. In seiner im heutigen Irak liegenden Heimatstadt Basra machte sich Ibn al-Haitham auf dem Gebiet der angewandten Mathematik einen Namen, gleichzeitig war er als Wesir ein wichtiger und mächtiger Beamter. Andere Quellen berichten, dass er auch als Ingenieur tätig war. Der administrativen Tätigkeiten seines Postens war er bald überdrüssig, sehnte er sich doch danach, sich ganz der Mathematik und anderen Studien widmen zu können. Doch wie sollte er sich seinen Aufgaben als hoher Beamter entziehen, ohne seiner Familie Schande zu bereiten? Damals beschloss Ibn al-Haitham erstmals, sich verrückt zu stellen. Er hatte Erfolg und wurde wie von ihm beabsichtigt vom Dienst suspendiert. Endlich hatte er Zeit für seine mathematischen Probleme!

Doch eine Studie zur Regulierung des Nils, die Ibn al-Haitham erstellt hatte, machte ihm einen Strich durch die Rechnung. Darin hatte er eine Idee entwickelt, wie man die Überschwemmungen des Nils in den Griff bekommen könne: Ein Staudamm sollte die Wassermassen des Stroms so regulieren, dass beim jährlichen Hochwasser die Felder Ägyptens vor zu starker Überschwemmung geschützt würden und in der anschließenden Niedrigwasserphase ausreichend Wasser für ihre Bewässerung zur Verfügung stünde. Als Ort für den Damm schlug der Gelehrte genau den Ort vor, wo im Jahr 1902 – also fast 1000 Jahre später – tatsächlich dieses Mammut-Projekt umgesetzt wurde: Assuan.

Die Schrift des Ibn al-Haitham gelangte an den Hof des mächtigen ägyptischen Kalifen al-Hakim, auch als Mansur bekannt. Dessen Einladung nach Kairo konnte der Gelehrte nicht ausschlagen. Vor Ort musste er allerdings eingestehen, dass das Dammprojekt mit den zur Verfügung stehenden Mitteln nicht durchführbar war. Dennoch bot ihm der ägyptische Herrscher einen Verwaltungsposten in seiner Regierung an. Es war zum Verzweifeln! Ibn al-Haitham befand sich in genau der gleichen Lage wie schon zuvor in Basra: Die Arbeit als hoher Beamter würde ihn von seinen geliebten Studien abhalten. Er fürchtete nach dem Scheitern des Nilprojektes wohl auch die Wut Mansurs, der als aufbrausend und grausam galt. Ein zweites Mal versuchte er es mit dem Trick, sich verrückt zu stellen.

Der ägyptische Kalif reagierte weniger verständnisvoll als der Herrscher von Basra, denn er zog alle Besitztümer des Gelehrten ein und stellte ihn unter Hausarrest. Genau das, was al-Haitham hatte verhindern wollen, war nun in verschärfter Form eingetreten: Sein Bewegungsradius war auf ein Minimum eingegrenzt, und er war vom Rest der damaligen wissenschaftlichen Welt so gut wie isoliert. Schlimmer noch – er war völlig den Launen Mansurs ausgeliefert. Denn allein der Kalif hätte ihn aus seiner fatalen Lage wieder befreien können. Aus Tagen des Arrests wurden Wochen, aus Wochen Monate und aus Monaten schließlich sogar mehr als ein ganzes Jahrzehnt. Solange Mansur lebte, blieb Ibn al-Haitham in einem kleinen Haus in Kairo eingesperrt. Als der Kalif im Jahr 1021 schließlich starb, gesundete Ibn al-Haitham auf wundersame Weise und wurde freigelassen. Bis zu seinem Tod um 1040 blieb er in Kairo, wo er in der Nähe der berühmten Universität al-Azhar von Lehraufträgen und den Erträgen seiner wissenschaftlichen Werke lebte. Es waren jedoch die Jahre seiner Kairoer Gefangenschaft, die sich als die fruchtbarste Zeit seines wissenschaftlichen Schaffens erwiesen.

KARGER RAUM, REICHE GEDANKENWELT

In den Jahren seiner erzwungenen Abgeschiedenheit hatte Ibn al-Haitham eine Reihe sehr bedeutender Einsichten in ein Themenfeld gewonnen, das heute in der Physik als Optik bekannt ist. Sein Hauptwerk *Kitab al-Manazir* (»Buch vom Sehen« oder »Schatz der Optik«) war für die nächsten 600 Jahre die bedeutendste Veröffentlichung dieser Fachrichtung. Erst Johannes Kepler erzielte mit seinen Abhandlungen *Ad Vittelionem Paralipomena* (1604) und *Dioptrice* (1611) wieder einen echten Fortschritt, der über Ibn al-Haithams Erkenntnisse hinausging.

Eine der Fragen, mit der sich Ibn al-Haitham beschäftigte, lautete: Wie erfassen unsere Augen äußere Gegenstände? Über dieses Problem hatten schon die Gelehrten der Antike gestritten. Es gab zwei einander widersprechende Theorien. Die meisten Wissenschaftler der Antike, darunter Platon, Euklid und Ptolemäus, waren überzeugt, dass der visuelle Eindruck von den Dingen von »Sehstrahlen« erzeugt wird, die das menschliche Auge aussendet. So wie der Stock eines Blinden die Umgebung abtastet, sollte auch der Sehstrahl des Auges Aufschluss über die Beschaffenheit der Dinge geben. Doch es gab Zweifel an dieser Version. Man fragte sich z. B., ob die Sehstrahlen der Augen wirklich bis zu den Sternen reichen könnten. Forscher wie Aristoteles waren deshalb der Meinung, dass die Dinge um uns herum irgendwie die Information über ihre Form und Farbe an unser Auge gelangen lassen.

Ibn al-Haitham wollte diesen Streit beenden und zweifelsfrei beweisen, welche der beiden Theorien über das Sehen zutrifft. Bücher standen ihm in seinem Gefängnis vermutlich nicht zur Verfügung, sodass er sich bei seinen Überlegungen nicht an den Schriften früherer Autoritäten orientieren konnte. Auch der Gedankenaustausch mit zeitgenössischen Gelehrten war ihm sehr wahrscheinlich versagt. Ihm blieb also nichts anderes übrig, als eigene Beobachtungen anzustellen und Schlussfolgerungen zu ziehen. Es waren nicht zuletzt die begrenzten Möglichkeiten seines Arrestes, die ihn dazu zwangen, die bis dahin übliche Form des Erkenntnisgewinns über die Natur, die Vermutung, hinter sich zu lassen.

Statt theoretisch zu spekulieren, stützte sich al-Haitham auf seine Beobachtungen. In seinem Werk beschrieb der arabische Gelehrte Dutzende von Versuchsaufbauten, die sich alle mit den einfachsten Mitteln durchführen lassen. Meist genügt ein karger Raum mit nackten Wänden als Projektionsflächen, ein winziges Fenster oder eine Kerze als Lichtquelle sowie eine Röhre. Man kann sich gut vorstellen, dass das Laboratorium Ibn al-Haithams eine enge Arrestzelle war. Allein schon die Beschaffung eines Spiegels muss für den eingesperrten und mittellosen Ibn al-Haitham ein großes Problem gewesen sein.

Die Herangehensweise, die Ibn al-Haitham für seine Beobachtungen anwendete, war radikal neu: Er war überzeugt davon, dass man sich auf die Beobachtung stützen müsse, um Erkenntnisse über die Natur zu gewinnen. Weiter stellte er konkrete Fragen und überlegte sich dann Experimente mit dem klaren Ziel, mit ihnen seine Hypothese zu unterstützen oder auch zu widerlegen. (Archimedes dagegen hatte seine Erkenntnisse noch mehr oder weniger zufällig gewonnen, z. B. kam ihm die Idee zu seinem Auftriebsgesetz angeblich während eines Aufenthaltes in der Badewanne.) Ibn al-Haitham beschrieb seine Versuche und ihre Ergebnisse exakt – so konnten andere Forscher sie jederzeit wiederholen und überprüfen. Genau dies ist es, was aus einem Versuch ein wissenschaftliches Experiment macht.

Und noch etwas hatte es zuvor nicht gegeben: Weil Ibn al-Haitham erst anhand seiner Versuchsergebnisse eine zu seinen Beobachtungen passende Theorie aufstellte, war er nicht mehr an einen vorgegebenen theoretischen Rahmen gebunden. Dogmen hatten über ihn keine Macht mehr.

LICHTSTRAHLEN IN DUNKLER KAMMER

Wie ging Ibn al-Haitham konkret vor, um den Streit der Theorien zur Natur des Sehens zu entscheiden? Sorgfältig steckte er das Feld der Fragestellung ab, überprüfte die Voraussetzungen und näherte sich Schritt für Schritt dem Beweis – so, wie es die moderne Wissenschaft auch tut.

Zunächst zeigte al-Haitham, dass sich Auge und gesehenes Objekt nur durch gerade Linien miteinander verbinden lassen. Er wollte sich nicht auf die Erfahrung verlassen, dass wir nicht um die Ecke sehen können, er wollte dies beweisen. Dazu führte er ein langes, gerades Rohr zwischen Auge und Objekt. Blickt ein Betrachter durch ein solches Rohr auf den Gegenstand, so erkennt er nur das, was unmittelbar vor dem Rohr auftaucht, und dies genau so, wie er es auch ohne Rohr sehen würde. Wird das Rohr an einer Seite verschlossen, ist das Objekt nicht mehr zu sehen. Was auch immer das gesehene Objekt und das Auge miteinander verbindet, ob Sehstrahl oder vom Objekt ausgehender Strahl, muss sich also ungehindert auf direktem, geradlinigem Weg ausbreiten. Gleichzeitig machte das Experiment klar, dass von der Seite kommendes Licht keine Rolle spielt.

Nun nahm sich Ibn al-Haitham der antiken Frage nach der Natur unseres Sehens an. Er baute eine Kiste mit nur einer kleinen Öffnung, die etwas Licht ins Innere einließ. Wer weiß – vielleicht besaß seine Arrestzelle nur ein winziges Fenster und brachte ihn auf die raffinierte Idee, so einen abgedunkelten Raum zu konstruieren. Das durch die Bohrung eindringende

Licht warf auf die gegenüberliegende Wand der Kiste ein Bild von den Dingen, die sich außerhalb des Raumes befanden.

Mit seiner »dunklen Kammer« schuf Ibn al-Haitham eine erste Version dessen, was in Europa später eine »Camera obscura« genannt wurde. *Camera* ist das lateinische Wort für »Zimmer«, und *obscura* heißt »verdunkelt«. Obskur wirkt auch das Bild, das auf der gegenüberliegenden Seite der kleinen Öffnung entsteht. Die Abbildung des Objektes außerhalb der Kammer ist spiegelverkehrt.

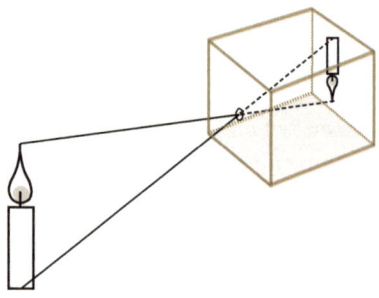

Die Camera obscura *des Ibn al-Haitham.*

In der ersten Hälfte des 19. Jahrhunderts wurde die Konstruktion Ibn al-Haithams zur Grundlage der Fotografie: Eine *Camera obscura* projiziert das zu fotografierende Bild auf eine Fläche lichtempfindlicher Materialien und verewigt es auf diese Weise. Der Begriff »Camera obscura« wurde zu »Kamera« verkürzt.

Zurück ins 11. Jahrhundert. Weil er als Betrachter dieses Abbild anschauen konnte, folgerte Ibn al-Haitham, dass es nicht Sehstrahlen des Auges sein können, die uns Objekte sehen lassen, sondern dass von den Körpern ausgesandtes Licht auf unser Auge fallen muss. Würden wir mithilfe von Sehstrahlen, die unser Auge aussendet, die Welt wahrnehmen, wäre es unmöglich, ein kleines Abbild auf der Wand zu sehen. Damit war das antike Problem gelöst.

Die Erkenntnis, dass Lichtstrahlen vom physischen Objekt in unser Auge fallen, befeuerte Ibn al-Haitham, sich weiter mit den Eigenschaften des Lichtes zu beschäftigen. Er unterschied zwischen zwei Formen des Lichtes: primäres Licht, das direkt von einem Körper ausgestrahlt wird, und sekundäres Licht, das von einem Gegenstand reflektiert wird. Al-Haitham formulierte dies wie folgt:

> »Das Sehen nimmt kein sichtbares Objekt wahr, es sei denn, es existiert in dem Objekt etwas Licht, das das Objekt von sich aus besitzt oder das von einem anderen Objekt auf es abstrahlt.«

Dass die Lichtstrahlen ihren Weg vom Objekt in unser Auge finden, war bewiesen. Aber auf welche Weise tun sie es? Auch diese Frage beantwortete der arabische Gelehrte durch ein Experiment: Er betrachtete durch das Rohr sehr kleine Ausschnitte einer Kerze. Aus der Tatsache, dass er Stück für Stück alle Bestandteile sehen konnte, schloss er, dass das Licht von allen Teilen der Kerze ausgeht. Es kann nicht sein, dass nur bestimmte Teile von Objekten Licht entsenden. Dann bewegte sich al-Haitham mit dem Rohr langsam um die Kerze herum. Er erkannte: Sobald wir unsere Position zum betrachteten Objekt verändern, erreicht nicht mehr der gleiche Strahl unser Auge, sondern ein anderer, der jedoch ebenso vom Objekt ausgeht. So kam Ibn al-Haitham zu wichtigen Schlussfolgerungen über die Natur des Sehens: Leuchtende bzw. beleuchtete Objekte strahlen von jedem Punkt ihrer Oberfläche unendlich viele Lichtstrahlen in alle Richtungen ab. Nur unter dieser Voraussetzung lassen sie sich aus verschiedenen Perspektiven betrachten.

Dass Licht vom Objekt in alle Richtungen ausgestrahlt wird, bewies Ibn al-Haitham auch durch eine weitere Beobachtung: Fällt Licht durch ein Fenster in den dunklen Raum, dann erzeugt es nicht nur auf der gegenüberliegenden Seite einen hellen Fleck, auch der gesamte Raum wird heller. Ein Teil des Lichts muss also von der Stelle, an der es auf die Wand trifft, in alle Richtungen abstrahlen. Man sieht den eingesperrten Gelehrten geradezu vor sich, wie er in seiner kahlen Zelle sitzt und, von seinem unerschütterlichen Wissensdurst getrieben, seinem Geist Nahrung verschafft.

Auch eine dritte wichtige Grundlage der Optik zeigte Ibn al-Haitham auf: All die vielen Strahlen, die von verschiedenen Dingen ausgehen, stören sich nicht gegenseitig. Für diese Einsicht stand ebenfalls ein Experiment Pate – es ist sein wohl berühmtestes: In ein dunkles Zimmer stellte er drei Lichtquellen – vermutlich Kerzen – und auch seinen Kasten mit der kleinen Öffnung. Auf der dem Loch gegenüberliegenden Wand erschienen nun drei Lichtpunkte. Die Lichtstrahlen, die die einzelnen Kerzen ausgesandt hatten, waren also ungestört und unabhängig voneinander durch die kleine Öffnung hindurchgelaufen.

EINE VERPASSTE CHANCE

Mit allereinfachsten Mitteln hatte Ibn al-Haitham die Basis für viele bahnbrechende Technologien auf dem Gebiet der Optik gelegt. In seinen Studien mit Licht hatte er auch bemerkt, dass Licht durch Glas gebrochen wird und dass die Lichtbrechung an gewölbten Glasoberflächen Effekte wie die optische Vergrößerung von Objekten zur Folge haben kann. So wurde Ibn al-Haitham zum Erfinder der Lupe. Mit seinen Erkenntnissen lagen aber auch die Erfindung von Brille, Fernrohr und Fotoapparat in Reichweite. Doch erst zwei Jahrhunderte später entwickelte der englische Franziskaner Roger Bacon in Anlehnung an Ibn al-Haithams Schriften die Brille. Und es sollte ganze 600 Jahre dauern, bis Glaslinsen zu einem Fernrohr zusammengesetzt wurden. Auf diesem Forschungsfeld tat sich der Italiener Galileo Galilei besonders hervor. Er machte den Weg frei zu einer genaueren Beobachtung der Bewegung der Planeten und ihrer Monde. Es war dieser Blick ins All, der alte Weltbilder stürzte und den Beginn der wissenschaftlichen Revolution bedeutete.

Dass dieser Schritt erst zu Beginn des 17. Jahrhunderts gemacht wurde und nicht schon im 11. Jahrhundert, zu Ibn al-Haithams Lebzeiten, lag wohl nicht zuletzt daran, dass Ibn al-Haitham in seiner Kairoer Arrestzelle nicht über die notwendigen Materialien verfügte, um die technischen Möglichkeiten seiner Beobachtungen auszuloten und voranzutreiben. Doch in seinen eifrig verbreiteten Schriften überlebten seine Gedanken. Und jede Kopie seiner Schriften barg die Chance, dass Ibn al-Haithams

Ibn al-Haitham alias Alhazen (965–1040),
arab. Mathematiker, Astronom und Physiker.

Erkenntnisse endlich den Sprung in die Praxis schafften und in zahlreichen technischen Neuerungen umgesetzt wurden.

Man weiß, dass Ibn al-Haithams Hauptwerk *Über die Optik* im muslimischen Spanien weithin in Gebrauch war. Voller Bewunderung wurde es über Generationen gelesen und kopiert. Doch es fand sich in der arabischen Welt kein Wissenschaftler, der den Staffelstab aufnahm und al-Haithams Studien fortsetzte. 200 Jahre nach al-Haithams Tod machte eine (unvollständige) lateinische Übersetzung das Buch der europäischen Geisteswelt zugänglich: Der Titel lautete nun *De aspectibus*, und der Name des Autors wurde zu »Alhazen« (von »al Hasan«, einem seiner zahlreichen Vornamen) latinisiert – so soll der arabische Gelehrte von nun an auch hier im Buch heißen.

Sein Werk gehörte zu den wohl am meisten kopierten und gelesenen wissenschaftlichen Büchern des späten Mittelalters und faszinierte die europäischen Gelehrten, darunter Roger Bacon, Robert Grosseteste, Leonardo da Vinci, Galileo Galilei, Christiaan Huygens, René Descartes und Johannes Kepler. So beeinflussten Alhazens optische Einsichten und seine wissenschaftliche Methodik nachhaltig das europäische Denken von der späten mittelalterlichen Scholastik über die Renaissance bis zur frühen Neuzeit. In die frühe Phase dieser Zeit (13. Jahrhundert) fällt auch Roger Bacons Erfindung der Brille. Sie beruhte direkt auf den Arbeiten Alhazens und wurde der erste technologische Exportschlager Europas. Die Wertschätzung der westlichen Gelehrten für den arabischen Wissenschaftler war so groß, dass er im späten Mittelalter als »der Physiker« bekannt war.

Dies alles war möglich geworden, weil Alhazens Werk aus dem Arabischen ins Lateinische übertragen worden war. Als es auch noch in eine Sprache übersetzt wurde, die nicht nur gelehrte Mönche, sondern jeder lesehungrige Mensch verstehen konnte, wurde klar, dass in Alhazens Erkenntnissen noch mehr Schätze steckten, die nur darauf warteten, gehoben zu werden.

WIE AUS DER KUNST DER PHYSIK DIE PHYSIK DER KUNST WURDE

Alhazens Werk stellt die maßgebliche Grundlage für die wohl bedeutendste Revolution in der Kunst dar: die Entstehung der perspektivischen Malerei. In der frühen Renaissance, also zu Beginn des 14. Jahrhunderts, wurde Alhazens *De aspectibus* von der Gelehrtensprache Latein ins Italienische übersetzt und unter dem Titel *Deli Aspecti* publiziert. Kenner der Kunstgeschichte wissen, dass bis zum Ende des 13. Jahrhunderts die perspektivische Malerei unbekannt war. Sobald aber Alhazens Werk allgemein zugänglich war – also auch Steinmetzen, Malern und anderen Künstlern –, lernten diese innerhalb kürzester Zeit, Gebäude und Figurengruppen mit nahezu fotografischer Genauigkeit abzubilden. Dieser plötzliche Sprung in der künstlerischen Genauigkeit war nur möglich, weil es nun ein Verständnis dafür gab, wie wir sehen und was die Natur des Lichtes ist.[25]

Die Künstler konnten nun Licht und Schatten entsprechend der natürlichen Gesetze von Lichtstrahlung und Reflexion in ihren Bildern verteilen. Mehr noch: Sie benutzten Alhazens *Camera obscura* als Projektionswerkzeug. Mit ihrer Hilfe projizierten sie dreidimensionale Szenen auf zweidimensionale Oberflächen, von denen sie sie dann einfach nur noch abzeichnen mussten.

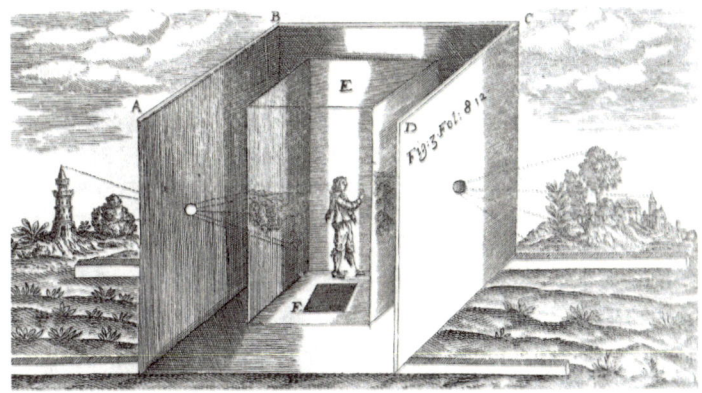

Projektion von Landschaftsbildern in der Camera obscura.
Darstellung von Athanasius Kircher, 1646.

Dass sich die italienischen Künstler tatsächlich direkt auf Alhazens Werk bezogen, zeigt das Beispiel des Bildhauers Lorenzo Ghiberti. Er zitiert den *Schatz der Optik* ausführlich in seinem Buch *Commentario terzo*. Ghiberti war sehr erfolgreich darin, die Gesetze der räumlichen Perspektive anzuwenden. Sein wohl berühmtestes Werk sind die Paradiestür am Baptisterium sowie die Paradiespforte an der Ostseite der Kathedrale von Florenz, dem Duomo Santa Maria del Fiore. Noch ein Jahrhundert später war Michelangelo von der Gestaltung dieser Türen außerordentlich beeindruckt – v. a. wegen ihrer naturgetreuen dreidimensionalen Perspektive.

ALHAZEN ALS WEGBEREITER DER WISSENSCHAFTLICHEN REVOLUTION

Die Entdeckung der Perspektive zu Beginn der Renaissance ist nur eines von unzähligen Beispielen für Entwicklungen, die die Arbeit Alhazens noch Jahrhunderte nach seinem Tod auslösten. Doch über allem steht seine Methode, wie er zu diesen Erkenntnissen kam. Alhazen war einer der ersten Gelehrten, die die für uns heute so selbstverständliche wissenschaftliche Methode systematisch anwendeten.

Für die Bewertung und Interpretation seiner experimentellen Ergebnisse verwendete Alhazen mathematische, insbesondere geometrische Gesetzmäßigkeiten. Dieser mathematisch-physikalische Ansatz der Wissenschaft zieht sich durch das gesamte Werk Alhazens. Immer wieder betonte er auch die Notwendigkeit methodisch durchgeführter Experimente, der systematischen Variation der experimentellen Bedingungen (so weit wie möglich) und v. a. der vorurteilslosen Kontrolle der Ergebnisse. In seinem Werk *Kitab al-Manazir* schrieb er:

> »Wir sollten die Eigenschaften einzelner Dinge unterscheiden und durch Induktion bestimmen, was das Auge betrifft, wenn Sehen stattfindet, und was sich in der Art und Weise des Empfindens als einheitlich, unveränderlich, manifest und nicht zweifelhaft erweist. Danach sollten wir in unseren Untersuchungen und unseren Überlegungen allmählich und geordnet aufsteigen, Prämissen kritisieren und Vorsicht in Bezug auf Schlussfolgerungen walten lassen – unser Ziel bei allem, was wir der Inspektion und Überprüfung unterziehen, ist es, Ausgewogenheit walten zu lassen, Vorurteilen nicht zu folgen, und bei allem, was wir beurteilen und kritisieren, darauf zu achten, dass wir die Wahrheit suchen und nicht von Meinungen beeinflusst werden.«[26]

Mit dieser methodischen Neuerung gilt Alhazen nicht nur als Vater der Optik, sondern auch als einer der Väter der wissenschaftlichen Methode – 600 Jahre vor Galileo Galilei, dem diese Großtat gemeinhin zugesprochen wird! Alhazens wissenschaftliches Arbeiten entspricht exakt der induktiv-experimentellen Vorgehensweise, die für heutige Wissenschaftler selbstverständlich ist:

1. Man gehe von gemachten Beobachtungen und theoretischen Überlegungen aus und bewahre dabei jederzeit eine kritische Haltung.
2. Man definiere das experimentelle Projekt genau und formuliere eine Hypothese.
3. Man prüfe die Hypothese durch kontrolliertes Experimentieren und genaues Analysieren der Ergebnisse.

4. Man interpretiere die Ergebnisse schließlich und ziehe daraus die geeigneten Schlussfolgerungen (Bestätigung, Verbesserung oder Änderung der bestehenden Hypothese).

5. Man veröffentliche die Ergebnisse mitsamt einer genauen Beschreibung der verschiedenen Schritte der Messung und der Messgeräte, um eine Überprüfung der Ergebnisse durch andere zu ermöglichen.

Alhazens Beitrag zum Siegeszug der wissenschaftlichen Methode verdient unsere größte Wertschätzung. V.a. sein Aufruf zur Kritik widersprach allem, was die damalige gelehrte Welt für selbstverständlich hielt: Aussagen von Autoritäten durften nicht angezweifelt werden. Alhazen ging sogar so weit, dass er alle Wissenschaftler aufforderte, auch sich selbst und die eigenen Ergebnisse ständig infrage zu stellen. Explizit schreibt er im *Schatz der Optik*:

>»Der Wahrheitssuchende ist nicht einer, der die Schriften der Ältesten studiert und nach seiner natürlichen Disposition sein Vertrauen in sie setzt, sondern derjenige, der hinterfragt, was er von ihnen sammelt, derjenige, der sich dem Argumentieren und Demonstrieren unterwirft und nicht die Sprüche von Menschen, deren Natur mit allen Arten von Unvollkommenheit und Mängel behaftet ist. So ist es die Pflicht des Mannes, der die Schriften der Wissenschaftler untersucht, wenn es sein Ziel ist, die Wahrheit zu erfahren, sich zum Feind von allem zu machen, was er liest und seinen Verstand auf den Kern und die Ränder des Inhalts anzuwenden und diesen von allen Seiten anzugreifen. Er sollte sich auch selbst verdächtigen, wenn er seine kritische Prüfung durchführt, damit er nicht in Vorurteile oder Nachlässigkeit gerät.« [27]

Alhazen schrieb dies nicht nur, er lebte auch danach. Ein Beispiel dafür, wie kritisch er sogar mit den sakrosankten griechischen Autoritäten umging, sind seine Kommentare zur ptolemäischen Astronomie [28]. Darin wies er schonungslos auf die gravierenden Widersprüche und Unstimmigkeiten im überlieferten geozentrischen Weltbild hin. Es dauerte allerdings noch lange Zeit, bis diese Unbestechlichkeit der Gedanken die westliche Welt erreichte.

Der Franziskanermönch Roger Bacon war der erste europäische Gelehrte, der sich im 13. Jahrhundert der modernen wissenschaftlichen Methode verschrieb. Als glühender Anhänger Alhazens wurde er zum frühsten Fürsprecher der empirischen Methode zur Naturerkenntnis. Noch im 16. und 17. Jahrhundert ließen sich europäische Wissenschaftler wie Johannes Kepler, Christian Huygens und René Descartes durch die Werke Alhazens inspirieren. Sie waren die Ersten, die Alhazen übertrafen und die 600 Jahre währende Vorherrschaft des arabischen Forschers beendeten.

Alhazen war der wohl bedeutendste und einflussreichste islamische Wissenschaftler des Mittelalters. Seine Entfaltung und Einführung der wissenschaftlichen Methode ist unverzichtbar für die Entwicklung der heutigen modernen Welt und stellt einen der bedeutendsten Beiträge der arabischen Kultur zur Weltgeschichte dar.

2 Wie Phönix aus der Asche – Warum der Okzident doch noch den Orient überflügelte

»Weh mir, was muss ich erdulden? Welche heftige Qual steht durch das Schicksal mir bevor? Ich seh' eine Zeit, in der sich die Welt rasend ihrem Ende nähert; wo Jung und Alt um mich herum in Scharen dahinsterben. Kein sicherer Ort bleibt mehr, kein Hafen tut sich mir auf. Es gibt, so scheint es, keine Hoffnung auf die ersehnte Rettung. Unzählige Leichenzüge seh' ich nur, wohin ich die Augen wende, und sie verwirren meinen Blick. Die Kirchen hallen von Klagen wider und sind mit Totenbahren gefüllt. Ohne Rücksicht auf ihren Stand liegen die Vornehmen tot neben dem gemeinen Volk. Die Seele denkt an ihre letzte Stunde und auch ich muss mit meinem Ende rechnen.«

Diese Zeilen aus dem Jahr 1348 zeigen die Erschütterung des italienischen Humanisten und Dichters Francesco Petrarca über die Folgen der Pest. Laura, der seine unerfüllte Liebe galt und der er seine berühmtesten Sonette gewidmet hatte, war an der Seuche gestorben. Niemand war vor der hochgradig ansteckenden Krankheit sicher, es herrschten Chaos und Anarchie. Aus dem einstigen Stoiker Petrarca war ein tief unglücklicher und am Sinn seiner Existenz zweifelnder Mensch geworden.

Nicht nur für Petrarca war das Leben aus den Fugen geraten. Ganze Dörfer starben aus und wurden zu Wüstungen, die für Jahrhunderte gemieden wurden. Die Kirche hatte keine Antwort darauf, warum Gott den Menschen diese furchtbare Strafe auferlegt hatte. Auch weil viele Priester aus Angst vor Ansteckung die Sterbenden nicht betreuten, fehlten den Menschen Trost und Beistand. Ärzte weigerten sich, den Kranken zu Hilfe zu kommen, Eltern ließen ihre infizierten Kinder verhungern, und die kaum erkalteten Leichen der von der Pest Dahingerafften wurden eilig auf die Straße geworfen. Bahren, Decken und Kerzen für Leichenfeiern waren nur zu Wucherpreisen erhältlich. Die soziale Gemeinschaft war auseinandergebrochen, die meisten Menschen sorgten sich nur noch um

ihr eigenes Überleben. Es war, als sei die Hölle auf Erden losge-
brochen.

DAS JAHRHUNDERT DER BITTERNIS

Die erste Welle des Schwarzen Todes in Europa wütete zwischen
1347 und 1351, kein Land blieb von ihr verschont. 25 Millionen
Menschen raffte sie hinweg, ein Drittel der Bevölkerung des europäischen Kontinents! Weitere Pestausbrüche, Hungersnöte
und die andauernden Kriege hatten zur Folge, dass bis zum Ende
dieses unseligen 14. Jahrhunderts die Bevölkerung Europas sogar auf fast die Hälfte zusammengebrochen war. Zum Vergleich:
Während des Zweiten Weltkrieges, der von allen Kriegen der
Geschichte die mit Abstand höchste Anzahl an Toten forderte,
starben in Deutschland ca. 7,5 Prozent der Bevölkerung, in der
UdSSR, dem Land mit dem höchsten Blutzoll, ca. 13 Prozent.

Das 12. und das 13. Jahrhundert waren in Europa – nicht
zuletzt durch ein günstigeres Klima während der sogenannten
»mittelalterlichen Klimaanomalie« zwischen 1000 und 1250 –
eine Periode florierender Wirtschaft und wachsenden Wohl-
stands gewesen. Die bessere Nahrungsmittelversorgung hatte
zwischen 1100 und 1350 zu einer Verdoppelung der Bevölkerung
in Europa geführt; Siedlungen und Städte waren aus dem Boden
geschossen. Von der kulturellen Blüte des Hochmittelalters und
dem damals herrschenden optimistischen Fortschrittsdenken
zeugen heute noch die mächtigen Kathedralen.

Das 14. Jahrhundert dagegen war, schon bevor die Pest aus-
brach, wirtschaftlich und sozial gesehen ein Krisenjahrhundert.
England und Frankreich zerfleischten sich im Hundertjährigen
Krieg, und auch in anderen Ländern versetzten kriegerische
Auseinandersetzungen die Bevölkerung in Angst und Schrecken.
Zu den plündernden Söldnerheeren kamen Erdbeben und durch
Klimaschwankungen ausgelöste Missernten und Hungersnöte.
All dies hatten die Menschen gottergeben ertragen, doch »das
Große Sterben« – so wurde die Seuche in zeitgenössischen
Schriften bezeichnet – veränderte den Blick der Bevölkerung auf
die Welt und erschütterte nachhaltig die Fundamente der mit-
telalterlichen Gesellschaft. Viele Menschen begannen, am gott-

gegebenen Lauf der Dinge zu zweifeln. Das Gefühl, dem Schicksal ausgeliefert zu sein, paarte sich mit Zukunftsangst und Sorgen.

Weil Gebet und Sühne keine Wirkung zeigten, wagten Ärzte zum ersten Mal einen genaueren Blick auf den menschlichen Körper. Was zuvor aus religiösen Gründen strikt verboten gewesen war, fand nun einen allerhöchsten Fürsprecher: Papst Clemens VI. höchstpersönlich sprach sich für eine Sezierung von Seuchenopfern aus, um der Ursache der Krankheit auf den Grund zu gehen. Denn die Erklärung des Mediziners Gentile da Foligno, dessen »Pesthauchmodell« überall in Europa verbreitet war, war nicht wirklich zufriedenstellend: Eine ungünstige Konstellation der drei Planeten Mars, Jupiter und Saturn sollte Ausdünstungen von Meer und Land in die Luft ziehen und als krankmachende, »verdorbene« Winde auf die Erde zurückschleudern. Folignos Empfehlung, Südwind, nebelige Luft, Geschlechtsverkehr und – wegen der Öffnung der Poren – heiße Bäder zu meiden, rettete niemanden vor der Pest. Auch sein Therapievorschlag, faulende Birnen und Fisch, Wein und Bier zu konsumieren, war erfolglos geblieben.

Man wollte sein Schicksal nun selbst in die Hand nehmen. Ganz allgemein verschob sich der Fokus vom Jenseits auf das Irdische. In die festgefügte Struktur der religiösen und ständerechtlichen Gemeinschaft schob sich wie ein Keil das Erwachen der Individualität. Es hatte zuvor bereits viele Anstöße für die europäischen Gelehrten gegeben, die Lücke zwischen ihnen und den arabischen Wissenschaftlern zu schließen. Sie waren auch schon auf dem Weg, das Versäumte aufzuholen. Es war die Pest, die diesen Prozess entscheidend beschleunigte.

DIE NOBELPREISTRÄGER DES MITTELALTERS

Hätte es die Nobelpreise für die Wissenschaften bereits vor dem Jahr 1250 n. Chr. gegeben – wie viele Preise wären an die arabische Welt gegangen und wie viele an europäische Wissenschaftler?

- Generation für Generation hätten arabische Gelehrte die Medizin-Nobelpreise abgeräumt: Ibn Ishaq (latinisiert:

Johannitius), Ibn Zakariya al-Razi (Rhazes), Ibn al-Zahrāwī (Abulcasis), Isaak Judaeus, Ibn Sina (Avicenna), Ibn al-Nafis, Mulla Qotb Shirazi und Ibn Rushd (Averroës), um nur einige zu nennen.

- Als Biologe hätte sich wohl Al-Massudi über die höchste Ehre für einen Wissenschaftler gefreut. Er hatte den Gedanken ausgesprochen, dass eine Evolution »vom Mineral zur Pflanze, von der Pflanze zum Tier und vom Tier zum Menschen« stattgefunden habe.
- Auf dem Gebiet der Physik und Astronomie hätten wohl Al-Chwarizmi (Algorismi), Abu l-Wafa, Ibn Ahmad al-Biruni, Omar Chayyām, Al-Kindi (Alkindus), Ibn Dschubair al-Battani (Albategnius), Gabir ibn Aflah, Abd ar-Rahman as-Sufi, Abd ar-Rahman (al-Chazini), Ibn al-Hasan al-Tūsī und natürlich Ibn al-Haitham (Alhazen) auf dem Podium gestanden.
- Für den Chemie-Nobelpreis wäre Dschābir ibn Hayyān (Geber) infrage gekommen.

Die Zeit zwischen 800 und 1250 n. Chr. gilt als die Blütezeit der arabischen Wissenschaften. Die *lingua franca* der Wissenschaft war Arabisch, noch heute zeugt davon in der deutschen Sprache eine Reihe von Wörtern, die aus dem Arabischen stammen: Algebra, Algorithmus, Alkohol, Azimut, Elixier, Tarif, Zenit, Ziffer.

Zentrum der arabischen Wissenschaften war lange Zeit das *Bait al-hikma*, das von Kalif Abu Dscha'far Abdullah al-Ma'mun in seiner Hauptstadt Bagdad im Jahr 825 gegründete »Haus der Weisheit« – heute würde man es als Akademie, Lehranstalt, Bibliothek und Thinktank in einem bezeichnen. Wie im antiken Alexandria trafen sich hier die klügsten Köpfe aus dem gesamten islamischen Reich und auch darüber hinaus, um ihr Wissen auszutauschen und zu mehren. Al-Ma'muns Vision war es auch, alle wissenschaftlichen Schriften der Welt ins Arabische übersetzen zu lassen und unter einem Dach zu versammeln – unter seinem genau genommen: Das Haus der Weisheit war Teil der Palastbauten des Herrschers.

Während in Europa Wissenschaft noch darin bestand, Texte bekannter und von der Kirche akzeptierter Gelehrter Generation für Generation abzuschreiben und zu kommentieren, hatten arabische Gelehrte in Bagdad längst damit begonnen, erste Erfahrungen mit der empirischen Forschungsmethode zu sammeln: Nach dem Vorbild Alhazens stellten sie ganz neue Hypothesen auf und überprüften sie durch Beobachtung und Messung von Daten.

Auch in der Mathematik waren die Araber führend. Einer der größten Mathematiker aller Zeiten war Muhammad al-Chwarizmi, der im gerade gegründeten »Haus der Weisheit« wirkte. Er führte die Dezimalzahlen und die (ursprünglich aus dem Indischen stammende) Ziffer Null in das arabische Zahlensystem ein. Aus der griechisch-antiken Mathematik waren das Rechnen mit ganzen Zahlen und die Geometrie bekannt – Al-Chwarizmi brachte einen ganz neuen Zweig in die Mathematik ein: Sein Hauptwerk *Rechnen durch Ergänzung und Ausgleich* (*al-Kitāb al-mukhtaş ar fī ḥisāb al-ğabr wal-muqābala*) war eine Zusammenstellung von Regeln und Beispielen zur Behandlung von linearen und quadratischen Gleichungen mit Unbekannten. Aus dem Titel dieses Buches leitet sich die heutige Bezeichnung des von ihm gefundenen Bereichs der Mathematik ab: Algebra. (*Al-ğabr* bedeutet »Wiederherstellung«: Jeder mathematische Eingriff auf einer Seite einer Gleichung muss auch auf der anderen Seite durchgeführt werden.) Al-Chwarizmi stellte auch als Erster die neuen Gleichungen mit Unbekannten geometrisch dar – bis heute ist dies ein sehr effizientes mathematisches Werkzeug zu ihrer Lösung. Auch die von ihm erstellten trigonometrischen Tabellen wurden in der Mathematik unverzichtbar.

Noch bis zum 16. Jahrhundert ehrten europäische Mathematiker al-Chwarizmi, indem sie hinter ihre mathematischen Postulate *dixit algorismi* schrieben: »So sagt Chwarizmi«. Und aus der lateinischen Form seines Namens »Algorithmi« entstand die Bezeichnung »Algorithmus«, das heute noch verwendete Wort für Rechenverfahren.

In der Zeit von 800 bis 1250 n. Chr. waren die arabischen Gelehrten auf dem Feld der Wissenschaften konkurrenzlos. Welcher Gelehrte aus dem damals noch intellektuell trägen Europa wäre für höchste Ehrungen infrage gekommen? Der Mathematiker Fibonacci, der im frühen 13. Jahrhundert wirkte, hätte keine Chance gehabt, denn sein Hauptwerk bestand eher in der Überlieferung arabischen Wissens als in der Schaffung neuen Wissens. Nachdem er den Orient bereist hatte, führte er in Europa das dekadische Zahlensystem der Araber bzw. Inder mit der verschiebbaren Null[29] ein. Selbst die berühmten Fibonacci-Zahlen waren den Indern bereits 500 Jahre zuvor bekannt gewesen. Auch Gerhard von Cremona, der 1085 in Toledo mit dem *Buch der Alaune und Salze* das erste Chemiebuch Europas schrieb, übertrug nur arabisches Wissen.

In der 450 Jahre während Blütezeit arabischer Wissenschaften hat Europa nur einen einzigen Gelehrten hervorgebracht, der Anspruch auf einen Nobelpreis des Mittelalters gehabt hätte: Peter Abaelard. Nebenbei gesagt: Abaelard verpasste nicht nur um ein halbes Jahrtausend die Zeit, in der Nobelpreise vergeben werden, er wirkte auch auf einem Gebiet, für das gar keine Nobelpreise vorgesehen sind: die Philosophie.

Bis zum Auftreten der Pest hatte sich Europa weitgehend im geistigen Dämmerschlaf befunden. Das antike Wissen der Griechen war in Vergessenheit geraten. Philosophie oder Wissenschaften wurden kaum außerhalb eines strikt religiösen, auf die Bibel bezogenen Rahmens betrieben. Eine europäische Wissenschaft, die diesen Namen verdient hätte, gab es nicht.

DER SIEGESZUG DER ORTHODOXEN

Wie sieht es heute aus? Seit der Einführung der Nobelpreise im Jahr 1901 bis Ende 2018 wurden 599 Preise in den Naturwissenschaften (209 in Physik, 174 in Chemie, 216 in Medizin) vergeben. Gerade einmal zwei Nobelpreisträger stammen aus dem islamischen Kulturkreis: Abdus Salam aus Pakistan (Nobelpreis für Physik, 1979) und Ahmed Zewail aus Ägypten (Nobelpreis für Chemie, 1999). Beide haben den größten Teil ihrer Ausbildung und wissenschaftlichen Karriere im Westen verbracht. Einen ausschließlich in arabischen Ländern ausgebildeten und forschenden Nobelpreisträger in Physik, Chemie oder Medizin gibt es bislang nicht. Dieses Ungleichgewicht spiegeln auch die Zahlen der naturwissenschaftlichen Veröffentlichungen aus

OIC-Staaten (Länder der *Organization of the Islamic Conference*) wider. Laut Weltbank und Unesco lag der Schnitt im Jahr 2003 gerade einmal bei 13 pro eine Million Einwohner; die meisten Autoren stammen aus der säkularen Türkei. In westlichen Ländern liegt sie etwa 50-mal so hoch. Der Kleinstaat Israel mit 8 Millionen Einwohnern bringt im Vergleich zur gesamten, über 300 Millionen Menschen zählenden arabischen Welt ein Vielfaches an Patenten hervor.

Wie konnte es zu dieser völligen Umkehrung der wissenschaftlichen Vormachtstellung zwischen dem christlichen Westen und dem islamischen Osten kommen? Vor 1250 krankte das Geistesleben in Europa daran, dass man es nicht für angemessen hielt, über die Bibel hinaus zu denken und Wissen um seiner selbst willen anzusammeln.

Heute findet man genau diese Einstellung in den arabischen Ländern. In den OIC-Staaten herrscht die für unser Verständnis mittelalterlich anmutende Auffassung, dass Wissenschaft nur ein Mittel ist, Glaubensfragen zu beantworten. Schon der Begriff *elm* (علم), der im arabischen Sprachraum für »Wissenschaft« verwendet wird (zumeist in der Pluralform *-ouloum*), bedeutet wörtlich: »tiefes Verständnis des Islam«. Der Tenor lautet, dass alles Wissen schon im Koran angelegt ist. Wissenschaftliche Ergebnisse müssen sich also an seinen Inhalten messen. Sind sie nicht mit dem Koran vereinbar, müssen sie falsch sein.

Die ehemals in Kultur und Wissenschaft führende islamische Welt hat sich in eine bis in die Gegenwart orthodox-religiös geprägte Gesellschaft gewandelt, die in den Wissenschaften im Vergleich zu Europa hoffnungslos zurückliegt. Die arabische Gelehrtenwelt brachte ab 1600 keine wissenschaftlichen Genies wie Galileo Galilei, Johannes Kepler und Isaac Newton, später Antoine Laurent de Lavoisier, James Clerk Maxwell, Albert Einstein und Niels Bohr hervor.

DER ZERFALL DER ISLAMISCHEN WISSENSCHAFTEN

Wie kam es zum Niedergang der arabischen Wissenschaften? Ein Wendepunkt war zweifellos 1258 die Eroberung und vollständige Vernichtung Bagdads durch die Mongolen. So wie die Zerstörung Alexandrias das Ende der antiken Wissenschaften beschleunigt hatte, läutete der Fall Bagdads den Niedergang der arabischen Wissenschaften ein. Die Geschichtsschreiber berichten, dass sich die Schädelpyramiden haushoch türmten und sich das Wasser des Tigris, in das die Eroberer Abertausende Bücher geworfen hatten, von Tinte schwarz färbte. Das Zentrum der arabischen Wissenschaft und Zivilisation existierte nicht mehr.

Es gab auch kulturell-religiöse Gründe für den Verfall. Ab dem frühen 13. Jahrhundert führte der zunehmende militärische Druck durch verfeindete Länder zu einer intellektuellen Abschottung der arabischen Gesellschaften. Die islamischen Religionsführer wurden in ihren Ansichten zunehmend rigoros und wissenschaftsfeindlich. Die Machtverhältnisse zwischen den beiden wichtigsten Schulen der islamischen Theologie kehrten sich um: Während anfangs noch die eher der Rationalität und den Wissenschaften zugeneigte Mu'tazili-Schule dominierte, wurde sie zunehmend von der streng-orthodoxen Asch'arīya-Glaubensrichtung – Namensgeber ist der Gelehrte Al-Asch'arī, der um 900 in Bagdad lebte – verdrängt. Orthodoxe Denker hatte es immer gegeben, doch sie fanden nicht viele Anhänger. Im 11. Jahrhundert hatte der Theologe Al-Ghazali (latinisiert: Algazel) einen massiven Angriff gegen alles Philosophische unternommen, das im Widerspruch zum Koran stand.[30] V. a. gegen die Schriften des Aristoteles wetterte er. Doch erst, als Bagdad zerstört war und die Wissenschaften am Boden lagen, konnten die Orthodoxen die Macht übernehmen.

Ob christliche oder islamische Orthodoxie – die Dogmen sind dieselben: Die einzigartige Natur ist von Gott geschaffen und kann von der menschlichen Vernunft und den Sinnen niemals vollständig verstanden werden. Und: Vernunft und Verstand müssen sich dem Glauben unterordnen. Vorgaben wie diese sind der Todesstoß für jede offene Wissenschaft. Bis heute übt die orthodoxe Asch'arīya-Schule einen erheblichen Einfluss auf das Denken in den islamischen Ländern aus. Mit Ausnahme kleiner Kreise ohne großes Publikum hat eine selbstkritische Debatte über die Gründe des wissenschaftlichen Niedergangs in der islamischen Kultur nie stattgefunden.

VOM SCHWARZEN TOD ZUR SCHWARZEN KUNST

Eines der orthodoxen Dogmen der islamisch geprägten Gesellschaften sabotierte die Schaffenskraft der arabischen Wissenschaftler in besonderem Maße: das Verbot der Druckkunst. In Europa (und auch im Nahen und Mittleren Osten) hatte die Pest eine empfindlich geschrumpfte Bevölkerung zur Folge gehabt. Vor dem Zug der Seuche durch Europa waren die Löhne für Schreiber sehr niedrig gewesen und das handschriftliche Kopieren von Büchern eine günstige Reproduktionsmethode. Doch nun war Arbeit teuer, und es gab – so wie in allen anderen Produktionsbereichen auch – ein großes Interesse an Mechanisierung. Der aus der nackten Not geborene Wunsch nach Arbeitseinsparung mündete direkt in die Erfindung und rasend schnelle Verbreitung des Buchdrucks.

Wissenschaftliche Erkenntnisse müssen schriftlich überliefert werden, damit sie diskutiert und geprüft werden können – ohne Schriftlichkeit keine Wissenschaft. Mit dem Buchdruck verschwand in Europa das langsame und mühevolle Kopieren, das geistlose Abschreiben. Weil nun mit wenig Aufwand zahllose Kopien verbreitet werden konnten, nahm die Wissenschaft einen enormen Aufschwung. Nicht so in der arabischen Welt: 1485 verbot Sultan Bayazid II. im gesamten Osmanischen Reich – das damals große Teile des Nahen Ostens, Ägyptens, des Balkans und der afrikanischen Nordküste umfasste – bei Todesstrafe den Druck arabischer Schriftzeichen. Das fromme und verantwortungsvolle Handwerk der Herstellung heiliger arabischer Schriftzeichen sollte nicht durch die Maschine der Christen entwertet werden. Noch lange Zeit scheiterten Versuche, den Buchdruck in arabische Länder einzuführen. Als Napoleon 1798 in Ägypten einmarschierte, zerstörte ein ägyptischer Mob eine von den Franzosen mitgebrachte Druckerpresse.

Die europäischen Wissenschaftler hatten nur langsam zu den Leistungen ihrer arabischen Kollegen aufgeschlossen. Um das Jahr 1600 lagen beide Kulturkreise in ihrem Entwicklungsstand gleichauf. Doch dann war es wie ein Erdrutsch – nach einer längeren Anlaufphase starteten die europäischen Wissenschaften dank der nun in immer größerer Zahl zur Verfügung stehenden Veröffentlichungen mit großer Kraft durch. Im Okzident bestimmten in den Jahren nach 1600 zunehmend Genies wie Galileo Galilei, Tycho Brahe, Johannes Kepler und Isaac Newton das Geschehen. Während im Orient die arabische Gelehrtenwelt in Bedeutungslosigkeit versank, befreite sich das christliche Europa aus dem intellektuellen Hinterwäldler-Dasein und wurde zur wissenschaftlichen Supermacht.

DAS VORPROGRAMMIERTE SCHEITERN

Die beiden bisher genannten Antriebe für den Niedergang der arabischen Wissenschaften – die Zerstörung Bagdads und der Aufschwung der religiösen Orthodoxie im Islam – haben sie zweifellos empfindlich geschwächt. Doch reichen sie aus, um ihr Erlöschen bis auf den heutigen Tag zu erklären?

Auch im Verborgenen und gegen den Widerstand der Obrigkeiten kann Wissenschaft stets blühen. Dass sie es im Fall der arabischen Wissenschaften nicht tat, liegt an einem weiteren Grund, der von Anfang an in der Denktradition der arabischen Gelehrten enthalten war. So wie bei einer abbrennenden Wunderkerze machte er ab einem bestimmten Punkt das weitere Voranschreiten der arabischen Wissenschaften sehr schwierig und verhinderte, dass die Welt aus diesem Teil des Globus mit immer neuem Wissen über die Natur erleuchtet wurde.

Der bedeutendste Unterschied zwischen dem arabisch-islamischen und dem europäisch-christlichen Denken ist, dass der Islam fernab vom Einfluss der griechischen Kultur entstanden ist. Die athenisch-platonische Philosophie hatte sich stets für das Gesamtkonzept der Natur interessiert: Sie wollte das, was gläubige Menschen »göttlich« nennen, verstehen. Mit den Methoden des rationalen Denkens sollten der Natur ihre tiefsten Geheimnisse entrissen werden. Die griechischen Denker fragten: »Warum ist das so?« und suchten nach den Gesetzen, die allen Geschehnissen zugrunde liegen. Genau diese Vorstellung, dass es allgemeingültige Ordnungsprinzipien in der Natur gibt, bildet das philosophische Fundament aller Naturwissenschaften. Für Europäer, die in der griechisch-christlich geprägten Denktradition aufgewachsen sind, ist dieser Gedanke so selbstverständlich, dass sie kaum auf die Idee kommen, man könne die Welt anders wahrnehmen als das Ergebnis allgemeingültiger, übergeordneter und damit »göttlicher« Naturgesetze.

In der arabischen Kultur sind dagegen Naturwissenschaft und Religion immer zwei komplett getrennte Sphären gewesen. Gerade diese Trennung hatte anfangs einen großen Vorteil: Ohne Hemmung durch religiöse Dogmen konnten die Gelehrten bedeutende naturwissenschaftliche Erkenntnisse gewinnen. Sie meisterten insbesondere die hellenistisch geprägte Mathematik und führten sie in bewundernswerter Weise fort. Doch es fehlte ihnen das Verlangen danach, nach den »göttlichen« Geheimnissen der Natur zu fragen – Gott war ja Teil der anderen Sphäre, die mit Wissenschaft nichts zu tun hatte. Sie machten sozusagen Entdeckungen an der Oberfläche, aber die Frage, was die Welt in ihrem Innersten zusammenhält, stellten sie sich nicht.

In den Jahrhunderten des frühen christlichen Mittelalters war es der Bannstrahl der Kirche gewesen, der die Suche nach Naturgesetzen unmöglich gemacht hatte. Denn Religion und Wissenschaften waren eine einzige Sphäre, und die Kirche ließ keinerlei Konkurrenz in Sachen Welterklärung zu. Doch als nach 600-jährigem Stillstand die antiken Schriften wieder gelesen wurden, hielt in Europa das kritische und rationale Denken erneut Einkehr. Das bedeutet: Man gewöhnte sich wieder an den Gedanken, dass man die Welt verstehen muss, wenn man Gott verstehen will. Die alte Idee von allgemeingültigen Naturgesetzen zündete wieder. Der aus der antiken Philosophie bekannte ganzheitlich-naturphilosophische Denkansatz wurde v.a. an den neuen Universitäten vorangetrieben. Damit wurde es überhaupt »denkbar«, christliche Dogmen kritisch zu diskutieren. Peter Abaelard war in dieser Disziplin der Vorreiter. Er inspirierte die Gelehrten, an die Stelle von der ewig gleichen Wiederholung des bereits Gesagten die naturwissenschaftliche Methode zu stellen. Der Ausbruch der Pest wirkte in dieser Situation wie ein Turbo.

Eine solche Suche nach einer der Natur immanenten Ordnung war in der arabischen Welt buchstäblich unvorstellbar. Den arabischen Naturforschern war der Gedanke an ein Gesamtkonzept der Natur, an eine immanente Ordnung der Natur, völlig fremd. Auch in der Blütezeit der arabischen Wissenschaften gab es so gut wie keine Debatten um Fragen wie: »Warum ist das so?« und »Was liegt der Vielfalt der Erscheinungen in der Natur zugrunde?«. Bis heute werden diese aus der griechischen Antike stammenden Problemstellungen in den durch den Islam geprägten Ländern kaum gestellt.

Bei der historischen Rückschau befinden wir uns in der angenehmen Position zu erkennen, wie sich die Dinge entwickelt haben: Mit der alles durchdringenden christlichen Kultur trugen die mittelalterlichen Europäer das Erbe des hellenistisch-griechischen Denkens in sich, aus dem letztendlich der bedeutende Anstoß zur wissenschaftlichen Revolution kommen sollte. Es dauerte allerdings buchstäblich Jahrhunderte, bis sich die rationale, wissenschaftliche Denkweise auf breiter Front in Europa durchgesetzt hatte. Der amerikanische Historiker George Sarton formulierte es wie folgt:

> »Das Mittelalter als wissenschaftlich unfruchtbar zu bezeichnen, wäre ebenso töricht, wie wenn man eine schwangere Frau als unfruchtbar ansehen wollte, solange die Frucht ihres Leibes nicht geboren ist.«[31]

DIE RENAISSANCE VOR DER RENAISSANCE

Ausgelöst durch die Arbeiten Peter Abaelards und seiner Zeitgenossen begann ab dem 12. Jahrhundert die Abkehr vom religiösen Dogma zu einer unbefangeneren Untersuchung der Natur. Dies geschah just zu dem Zeitpunkt, als die Entwicklung in den arabischen Gesellschaften in die umgekehrte Richtung ging. Doch die europäische Revolution im Denken über die Natur vollzog sich zunächst nur sehr langsam. Die Werke Peter Abaelards entfalteten erst rund 200 Jahre nach seinem Tod in der Scholastik ihre volle Wirkung.

Die Scholastik war die Weiterentwicklung der von Abaelard fort- und ausgeführten antiken Dialektik, der Lehre vom »richtigen Denken und Diskutieren«. Sie öffnete die Türen für eine Philosophie und Naturbetrachtung ohne Begrenzung durch Dogmen. Neben Abaelards Gedanken hatte die Übersetzung der

Averroës (1126–1198),
arab. Universalgelehrter und Jurist.

bis dahin unbekannten Schriften des Aristoteles aus dem Arabischen zu dieser intellektuellen Neuausrichtung geführt. Auch Philosophen aus dem arabischen Raum – darunter al-Kindi, Avicenna, Averroës und natürlich Alhazen – waren an der Entstehung der Scholastik beteiligt.

Zum ersten Mal nach 600 Jahren gab es wieder ein echtes Interesse an der Natur und ihren Gesetzen. Historiker sprechen von der »Renaissance des 12. Jahrhunderts«. Während die Renaissance des 15. Jahrhunderts v. a. Literatur und bildende Kunst betraf, konzentrierte sich die Bewegung im 12. Jahrhundert auf Philosophie und Wissenschaft.

Insbesondere der arabische Gelehrte Averroës, der das Erkenntnisstreben der Philosophie gegen die Kritik der orthodoxen Asch'arīya-Theologen verteidigte, wurde in Europa eifrig gelesen. Während er sich innerhalb der islamischen Gelehrtenwelt kaum Gehör verschaffen konnte, wurde er von westlichen Gelehrten als Koryphäe geschätzt. Für seine Kommentare zu Aristoteles erhielt er in Europa den ehrenden Beinamen »Der Kommentator«. Averroës argumentierte, dass die Teile des Korans (oder auch Bibelstellen), die der Vernunft widersprechen –

z.B. die, nach denen Mohammed, aber auch Jesus und Maria leibhaftig in den Himmel gefahren sein sollen – allegorisch interpretiert werden sollten, anstatt sie unter allen Umständen wörtlich zu nehmen. Seine Schriften führten in der lateinischen Christenheit zu heftigen Kontroversen und Konflikten mit der Kirche – aber immerhin wurde überhaupt diskutiert! Genau dies ist das Kennzeichen der Scholastik: Argumente austauschen und sie entsprechend logischer, vernünftiger Gesetze, die bereits die antiken Denker formuliert hatten, auf ihren Wahrheitsgehalt untersuchen.

Frei von Dogmen war die Scholastik allerdings keineswegs. Ihre Hauptmethode war das deduktive Schließen[32], ausgehend von den »unumstößlichen Wahrheiten« der antiken Denker. Antiken Autoritäten wie Aristoteles begegnete man mit kompromissloser Verehrung. Diese »Christianisierung des Aristoteles« wurde v.a. von den Philosophen Albertus Magnus und seinem Schüler Thomas von Aquin vorangetrieben. Deren scholastische Denkart war zwar im Grunde kritisch-analytisch, doch gleichzeitig lehnten sie neues, empirisch gewonnenes Wissen ab, weil es über das Wissen der höchsten Autoritäten, der antiken Vorbilder Aristoteles und Platon, hinauszugehen drohte. So traten die Scholastiker kaum aus dem eigenen Kreis vordefinierter Wahrheiten heraus.

Dieser dogmatische Anteil der Scholastik konnte die intellektuellen Kräfte nur für kurze Zeit bremsen. Bereits im frühen 13. Jahrhundert gab es vereinzelte Stimmen, die die extreme Theorielastigkeit des scholastischen Wissenschaftsbetriebs heftig kritisierten. Ihr Ziel war eine stärkere Einbeziehung von empirischem Wissen, das die rein logisch-deduktiven Argumentationsmuster ergänzen sollte. Immer mehr europäische Gelehrte wagten ihre ersten Schritte mit der experimentellen Methode.

Robert Grosseteste beispielsweise beschrieb im frühen 13. Jahrhundert den Schall als eine vibrierende Bewegung, die von der Schallquelle ausgeht und das Trommelfell zum Vibrieren bringt. Hierdurch wird, wie er schreibt, »in der Seele eine Empfindung hervorgerufen«. Er führte auch Experimente zur Brechung und Reflexion von Licht durch, die ihn zum Verständnis der Farbentstehung führten. Allerdings gingen seine Erkenntnisse nicht über die Alhazens hinaus. Es ist unsicher, ob er zum damaligen Zeitpunkt überhaupt Kenntnis von Alhazens *Buch der Optik* hatte. Auch betonte Grosseteste die Bedeutung der Mathematik für die Naturerkenntnis.

Der englische Franziskanermönch Roger Bacon, ein Schüler Grossetestes, bezog sich stark auf das Konzept von Alhazens Experimentierkunst. Er führte Grossetestes optische Versuche weiter; dabei interessierte ihn ganz besonders der Vorgang des Sehens im Auge. Die Verwendung von Linsen führte ihn zur Erfindung der Brille. Er hielt ein flammendes Plädoyer für die experimentelle Methode und gegen die traditionelle deduktive Methode der Scholastiker:

»Es gibt zwei Wege, Wissen zu erwerben: durch rationale Ableitung oder Experimente. Der erste Weg führt zu Schlussfolgerungen, die wir für unumstößlich halten, doch vermag er den Zweifel nicht zu überwinden; der Geist ruht erst dann im Licht der Wahrheit, wenn er über das Experiment zu ihr gelangt.«[33]

Petrus Peregrinus de Maricourt führte Experimente zum Magnetismus durch und schrieb mit *Epistola de magnete* (1269) die erste Abhandlung über die Eigenschaften von Magneten. Mit der Beschreibung frei schwenkbarer Kompassnadeln schaffte er die Grundlage für den Kompass, ohne den die Entdeckungsreisen um Afrika herum und in die Neue Welt kaum denkbar waren.

William von Ockham schließlich führte das »Ockham'sche Rasiermesser« in das wissenschaftliche Denken ein: Von zwei gleichwertigen Hypothesen ist diejenige zu bevorzugen, die mit weniger Annahmen auskommt. Seinem Rasiermesser fällt u. a. die aristotelische Bewegungstheorie zum Opfer. Der antike Denker hatte postuliert, dass sich alle Dinge in einer natürlichen Ordnung befinden: Schweres befindet sich unten, Leichtes oben. Wenn ein Apfel vom Baum fällt und eine Luftblase im Wasser nach oben steigt, geschehen diese Bewegungen nur, weil so die Ordnung wiederhergestellt ist. War bisher ganz in der Tradition des aristotelischen Denkens die Kontinuität der Bewegung eines

Körpers nur durch direkte Wirkungen anderer Körper als möglich erkannt worden, so erklärte die neue »Impetustheorie« Bewegung nun durch die Vermittlung unkörperlicher, immaterieller Kräfte, die sich im bewegten Körper selbst befinden. Erst nachdem das aristotelische Dogma ausgeräumt war, war der Weg frei für das moderne Verständnis von Impuls und Trägheit.

DIE MORGENRÖTE DER MODERNE

Nichts beleuchtet den allgemeinen Aufschwung des geistigen Lebens und Lernens in Europa ab dem späten 12. Jahrhunderts besser als das schlagartige Entstehen der Universitäten, die aus den zu Abaelards Zeiten etablierten Wanderschulen als eine neue Schulform hervorgingen. Diese diente nicht mehr rein kirchlichen Ausbildungszwecken, sondern v. a. dem Erwerb und Austausch von Wissen.

Die ersten europäischen Universitäten entstanden in Bologna (1088), Paris (1160) und Oxford (1167). Damit begann die Aufholjagd der europäischen akademischen Einrichtungen gegenüber den Instituten in Kairo, Bagdad und Cordoba. Bis ins 15. Jahrhundert hielt das hohe Tempo der europäischen Universitätsgründungen an, denn das Umfeld wurde immer günstiger. Mit Latein als gemeinsamer Gelehrtensprache und dem Christentum als gemeinsamer kultureller Basis war ein einheitlicher »Denk-Raum Europa« entstanden. Nach der »hellenistischen Globalisierung« in der Antike und der Schaffung eines einheitlichen arabischen Kulturraums ab dem 7. Jahrhundert fand in Europa eine dritte, die »lateinische« Globalisierung, statt. Europaweit entstanden ein verbindlicher Bildungsstandard und ein Forum zur Entwicklung neuer Ideen.

Die Universitäten waren institutionalisierte Ausbildungsplätze einer neuen geistigen Oberschicht. Sie waren aber auch Diskussionsplattform für die zahlreichen antiken und arabischen Schriften, die von Bücherjägern in Bibliotheken aufgestöbert wurden und nun wieder verfügbar waren. Beide Aufgaben vertrugen sich nicht immer gut, denn wenn bisher unbekannte antike Schriften auf die intellektuelle Begabung von Studenten und Lehrern trafen, waren oft revolutionäre neue Ideen die

Folge. Deren Verbreitung war immer noch ein Balance-Akt angesichts des Widerstands kirchlicher Autoritäten. So wurden in den »Pariser Verurteilungen« von 1270 und 1277 zahlreiche Thesen des Averroismus und Aristotelismus durch den Bischof von Paris verboten. Auch Roger Bacon stand zu dieser Zeit einige Monate unter Hausarrest oder war sogar im Gefängnis. Doch mit der Zeit wurden die Universitäten unabhängiger von staatlicher oder kirchlicher Einflussnahme. Die geistige Erneuerung des Abendlandes war nicht mehr aufzuhalten.

Platon, Aristoteles, Peter Abaelard, Alhazen – sie und viele andere Genies bereiteten den Weg für das wissenschaftliche Denken im christlich geprägten Europa. Bis aber die Naturwissenschaften mit Newton, Leibniz und Co. im 17. Jahrhundert zu voller Blüte kommen und unser heutiges Leben prägen konnten, brauchten sie Stimulanzien: Eine solche war der Schwarze Tod im 14. Jahrhundert.

Krise bedeutet immer auch, dass etwas Neues sich Bahn brechen kann. Als der Schwarze Tod einen tiefgreifenden Wandel in der mittelalterlichen Gesellschaft Europas bewirkte, hatten die Philosophen und Naturwissenschaftler den Boden schon bereitet. Doch erst die Pest sorgte für die notwendige Erschütterung der bestehenden Glaubensgewissheiten, die zu einem Wechsel des mittelalterlichen Welt- und Menschenbildes führte. So wurde die schlimmste Katastrophe in der Geschichte Europas zum Wegbereiter der Renaissance – damit auch zu dem des Humanismus und zuletzt der wissenschaftlichen Revolution.

3 Eine Welt von Individuen – Wie eine verschollene antike Schrift die europäische Moderne beflügelte

Im Januar 1417 durchquerten der Italiener Gian Francesco Poggio Bracciolini und ein Gefährte – offenbar sein Diener – einsam die mitteldeutsche Winterlandschaft. Vor einiger Zeit wäre Poggio noch ganz anders gereist: als Sekretär des Papstes Johannes XXIII. war er ein großes Gefolge, Fahnen und andere Insignien der Macht gewohnt. Doch sein Arbeitgeber war nur einer von drei Päpsten, die gleichzeitig Anspruch auf den Stuhl Petri erhoben hatten. Auf dem Konstanzer Konzil war Johannes XXIII. von seinen Gegnern ausgetrickst worden und saß nun in Heidelberg gefangen – Poggio war also ohne Amt und Würden unterwegs.

Der Italiener reiste nicht im Auftrag der römischen Kurie, sondern in eigener Sache. Er gehörte einer kleinen und erlauchten Gruppe von Männern an, die sich Humanisten nannten. Sie teilten miteinander die Passion für die lateinische Sprache und für antike Schriftsteller wie Cicero, Seneca, Vergil, Ovid und Horaz. Weil nur wenige Schriften ihrer antiken Heroen im Umlauf waren, entwickelten die Gelehrten einen wahren Jagdtrieb nach verschollenen Handschriften. Sie wussten: Überall in Europa gab es in den Klosterbibliotheken noch den einen oder anderen Schatz zu entdecken.

Zuerst durchkämmten die Bücherjäger die italienischen Klöster, dann erweiterten sie ihr Suchgebiet auf die Länder nördlich der Alpen: Sie stöberten in französischen, deutschen und englischen Bibliotheken nach vergessenen Manuskripten. Auch Poggio verbrachte seine Zeit mit der Suche nach antiken Texten. So hatte er nur drei Jahre zuvor im Kloster von St. Gallen das verschollene Manuskript des römischen Architekten und Ingenieurs Vitruv aus dem 1. vorchristlichen Jahrhundert wiederentdeckt. Dieses sollte die Architektur der Renaissance (und später auch die des Barock und der Neuklassik) stark beeinflussen.

Poggio Bracciolini (1380–1459),
ital. Gelehrter und Humanist.

Gegenüber seinen Freunden hatte Poggio einen großen Vorteil: Er kannte sich in Kirchenkreisen aus und war gewandt im Umgang mit hochgestellten Persönlichkeiten. Es fiel ihm nicht schwer, unwillige Äbte zu überzeugen, ihm ihre Klosterbibliotheken zu öffnen.

Das Ziel der langen und beschwerlichen Reise durch den deutschen Winter war die Benediktinerabtei von Fulda. 500 Jahre zuvor, im 9. Jahrhundert, hatte der Gelehrte und Abt des Klosters, Rabanus Maurus, diese unterdessen bedeutendste Klosterschule Deutschlands gegründet. Viele Schriften hatte er kopieren lassen und in der Klosterbibliothek gesammelt. Die Fuldaer Bibliothek erwies sich tatsächlich als Schatztruhe. Poggio fand einige unbekannte Schriften, die ihm seine Freunde in Italien begeistert aus den Händen reißen würden: Texte eines verschollenen Dichters aus der Zeit Neros und Domitians, eines Astronomen, womöglich aus der Zeit des Augustus, und auch eine bisher unbekannte historische Darstellung der Geschichte des Römischen Reiches. Doch Poggio suchte gezielt nach etwas noch viel Aufregenderem. In ihm brannte die Hoffnung, dass ein ganz bestimmtes Werk den Zerfall des Römischen Reiches und die nachfolgenden Jahrhunderte aus Chaos und Zerstörung überlebt haben könnte, kopiert von Papyrus zu Papyrus, von Tierhaut zu Tierhaut.[34]

BEFREIT VOM STAUB DER JAHRHUNDERTE

Wir wissen nicht, ob Poggio einen Tipp bekommen hatte. Vielleicht war er auch in den Schriften des Rabanus Maurus auf einen Hinweis gestoßen, den andere übersehen hatten. Wir wissen jedoch, dass Poggio in Fulda schließlich in Händen hielt, wonach er gesucht hatte: das Werk eines Autors, der in nur sehr wenigen antiken Quellen erwähnt wurde und von dem bislang nur winzige Bruchstücke bekannt waren. Doch schon dieses Wenige genügte, um die Wissensgier der Humanisten anzustacheln. Denn sie ahnten: Die Schriften dieses antiken Autors waren reines Dynamit!

Der Name des Autors ist Titus Lucretius Carus, kurz: Lukrez, und der Titel der Schrift, die Poggio in Fulda aus einer staubigen Ecke holte, lautete: *De rerum natura* (»Von der Natur der Dinge«). Es handelte sich um eine Abschrift aus dem 9. Jahrhundert; seit Rabanus Maurus' Zeiten war sie nicht mehr kopiert worden. Und nun war Poggios Hand die Erste, die das umfangreiche Manuskript nach Jahrhunderten wieder berührte. Ein flüchtiger Blick von ihm genügte, um zu erkennen, dass Ovid recht gehabt hatte, als er der Nachwelt vom Genie des Lukrez berichtete:

> »Die Gedichte des erhabenen Lukrez werden erst dann vergehen, wenn ein einzelner Tag alle Welt vernichten wird.«[35]

Noch im Kloster ließ Poggio vom Werk des Lukrez eine Abschrift anfertigen und schickte sie seinem engsten Freund, Niccolò Niccoli, nach Florenz. Dieser war Kaufmann, bedeutender Kalligraf und ebenfalls leidenschaftlicher Sammler antiker Werke. Niccolò war begeistert vom Manuskript und fertigte sogleich eine weitere Abschrift des Textes an. Die von Poggio noch in Fulda in Auftrag gegebene Abschrift für Niccolò ist verschollen;

Titus Lucretius Carus (99–55 v. Chr.),
röm. Dichter und Philosoph.

auch das in Fulda verbliebene Originalmanuskript verschwand, vermutlich während einer Plünderung im Dreißigjährigen Krieg. Doch Niccolòs Abschrift ist bis heute erhalten geblieben.

Der Faden, der die Gedanken des Philosophen Lukrez mit unserer Zeit verbindet, ist sehr dünn, und es hat viele Momente gegeben, in denen er ganz hätte abreißen können. Poggio kam gerade noch rechtzeitig, um das Pergament für kommende Generationen zu retten. Nicht nur die einzigartige Schönheit des Versmaßes, sondern auch die Radikalität des Textes ging weit über das hinaus, was Poggio erwartet und erhofft hatte.[36]

EINE MÄCHTIGE STIMME AUS DER VERGANGENHEIT

Was wissen wir über Lukrez, dessen Werk im Jahr 1417 den ehemaligen päpstlichen Sekretär in so große Aufregung versetzte? Leider lautet die Antwort: nicht viel. Vom Leben des Lukrez ist kaum etwas überliefert. Weder kennen wir seine Herkunft noch seine soziale Stellung. Sein Beiname »Carus« könnte auf eine niedrige Herkunft hinweisen. Sein Werk hingegen lässt einen sehr hohen Bildungsstand vermuten. Im 4. Jahrhundert n. Chr. erwähnte ihn der Kirchenvater Hieronymus und benannte sein Geburtsjahr zwischen 93 und 96 v. Chr. Auch sagte er, dass Lukrez mit 44 Jahren durch Selbstmord starb, nachdem er durch die Einnahme eines Liebestrunks wahnsinnig geworden war.

Aber entspricht diese Anekdote den Tatsachen? Nicht nur die 400 Jahre, die zwischen Lukrez und Hieronymus liegen, lassen Zweifel aufkommen. Für die kirchlichen Autoritäten gab es, wie wir noch sehen werden, starke Beweggründe, Lukrez zu diskreditieren. Sicher überliefert ist neben der oben aufgeführten Lobpreisung durch Ovid nur ein Brief Ciceros an seinen Bruder Quintus im Februar 54 v. Chr., in dem er das Werk des Lukrez lobt und von einigen genialen Glanzstücken schwärmt.

Um Lukrez zu verstehen, müssen wir aus dem 1. Jahrhundert v. Chr. noch weitere 250 Jahre zurückgehen. Denn *De rerum natura* des Römers Lukrez ist die umfassende Darstellung und Weiterentwicklung der Philosophie des griechischen Denkers Epikur, der von 341 bis ca. 270 v. Chr. lebte. Sekundärquellen berichten von mindestens 40 Abhandlungen, darunter 37 Bücher seines Hauptwerks *Peri physeos*, »Über die Natur«. Doch so wie vom Werk des Lukrez waren zu Poggios Zeiten auch von den Gedanken Epikurs nur Bruchstücke bekannt. Denn die Feindseligkeit der christlichen Autoritäten gegen alles Heidnische hatte die Lehren Epikurs besonders schwer getroffen. Seine Schriften waren noch unnachgiebiger verfolgt und ausgelöscht worden als andere. Was ließ die Gedanken des griechischen Philosophen in den Augen der Kirchenväter so gefährlich erscheinen?

Es waren insbesondere zwei zentrale Thesen, die der christlichen Lehre diametral widersprachen: Anstatt jegliche Hoffnung und alle Sehnsucht auf Glück erst auf das Leben nach dem Tod im Jenseits zu setzen, betont das epikureische Denken das diesseitige individuelle Lebensglück und Seelenheil (der griechische Ausdruck dafür lautet *Eudaimonie*). Und: Es beschreibt die

Epikur (341–270 v. Chr.),
griech. Philosoph.

gesamte Wirklichkeit auf rein materialistische Weise, also unter Verzicht auf alles Transzendente oder Geistige.

Kein Wunder, dass die erstarkende christliche Kirche die Schriften Epikurs vernichtete, wo immer sie ihrer habhaft werden konnte. Auch die Manuskripte des Lukrez, der die Gedanken Epikurs weiterentwickelt hatte, wurden ausgemerzt. Die Ironie an der Geschichte ist, dass 2000 Jahre lang niemand dem heutigen, von den neuesten Erkenntnissen auf dem Gebiet der Physik getragenen Weltverständnis so nahe gekommen war wie diese beiden antiken Philosophen.

DIE NATUR DER DINGE

Der Kerngedanke der Philosophie Epikurs ist, dass sich alles, was es auf der Welt gibt, je gab und je geben wird, aus unvergänglichen, kleinsten Bauteilchen zusammensetzt. Weil sie nahezu unendlich klein sind, müssen es unfassbar viele sein. Für diese Grundteilchen hatten die Griechen ein eigenes Wort: *atomos*. Zuerst hatten Leukipp und sein weitaus bekannterer Schüler

Demokrit diese Idee entwickelt. Epikur und damit auch Lukrez übernahmen Demokrits atomistische Lehre und entwickelten sie in zahlreichen Details radikal weiter. Demokrit hatte noch zwischen materiellen und geistigen Atomen unterschieden; aus den geistigen Atomen sollte sich u. a. die menschliche Seele zusammensetzen. Epikur ging den entscheidenden Schritt weiter: Er erklärte nämlich die gesamte Wirklichkeit auf rein materialistische Weise.

Im Einzelnen besagte die von Lukrez weitergeführte Lehre Epikurs:

* Das ganze Universum besteht aus unveränderlichen Atomen und Leere und aus sonst nichts. Alles Existierende ist das Ergebnis der Bewegung und unterschiedlichen Verteilung dieser Atome in Raum und Zeit. Lukrez verwendet allerdings nicht explizit das Wort »Atom«, sondern findet dafür neue lateinische Worte wie »Urelemente«, »erste Dinge« oder »Keime der Dinge«.

* Diese Urelemente sind für das menschliche Auge unsichtbar, doch rein körperlich. Indem sie sich verschieden miteinander verbinden, entstehen alle sichtbaren Dinge, die sich jedoch, da sie Verbindungen sind, auch wieder auflösen können.

* Die Komplexität der Verbindungen aus diesen Atomen ist unvorstellbar. Aber wir Menschen sind durchaus in der Lage, Teile der konstitutiven Grundlagen dieser atomaren Ordnung, ihrer Strukturen und Gesetzmäßigkeiten zu erfassen.

* Die Natur hatte unendlich viel Zeit, um mit der Bewegung der kleinsten Teilchen zu experimentieren und so die Formen der heutigen Welt aus ihnen zu erzeugen.

* Wir Menschen sind keineswegs einzigartig, denn auch wir bestehen aus den gleichen Grundsubstanzen wie alles Anorganische, nur in einer anderen Zusammensetzung. Genauso wie alles andere in der Welt sind wir das Resultat einer langen Folge von Zufälligkeiten. Wir sind Lebewesen, die auftauchen und sich ihrer Umwelt anpassen können, überleben und sich reproduzieren, bis gewandelte Umweltbedingungen oder andere Umstände wieder zu ihrem Verschwinden führen.

- Das Universum hat keinen Schöpfer. Die Muster der Formentstehung folgen keinem überirdischen, göttlichen Plan, sondern nur den Regeln der Atome und ihrer Bewegung. Die Welt wurde nicht für irgendeinen geschaffen – schon gar nicht für den Menschen.

- Materielle Atome sind die Grundsubstanz alles Existierenden, also auch der geistigen Dinge. Daraus folgt unvermeidlich, dass auch die Seele materiell und damit sterblich ist und dass es kein Leben nach dem Tod gibt.

- Die Welt ist nicht vollständig deterministisch. Kleine Fluktuationen geschehen außerhalb jeglicher Kausalität. Konkret weichen die kleinsten Teilchen immer wieder ganz geringfügig, zu unvorhersagbarer Zeit an unvorhersehbarem Ort ein wenig von ihrer Bahn ab. Lukrez und Epikur sprechen von *declinatio* oder *clinamen*. Bei Euklid spielen diese zufälligen Abweichungen eine große Rolle, denn sie ermöglichen den freien Willen des Menschen. Ohne dieses *clinamen* wäre der Ablauf der Welt bis in die kleinste Facette vorherbestimmt.

- Die Erde ist nur ein Himmelskörper unter unendlich vielen anderen und damit auch nicht Mittelpunkt der Welt.

- Religionen sind abergläubische Täuschungen, die ihren Ursprung in unseren Ängsten, Begierden und unserem Unwissen haben. Lukrez schreibt: »Kein Ding entspringt durch göttlich wundersame Kraft jemals dem Nichts.« sowie: »Die Idee, Götter könnten das Schicksal von Menschen beeinflussen, ist absurd.«

- Die wahre Natur der Dinge zu erkennen, bedeutet keine Ernüchterung, Angst oder Sinnlosigkeit, sondern weckt vielmehr Staunen über die Schönheit der Natur und ihrer Strukturen. Dieses Staunen ist der wahre Quell der Philosophie und des mit dem Wissen darum verbundenen Glücks.

Trotz fehlender transzendenter Wirkungsprinzipien und der Zufälligkeit der menschlichen Existenz bieten Epikur und Lukrez ihren Anhängern mehr als nur eine »Lehre von der Natur«. Aus der Atomtheorie ergibt sich für Epikur zwangsläufig eine

Lebensphilosophie sowie eine Ethik: Niemand muss sich mehr fürchten vor dem Zorn irgendwelcher Götter, vor einem vorherbestimmten Schicksal oder dem Jüngsten Gericht. Epikurs Ethik sagt: Weil wir nur im Hier und Jetzt leben, sollten wir den Genuss bereits zu Lebzeiten suchen und so zu einem glücklichen und guten Menschen werden. Was hält uns davon ab, jeden Tag, jede Stunde, jeden Moment zu genießen? Das höchste Ziel des menschlichen Lebens ist die Steigerung des Lebensgenusses und die Verringerung des Leidens.

Soll das heißen, dass wir ungehemmt jeder sinnlichen Begierde nachgehen sollen? Besteht der Sinn des Lebens etwa nur aus körperlichen Annehmlichkeiten? V. a. die Feinde Epikurs brachten seine Lehre als ichbezogen und genusssüchtig in Verruf. Epikur meinte aber etwas ganz anderes. Er erkannte sehr genau, dass uns die Erfüllung sinnlicher Begierden kaum zum Glück führt. Jede Begierde nährt nur die nächste, und schnell finden wir uns in einem endlosen Kreislauf wieder, den auch immer fieberhaftere Lustbefriedigung nicht durchbrechen kann. Der Weg zu wahrem Frieden und Genuss im Geiste verläuft genau andersherum: Erst die Beherrschung der sinnlichen Gelüste führt uns zu wahrer Lebensfreude. Da Furcht und Schmerz ebenfalls unseren Seelenfrieden beeinträchtigen können, sind auch sie nach Möglichkeit zu vermeiden oder zu überwinden. Ähnliches gilt für Gerechtigkeit: Nicht das Profitieren auf Kosten anderer, sondern das Streben nach Gerechtigkeit und Großmut führt zum Seelenglück. Man könnte meinen, Epikur sei ein Schüler Siddhartha Gautamas, genannt »der Buddha«, gewesen.[37]

DER TEUFEL IN PERSON

In der römischen Gesellschaft des 1. vorchristlichen Jahrhunderts erfreute sich die epikureische Philosophie großer Beliebtheit. Teilweise war sie vereinfacht und missverstanden worden, sodass griechische Epikureer zuweilen als Verführer der Jugend aus Rom ausgewiesen wurden. Es gab aber auch bedeutende Weiterentwicklungen, allen voran die des Römers Lukrez. Eine Generation später machte Horaz die Lehren von Epikur und Lukrez in der frühen Kaiserzeit populär – und fasste deren Philosophie mit dem berühmten Satz *Carpe diem!* zusammen.

Bis ins frühe 3. Jahrhundert war die epikureische Tradition im Römischen Reich sehr lebendig. Erst mit dem Erstarken des Christentums setzte ihr Niedergang ein, denn die Kirchenväter stießen sich an der Betonung der Sinnesfreuden und denunzierten diese als Laster. Im 4. Jahrhundert konstatierte Kaiser Julian mit Befriedigung, dass das epikureische Schrifttum großenteils untergegangen war. Auch die mündliche Überlieferung verlor immer mehr an Bedeutung, im 5. Jahrhundert war sie endgültig verschwunden. In der lateinischsprachigen Welt des Mittelalters waren keine Texte Epikurs, Lukrez' oder anderer Anhänger mehr bekannt. Nur noch der Name Epikurs war geläufig – als Schimpfwort: Denn als »Epikureer« wurden theologische Gegner verunglimpft, deren Lebenseinstellung für den damaligen Geschmack nicht asketisch genug war.

Dies also war die Situation, in der Poggio Bracciolini den verschollen geglaubten Text des Lukrez fand. Nun konnten die Ideen Epikurs wieder auferstehen: Atheismus statt Gotthuldigung, Materie statt Geist, Naturgesetz statt kirchliches Dogma, individuelles Glück statt Massenreligion, Frohsinn statt Gottesfurcht, freier Wille statt Vorherbestimmung, Erkenntnisstreben statt Glaube. War die Welt schon bereit für diesen Sprengstoff?

EINE IDEE ZIEHT KREISE

Zunächst blieb *De rerum natura* ein Kuriosum. Nachdem beim Konstanzer Konzil 1418 ein ihm und seinen humanistischen Freunden wenig zugeneigter Papst, Martin V., gewählt worden war, war Poggio Bracciolini nach England gegangen. Erst 1422 kehrte er nach Italien zurück und forderte seinen Freund Niccolò zur Herausgabe des Manuskriptes auf. Er bekam es aber erst Jahre später. Niccolò hatte den Text insgesamt acht Jahre lang zurückgehalten. Was er oder Poggio von dem Text hielten, kann man nur ahnen. Über Lukrez hat sich Poggio nie öffentlich geäußert; die Ideen von Lukrez' Lehrmeister Epikur bezeichnete er in der Auseinandersetzung mit einem Rivalen klar als ketzerisch. Es scheint, dass Poggio die kirchenkonforme Linie beibehielt. Ob es ihm später leidtat, dass er die Schrift des Lukrez aufgestöbert hatte?

Lukrez' Ideen waren nun aber wieder in der Welt. Anfangs nur sehr langsam, dann immer schneller verbreitete sich der Text, zunächst in Florenz, der Wiege der Renaissance, dann in Italien und über dessen Grenzen hinaus. Bis heute sind ca. 50 handgeschriebene Exemplare aus dieser Zeit erhalten. Es muss ein Vielfaches dieser Zahl gegeben haben, bevor das Lukrez'sche Werk 1473 mithilfe der nur etwas mehr als zwanzig Jahre zuvor erfundenen Druckerpresse in einer ersten Printausgabe erschien.

Mit der gedruckten Ausgabe begann das epikureische Gedankengut immer stärker zu wirken. Der Individualismus und die Lebensbejahung, die auf das Glück eines jeden Einzelnen abzielt und sich damit stark von der damals herrschenden religiösen Ideologie abgrenzt, trafen den Nerv vieler Menschen. Die Lehren Epikurs fanden Eingang in die bedeutendsten Werke der Renaissance:

* Thomas Morus nahm Epikurs Gedanken, dass das Streben nach Glück Lebenssinn ist, in sein wohl bekanntestes Werk auf. 1516 erschien *De optimo rei publicae statu deque nova insula Utopia* (»Vom besten Zustand des Staates und der neuen Insel Utopia«), kurz: *Utopia*[38]. Morus entwickelte in seinem Werk sogar die Vorstellung, dass eine ganze Gesellschaft explizit auf epikureischen Prinzipien, Gesetzen und Institutionen gegründet werden könnte.
* Auch Giordano Bruno stand erkennbar unter dem Einfluss der Gedanken von Epikur und Lukrez, als er behauptete, dass es unzählige Sonnen gibt, um die auch Planeten kreisen, die ebenfalls Lebewesen beherbergen sollten. Mit dieser Weltsicht ging er noch über Kopernikus hinaus. Er ließ nicht davon ab, seine Meinung öffentlich zu machen, sodass er schließlich bei der Inquisition angezeigt wurde und 1600 auf dem Campo dei Fiori in Rom verbrannt wurde.
* Niccolò Machiavelli war deutlich vorsichtiger: Er kopierte das Gedicht für den eigenen Gebrauch, hütete sich jedoch davor, Lukrez jemals namentlich zu erwähnen.

Frontispiz von Lukrez' »De rerum natura«,
Buch VI.
Buchausgabe, 1563.

* Der französische Renaissance-Philosoph Michel de Montaigne zitierte in seinen *Essais* von 1580 Lukrez an Dutzenden Stellen und würdigte dessen Denken. Aber auch er wollte die katholische Orthodoxie nicht direkt herausfordern.

* Der große Isaac Newton schließlich schrieb in seinem Buch *Opticks* (1704) von den kleinsten Teilen der Materie, die unteilbar, hart und von bestimmter Größe und Form sind. Zwischen ihnen seien nur leerer Raum und anziehende und abstoßende Kräfte, die auf sie wirken. Newton erklärte, die Philosophie von Epikur und Lukrez sei »zwar alt, aber wahr« und von anderen »zu Unrecht zum Atheismus verdreht worden«[39].

Einen entscheidenden Einfluss übte das epikureische Denken auch auf einen Gelehrten aus, der 1623 in Florenz ein Werk veröffentlichte, in dem er behauptete, dass das »Buch der Natur in der Sprache der Mathematik geschrieben sei« und dass darin alle Philosophie zu finden sei. Die Gesetze des Irdischen seien mit denen des Himmels identisch und würden sich mithilfe des Verstandes sowie durch Beobachtungen bestimmen lassen. In diesem Buch ist auch die Rede davon, dass die Strukturen der Natur aus kleinsten Teilchen aufgebaut seien – der Autor nennt sie »minimi«. All dies sind direkte Referenzen zur Gedankenwelt von Epikur und Lukrez. Der Titel des Werkes lautet *Il Saggiatore* (»Der Prüfer mit der Goldwaage«), sein Autor ist Galileo Galilei.

Galilei hatte sich abgesichert, indem er sein Werk seinem Förderer Papst Urban VIII. widmete. Doch der Papst stand unter großem Druck, streng gegen die epikureischen Ketzereien vorzugehen. 1632 setzten die Jesuiten durch, dass die Kirche die Atomlehre strikt verbot und verdammte. Im gleichen Jahr wurde Galilei bei der römischen Inquisition angezeigt. Er hatte in der Zwischenzeit ein neues Werk verfasst, die *Dialogi* über die zwei wichtigsten Weltsysteme, das ptolemäische und das kopernikanische (*Dialogo di Galileo Galilei sopra i due Massimi Sistemi del Mondo Tolemaico e Copernicano*), mit dem er die katholische Kirche herausforderte. Offiziell stand nicht der Atomismus zur Anklage, sondern das heliozentrische Weltbild. Doch es gab, wie wir heute wissen, im Vatikan eine Liste mit als Häresie eingestuften Aussagen über Atome, die aus dem *Il Saggiatore* stammen.

DIE HEISENBERG'SCHE UNSCHÄRFERELATION DER ANTIKE

Oft ist es so, dass große Ideen an einem bestimmten Punkt der Weltgeschichte eine enorme Wirkung erzielen. Sie verändern die Sicht auf die Welt und damit den Lauf der Geschichte. Wenn sie ihren Beitrag geleistet haben, sind sie in die neue Geisteshaltung integriert – und damit praktisch unsichtbar. Die Lehren Epikurs und Lukrez' bilden eine erstaunliche Ausnahme. Über die Jahrhunderte gewannen ihre Gedanken immer weiter an Beachtung.

So beriefen sich die Philosophen der Aufklärung explizit auf Lukrez und seine naturalistischen Theorien. Insbesondere die

materialistischen Philosophen um die französischen Enzyklopä-
disten Julien Offray de La Mettrie und Paul Henry d'Holbach
nahmen in ihren aufklärerischeren Schriften auf Lukrez Bezug.
Denis Diderot leitete sein Hauptwerk »Zur Interpretation der
Natur« (*Pensées sur l'interprétation de la nature*) sogar mit einem Zitat aus *De rerum natura* ein. Lukrez diente ihnen allen
als starkes Pfund im Kampf gegen religiösen Dogmatismus und
für eine von religiösen Glaubenssätzen befreite Sicht auf die Natur und die menschliche Gesellschaft.

Auch Voltaire bezog sich in seiner Polemik gegen Religion,
Aberglaube und spirituellen Fanatismus immer wieder auf
Lukrez, u. a. in einer von ihm nachgestellten Korrespondenz
zwischen dem römischen Dichter Gaius Memmius und Cicero,
in dem Voltaire Lukrez heranzog, um gegen den (christlichen)
Aberglauben zu sprechen[40]. Der Aufklärungskönig und Voltaire-
Gastgeber Friedrich II. von Preußen war ein großer Verehrer
des Lukrez. Er trug angeblich stets eine Ausgabe von *De rerum
natura* mit sich, wenn er in den Krieg zog. In Schloss Sanssouci
ließ Friedrich der Große eine heute noch existierende Apollo-
Statue errichten, die das Buch des Lukrez in Händen hält.[41]

Auf der anderen Seite des Atlantiks wirkten die Ideen des
Lukrez ebenfalls: Thomas Jefferson, einer der Gründungsväter
der Vereinigten Staaten von Amerika und Autor der amerikanischen Unabhängigkeitserklärung, war bekennender Epikureer;
er besaß mindestens fünf Ausgaben von *De rerum natura*. Es
liegt somit auf der Hand, wie die berühmte Forderung nach dem
»Recht eines jeden Menschen auf Streben nach Glück« (*pursuit
of happiness*) in die amerikanische Unabhängigkeitserklärung
geraten ist. So wie Lukrez' Beiträge zu Physik und Philosophie
sind auch seine Ideen zur Entwicklung der Menschheitsgeschichte und zur menschlichen Psychologie erstaunlich modern.
Sie fanden Eingang etwa in das Denken von Charles Darwin,
Sigmund Freud und Karl Marx. Die Doktorarbeit des Letzteren
trug den Titel »Differenz der demokritischen und epikureischen
Naturphilosophie«.

Warum besitzt das Werk von Epikur und Lukrez bis heute
eine so starke Wirkung? Das liegt zum einen daran, dass es im-

mer wieder Denkrichtungen gibt, die einen gottgleichen Schöpfer postulieren. Ein Beispiel ist die Idee des *intelligent design*, die ein Gegenwurf zur eigentlich längst bewiesenen Evolutionstheorie ist. Sie gibt zwar vor, keinen religiösen Hintergrund zu besitzen, setzt aber irgendeine Intelligenz voraus, die das Leben auf der Erde ermöglicht haben muss. Vorstellungen wie diese hat Lukrez schon im 1. Jahrhundert vor unserer Zeitrechnung mit überzeugender Klarheit widerlegt.

Der zweite Grund ist, dass die Gedankenwelt von Epikur und Lukrez noch lange nicht ausgeschöpft ist. Immer wieder finden sich bislang unentdeckte Übereinstimmungen mit den neuesten wissenschaftlichen Erkenntnissen. So enthält das Werk des Lukrez Ansätze einer Vorstellung von Antimaterie:

> »Übrigens schwärmen im Raum viel Körperchen, die mit den Dingen
> Keinen Verein erhalten und ausgeschlossen von diesem,
> Nie zu gemeinsamem Trieb zusammengesellen sich können.«[42]

Die Vorstellung der Relativität der Zeit findet sich in den folgenden Versen des Lukrez:

> »Auch besteht für sich die Zeit nicht. Selber die Dinge
> Geben uns erst den Begriff von dem, was früher geschehen,
> Was jetzt wirklich geschieht und was in der Folge noch sein wird.
> Keiner hat an und für sich die Zeit jemals noch empfunden,
> Ganz von der Dinge Bewegung getrennt, in friedlicher Ruhe.«[43]

Kein Wunder, dass wir in der Reihe begeisterter Lukrez-Anhänger auch Albert Einstein finden, der es sich nicht nehmen ließ, zur Lukrez-Übersetzung von Hermann Diels von 1924 ein Vorwort zu schreiben.

Und dann sind da noch die bereits erwähnten zufälligen Sprünge in der Atombewegung, die *declinatio* oder *clinamen*, die nach Lukrez das Entstehen von komplexeren materiellen Strukturen, aber auch den freien Willen des Menschen ermöglicht. Hier lässt sich nicht nur eine Referenz auf die Heisenberg'sche Unschärferelation und die Quantensprünge in der Quantenphysik erkennen, die ja ebenfalls eine grundsätzliche Unbestimmtheit in der Mikrowelt beschreibt, sondern auch ein Bezug auf das brandaktuelle philosophische Thema der Freiheit des menschlichen Geistes.

Lukrez hat eine bedeutende Fährte für die Erforschung der Natur gelegt, die bis in die heutige Zeit reicht. Dass er sich der Bedeutung seiner Gedanken sehr wohl bewusst war, zeigt sich in den Versen, in denen er den Politiker Memmius mahnte:

»Vieles vermocht' ich dir noch zusammenzuscharren, um hierdurch
Unserer Lehre Beweis durch weitere Gründe zu stärken.
Aber dem spürsamen Geiste genügen auch diese geringen
Spuren der Fährte bereits, um das übrige selber zu finden.
Denn wie im Waldesrevier die Doggen mit witternder Nase
Häufig die Lager des Wildes, die laubverdeckten, erspüren,
Wenn sie nur erst einmal auf die sichere Fährte gelangt sind,
So wirst selber du nun bei derlei Fragen imstand sein,
Eins aus dem andern zu lernen und in die verborgenen Winkel
Einzudringen, um hieraus hervorzuziehen die Wahrheit.«[44]

4 Die beiden Bacons – Vom Experiment zum Fortschrittsoptimismus

»Nimm sieben Teile Salpeter, fünf Teile Haselholzkohle und fünf Teile Schwefel.« Mit dieser einfachen Mischung lassen sich Donner und Blitz erzeugen, schrieb 1267 der Franziskanermönch Roger Bacon. Er wusste, welchen Wissensschatz er besaß. Damit die Formel nicht in falsche Hände gelangte, verschlüsselte er seinen Text teilweise. Nun hieß es: *Sed tamen salis petrae, luru mone cap urbre, et sulphuris, et sic facies tonitrum, scias artificium.* Der Satzteil *luru mone cap urbre* macht keinen Sinn, diese Worte gibt es im Lateinischen gar nicht. Nur Eingeweihte erkennen, dass sie ein Anagramm aus *carbonum pulvere* sind – Holzkohlenpulver.

Bacons Rezept für Schießpulver ist der älteste Beleg über die Kenntnis der explosiven Kraft in Europa – es sollte die Welt verändern. Praktisch über Nacht wurde damit die Kriegsführung auf den Kopf gestellt. Das systematische Töten auf Distanz war zwar schon mit Pfeil und Bogen möglich gewesen, doch dazu hatte man gut ausgebildete Bogenschützen gebraucht. Nun konnte jeder Bauerntölpel in kürzester Zeit lernen, wie man eine Muskete lädt und abfeuert, und mit einem einzigen Schuss einen in langen Jahren in der Waffenkunst trainierten und in einer kostbaren Rüstung steckenden Ritter ausschalten. Ritter waren zwar auch schon vor dem Einsatz von Musketen und Mörsern so manches Mal in Bedrängnis geraten, wenn sie gegen gut organisierte Fußtruppen kämpfen mussten. Doch mit dem Siegeszug des Schießpulvers spielte die vormals so mächtige gepanzerte Kavallerie in militärischen Auseinandersetzungen kaum noch eine Rolle. Auch der Städtebau veränderte sich. Stadtmauern boten nur noch Schutz, wenn sie meterdick verstärkt wurden. Die Zeit der hohen Wehrtürme war vorbei, ein einziger gut gesetzter Schuss aus einer Kanone konnte sie zertrümmern.

Feuerwaffen sind einer der machtvollsten Einzelfaktoren, die die Weltgeschichte je beeinflusst haben. Sie beendeten den

Roger Bacon (ca. 1219/20–1292),
engl. Philosoph und Wissenschaftler.

Hundertjährigen Krieg mit dem Sieg der Franzosen über die Engländer. V. a. aber war der Aufstieg Europas zum militärisch und wirtschaftlich führenden Kontinent vom Explosionsdonner dieser Waffen begleitet. Sie sicherten noch Jahrhunderte später die militärische Überlegenheit der europäischen Eroberer über die Völker in Amerika, Afrika und später in Asien.

VERSCHLUNGENE WEGE

Woher der Mönch Roger Bacon sein Wissen über das Rezept und die Wirkung der Schießpulvermischung nahm, ist umstritten. Bekannt ist, dass bereits im Jahr 671 Kallinikos aus Heliopolis das »Griechische Feuer« aus Kolophonium, Schwefel und Salpeter erfunden hatte. Es handelte sich allerdings nicht um einen explosiven Stoff, bei dem sich die Verbrennungsgase blitzartig ausdehnen, sondern um einen sogar auf Wasser wirksamen Brandsatz. Er spielte über lange Zeit eine entscheidende Rolle bei der Verteidigung Konstantinopels gegen die immer wieder vordringenden arabischen Flotten. Erst 1453 gelang es Sultan Mehmed II., die Stadt zu erobern.

Der älteste Sprengstoff der Welt wurde wahrscheinlich in China entwickelt. Das Buch *Wu Ching Tsung Yao* (»Sammlung der wichtigsten Militärtechniken«) von 1044 erwähnt salpeterhaltige Brandsätze und eine Rezeptur für Schwarzpulver. Allerdings ist dieses Buch nur in seiner frühesten Kopie von 1550 aus der Ming-Zeit überliefert. Es könnte sein, dass die Vermerke zu den brennenden und explodierenden Mischungen später hinzugefügt wurden.

Möglicherweise gelangte das Wissen über explosive Stoffe von China entlang der Seidenstraße in den arabischen Raum. Der syrische Autor Hassan ar-Rammah beschrieb in den 1280er-Jahren in seinem Buch über berittenen Kampf und den Einsatz von Kriegsmaschinen (*Al-Furusiyya wa al-Manasib al-Harbiyya*) die Herstellung von Schwarzpulver inklusive der erforderlichen Reinigung des dazu benötigten Salpeters. Auch der 1241 Südosteuropa erreichende Mongolensturm könnte das Rezept nach Europa gebracht haben. Es existieren Berichte, dass die asiatischen Krieger bei der vernichtenden Schlacht gegen die Ungarn bei Muhi Schießpulver eingesetzt haben. Vielleicht war es aber auch ein Gelehrter, der das Geheimnis des Schießpulvers in Europa einführte: Der Franziskaner Wilhelm von Rubruk war einer der ersten Europäer, der einige Zeit im fernen Asien verbrachte. 1253 war er von Konstantinopel aus zur mongolischen Hauptstadt Karakorum aufgebrochen, um die Kultur des Reitervolkes zu studieren. 1255 kehrte er zurück ans Mittelmeer. Wir wissen, dass Roger Bacon Rubuks Reisebericht gelesen hat.

Dass es gerade Bacon war, der das Rezept für Schießpulver wo auch immer aufgelesen und schriftlich festgehalten hat, ist kein Zufall. Er war der wohl gebildetste und wissensdurstigste Mensch seiner Zeit. Mit nie erlahmender Neugier und großer Unvoreingenommenheit begegnete er den Phänomenen dieser Welt. So groß die Sprengkraft des von ihm niedergeschriebenen Rezepts für Schießpulver buchstäblich auch war – eine nicht minder explosive Wirkung hatte sein philosophisches Denken.

IN DIE NESSELN GESETZT

Der um 1220 im englischen Somerset geborene Roger Bacon gilt als einer der bedeutendsten Vertreter der Spätscholastik. Von seinen Anhängern wurde er *doctor mirabilis* genannt, »bewundernswerter Lehrer«. *Mirabilis* kann aber auch »merkwürdig« bedeuten. Auch diese Bezeichnung traf auf Bacon zu, denn seine Ansichten lagen weit entfernt vom scholastischen Mainstream.

Bacon hatte Griechisch und Arabisch gelernt und las die antiken Werke im Original. Kaum einer der anderen europäischen Gelehrten verfügte über diese Fähigkeiten – sie mussten sich deshalb mit den teilweise sehr ungenauen Übersetzungen zufriedengeben. Dass Bacon seinen Kollegen explizit das Erlernen der arabischen Sprache empfahl, machte ihm keine Freunde. Die Professoren und Doktoren waren Kritik dieser Art nicht gewöhnt. Außerdem tobten gerade die Kreuzzüge, und die christlichen Festungen im Heiligen Land kämpften um ihr Überleben.

Roger Bacon war ein glühender Anhänger des arabischen Naturforschers Alhazen, dessen Schriften damals im Abendland noch fast unbekannt waren. Sein Ziel war es aber, »die Muslime in der Naturbeherrschung zu besiegen«. Dass er keinen Hehl daraus machte, dass die arabischen Gelehrten in Fragen der Naturerkenntnis sehr viel weiter waren als die europäischen Kollegen, erhöhte nur Bacons Unbeliebtheit.

Von der damals noch üblichen blinden Anhängerschaft an antike Autoritäten und die Lehren der Kirchenväter grenzte Bacon sich deutlich ab. V. a. von philosophischen Haarspaltereien hielt er nicht viel. Die extreme Theorielastigkeit und fehlende empirische Grundlage des scholastischen Wissenschaftsbetriebs kritisierte er ungewöhnlich scharf.

In den griechischen Originalschriften von Aristoteles bzw. in den arabischen Übersetzungen fand Roger Bacon die oft überlesene oder ungenau ins Lateinische übertragene Forderung, man müsse Fakten sammeln, bevor man zu wissenschaftlichen Wahrheiten kommen könne. Diese Ansicht stand diametral der von Bacons Zeitgenossen entgegen, die die Wahrheit allein mit dem Denken erfassen wollten.

Deshalb vertrat Roger Bacon – anders als Peter Abaelard – die Ansicht, dass nicht nur die disputierende Vernunft über Wahrheiten entscheiden sollte, sondern v. a. die direkte Beobachtung. Die scholastischen Philosophen seiner Zeit stützten sich zumeist auf die Autorität von Kirchenvätern wie den heiligen Augustinus sowie auf Werke von Platon und Aristoteles. Was von den antiken Denkern überliefert war, wurde als unumgängliche Prämisse für jede weitere Folgerung angesehen. Roger Bacon war der erste abendländische Denker, der dieser sehr begrenzten philosophischen Methode zur Naturerkenntnis die empirische Methode zur Seite stellte. Dass er auf eigene Erfahrungen setzte, machte ihn zu einem sehr frühen europäischen Fürsprecher der modernen wissenschaftlichen Methode. Bis sich diese Methode, auf eigene Beobachtungen zu vertrauen, in der Gelehrtenwelt endgültig durchsetzte, sollten allerdings noch 300 Jahre vergehen.

Bacon forderte eine Reform des theologischen Studiums. Das Studium der Heiligen Schrift sollte in der griechischen Originalsprache erfolgen. Neue Fächer im universitären Curriculum sollten sein: Optik, Astronomie (einschließlich der Astrologie und der für ihre Nutzung notwendigen Geografie), Mechanik der Gewichte (wahrscheinlich meinte er das, was wir heute als Mechanik bezeichnen; dieser Teil seines Hauptwerkes ist leider verloren gegangen), Alchemie, Landwirtschaft (einschließlich Botanik und Zoologie), Medizin, »experimentelle Wissenschaft« und Wissenschaftsphilosophie. Letztere sollte die anderen Wissenschaften leiten und begründen.

All diese Ansichten vertrat Roger Bacon kompromisslos – und eckte deshalb überall an. Seine Angriffe auf die gängige philosophische Praxis nährten sogar den Verdacht, dass seine Lehre häretisch sei. Den größten Teil seines Lebens stand Roger Bacon deshalb unter strenger Aufsicht der Kirche. Ab 1260 benötigte er die Erlaubnis seiner Oberen im Franziskanerorden, um zu publizieren. Trotzdem gelang es ihm, den französischen Kardinal Guy de Foulques für seine Ideen zu interessieren. Als de Foulques 1265 zum Papst gewählt wurde, besaß Bacon in ihm einen mächtigen Schirmherren und Förderer. Doch sein Glück währte nur drei Jahre: 1268 starb Papst Clemens IV., Bacons

Sonderstatus endete, und er stand wieder unter der strengen Aufsicht seiner Ordensoberen. Die Jahre zwischen 1278 und 1292, bis kurz vor seinem Tod, war er unter Arrest gestellt.

Roger Bacon kämpfte zeit seines Lebens einen schier aussichtslosen Kampf gegen die Scholastik. Dabei durchschaute er genau, warum ihm so viele Steine in den Weg gelegt wurden. In seinem 840-seitigen philosophischen Hauptwerk *Opus Maius* führt er die Gründe der menschlichen Ignoranz (*causae erroris*) aus, die uns Menschen daran hindern, ein tieferes Wissen über die Natur zu gewinnen. Insgesamt vier der von ihm genannten Hindernisse (*offendicula*) besitzen auch heute noch eine erstaunliche Aktualität.

- Respekt vor Autoritäten: Wer die Lehre von Autoritäten kritiklos übernimmt, gerät in Gefahr, sich neuerem Wissen zu verschließen.
- Die Macht der Gewohnheit: Nur weil etwas immer so war, heißt das nicht, dass es nicht anders sein kann.
- Abhängigkeit von der Meinung der Menge: Was viele Menschen ständig wiederholen, halten wir für wahr. Dabei ist das, was die Mehrzahl meint, in Bezug auf die Wahrheit von geringer Relevanz.
- Die Unbelehrbarkeit unserer natürlichen Sinne: Wir misstrauen unseren Sinneserfahrungen und verschließen unsere Augen, wenn etwas unserer vorgefassten Meinung widerspricht.

VOM WISSEN ZUR ANWENDUNG

Aus seinem Studium arabischer und griechischer Schriften sowie eigenen Beobachtungen hatte sich Bacon ein für seine Zeit ungewöhnlich reiches Wissen angeeignet. Sein *Opus Maius* enthält Ausführungen über Mathematik, Optik, Alchemie und Astronomie, darunter auch Theorien zur Position und Bewegung der Himmelskörper. Der Schwerpunkt seines Interesses liegt eindeutig auf dem, was man sehen und erfassen kann, ein Teil dieses Werkes (die Sektion *De Scientia Experimentali*) ist sogar direkt der »Wissenschaft des Experimentes« gewidmet. Hier schrieb er:

»In den Naturwissenschaften kann man ohne Erfahrung und Experiment nichts Zureichendes wissen. Das Argument aus der Autorität bringt weder Sicherheit, noch beseitigt es Zweifel. [...] Mittels dreier Methoden können wir etwas wissen: durch Autorität, Begründung und Erfahrung. Die Autorität nützt nichts, wenn sie nicht auf Begründung beruht: Wir glauben einer Autorität, sehen aber nichts ihretwegen ein. Doch auch die Begründung führt nicht zu Wissen, wenn wir nicht ihre Schlüsse durch die Praxis (des Experiments) überprüfen. [...] Über allen Wissenschaften steht die vollkommenste von ihnen, die alle anderen verifiziert: Es ist das die Erfahrungswissenschaft, die die Begründung vernachlässigt, weil sie nichts verifiziert, wenn nicht das Experiment ihr zur Seite steht. Denn nur das Experiment verifiziert, nicht aber das Argument.«[45]

Auch die Bedeutung der Mathematik für die Naturbeschreibung erkannte Bacon bereits sehr genau, einer der Teile in seinem Hauptwerk trägt den Titel »Der Nutzen der Mathematik in der Physik« (*Mathematicae in Physicis Utilitas*).

Insbesondere das Gebiet der Optik hatte es ihm angetan. Im fünften Teil seines Buches diskutiert Bacon die Anatomie des Auges und des Gehirns sowie die Physiologie des Sehens. Er wollte wissen, wie sich das Umgebungslicht sowie die Entfernung, Größe und Position der betrachteten Objekte auf das Sehen auswirken. Er untersuchte auch das direkte und reflektierte Sehen, die Wirkungsweise von Spiegeln und Linsen, den Effekt der Lichtbrechung und die Entstehungsweise eines Regenbogens. Bacons Versuche orientierten sich v. a. an seinem großen Vorbild Alhazen und dessen Buch *Schatz der Optik*. Damit war er der erste Europäer, der es dem großen arabischen Gelehrten gleichtat und zu experimentieren begann. In einem übertraf er seinen Mentor sogar noch: Bacon machte sich Gedanken darüber, wie man das gewonnene Wissen anwenden könne. Mit Sicherheit hatte Alhazen gesehen, wie Glaslinsen das Gesehene verformen. Doch es war Bacon, der einen Schritt weiter ging und die Brille erfand.

In Roger Bacons Betrachtungen zur Optik finden sich sogar Beschreibungen eines Teleskops:

»Wir können transparente Körper formen und sie so anordnen, dass die Strahlen in jede gewünschte Richtung reflektiert und gebogen werden, und unter jedem gewünschten Winkel können wir das Objekt in der Nähe oder in der Ferne sehen ... So könnten wir auch die Sonne, den Mond und die Sterne hier unten von der Nähe sehen.«

Auch erkannte Bacon, wie ein Mikroskop funktionieren würde. Beide Instrumente konnten erst im frühen 16. Jahrhundert hergestellt werden, als die Fertigung ausreichend genau geschliffener Gläser möglich wurde.

Dass Roger Bacon die Relevanz der empirischen Erfahrung betonte, machte ihn zum Vorgänger seines Namensvetters, des englischen Wissenschaftsphilosophen Francis Bacon, der 300 Jahre nach ihm lebte und im späten 16. Jahrhundert aus der mehr oder weniger zufälligen Aneinanderreihung einzelner Versuche die wissenschaftlich belastbare, experimentelle Methode entwickelte und damit das philosophische Fundament für die modernen Naturwissenschaften schaffen sollte.

DIE ERFINDUNG DER NATURGESETZE

Francis Bacon wurde 1561, 18 Jahre nach Kopernikus' Tod, geboren und war damit ein Zeitgenosse Galileo Galileis und Johannes Keplers. Sein Vater war Großsiegelbewahrer und sein Onkel Schatzkanzler; von Geburt an lebte Francis also im Zentrum der politischen Macht Englands. Wie Kopernikus studierte Francis Bacon Medizin und Jura, dies am berühmten Trinity College in Cambridge. Nach einem Aufenthalt in Frankreich ließ sich Bacon im Alter von 20 Jahren ins englische Parlament wählen; mit 21 Jahren wurde er als Anwalt zugelassen. Es war der Beginn einer politischen Karriere mit zahlreichen Höhen und Tiefen, Intrigen und Verrat, Siegen und Niederlagen.

In der 1590er-Jahren wurde Bacon Vertrauensmann und Günstling von Robert Devereux, dem zweiten Earl of Essex. Einige Jahre später ermittelte er dann aber im Auftrag von Königin Elizabeth I. gegen seinen ehemaligen Förderer wegen Hochverrats, was 1601 zu dessen Verurteilung und Hinrichtung führte. Von Stund' an war Francis Bacon als Opportunist und charakterloser Karrierist abgestempelt; mit 40 Jahren schien seine Laufbahn am Ende zu sein. Erst unter Elizabeths Nachfolger Jacob I. gelang es ihm, in der Politik wieder Fuß zu fassen und ganz in der Familientradition zu höchsten Ämtern aufzusteigen: Über die Stationen Generalstaatsanwalt und Großsiegelbewahrer erreichte er 1618 den Rang des Hohen Lordkanzlers.

Dieser Höhenflug nahm ein abruptes Ende. Nachdem Francis Bacon sich hoch verschuldet hatte, gelang es seinen Feinden, ihn vor einem parlamentarischen Ausschuss wegen fast zwei Dutzend verschiedener Korruptionsfälle anzuklagen. Das Parlament verbot Bacon, in Zukunft ein Amt oder einen Sitz im Parlament einzunehmen. Damit war er politisch erledigt. Die letzten fünf Jahre seines Lebens widmete Francis Bacon seinen Studien. Ironischerweise war es nicht die Politik, sondern die forschende Tätigkeit, die ihn für kommende Generationen unvergessen machen sollte.

1620 publizierte Francis Bacon sein wohl einflussreichstes Werk, das *Novum Organum Scientiarum* (»Neues Werkzeug der Wissenschaften«). Vieles, was Francis Bacon in diesem Werk anspricht, hatte zuvor schon Roger Bacon gesagt: So bezog er gegen die scholastische Tradition Stellung, die den Wert eigener Erfahrungen nicht anerkennt und sich lieber auf den Kanon der antiken Philosophen und frühchristlichen Kirchenväter verlässt – drei Jahrhunderte nach Roger Bacon fand Francis Bacon also immer noch dieselben verstaubten Argumente vor wie vor ihm Roger Bacon. Francis Bacon forderte, dass die Erfahrung und das Experiment die Grundlagen aller zukünftigen Naturwissenschaften sein sollten, damit sich die Gelehrtenwelt endlich vom Denken des Altertums und des Mittelalters lösen konnte. An die Stelle der Buchgelehrsamkeit des Mittelalters sollte die aktive Erforschung der Naturphänomene treten. Ausgehend von auf Beobachtung beruhenden Tatsachen sollten »induktiv« (das lateinische *inducere* bedeutet »hinführen«) allgemeine Gesetze formuliert werden. Theorien sollten sich also immer auf die Erfahrung begründen.

Alter Wein in neuen Schläuchen, könnte man sagen. Doch nach 300 Jahren waren diese Forderungen immer noch »uner-

Francis Bacon (1561–1626),
engl. Philosoph und Staatsmann.

hört«. Sogar die vier Gründe für die Ignoranz und die Vorurteile der Menschen, die Roger Bacon im Mittelalter zusammengefasst hatte, wiederholte Francis Bacon. Diese beschrieb er in seiner Idolenlehre, wobei er »Idole« wie folgt definierte:

> »Die Idole und falschen Begriffe, welche vom menschlichen Verstand schon Besitz ergriffen haben und tief in ihm wurzeln, halten den Geist der Menschen [...] in Beschlag.«

»Idole« sind in ihrer ursprünglichen Bedeutung Trugbilder. Sie stellen für Francis Bacon besonders effektive Hindernisse der Erkenntnis dar, die es zu überwinden gilt. Er kategorisierte diese Idole wie folgt:

> »Vier Arten von solchen Idolen halten den menschlichen Geist gefangen. Ich habe sie der besseren Darstellung wegen mit Namen versehen; die erste Art soll als Idol des Stammes (idola tribus) bezeichnet werden; die zweite als Idol der Höhle (idola specus); die dritte als Idol des Marktes (idola fori); die vierte als Idol des Theaters (idola theatri).«

- Die *idola tribus* sind uns Menschen von Geburt an mitgegeben. Denn unsere Sinnesorgane zeigen uns die Natur nicht so, wie sie wirklich ist, sondern nur entsprechend unserer menschlichen Wahrnehmungsmöglichkeiten.[46]
- Die *idola specus* sind die Verzerrungen, die wir aufgrund unserer Erziehung, unseres Charakters und allgemein des Umgangs mit anderen Menschen sowie Büchern in uns tragen.
- Die *idola fori* entstammen der Sprache, derer wir uns bedienen. Sie führt leicht zu gravierenden Missverständnissen in der Kommunikation.
- Die *idola theatri* sind die gefährlichsten: Sie entsprechen veralteten Traditionen, überholten Autoritäten und philosophischen Irrlehren.

Alles schon mal dagewesen, könnte man sagen. Warum sehen dann Wissenschaftshistoriker im *Novum Organum* Francis Bacons den kulturhistorischen Wendepunkt zwischen mittelalterlichem Denken und neuzeitlicher methodischer Naturforschung?

VON AMEISEN, SPINNEN UND BIENEN

Die Methode, die Francis Bacon im Angesicht dieser Irrtumsquellen in unserem Geist vorschlägt, beginnt mit der Beschreibung der Anforderungen an die sorgfältigen, systematischen Beobachtungen, die notwendig sind, um qualitativ hochwertige Fakten zu erzeugen. Basierend auf diesen schließt man mittels Schlussfolgerung (Induktion) auf Axiome. Genau das hatte schon Aristoteles unternommen; doch anders als der antike Denker fordert Bacon, nicht über das hinaus zu verallgemeinern, was die Fakten wirklich zeigen.

Genau darin lag der große Nachteil der traditionellen philosophischen Methode, Wissen zu sammeln: Sie beruhte oft auf zu wenigen Fakten, die munter durch unbewiesene Schlussfolgerungen und metaphysische Vermutungen ergänzt wurden, die dann nicht mehr hinterfragt wurden. Selbst wenn sich Theorien zuletzt als korrekt erwiesen, lagen ihnen meist unzulässige Verallgemeinerungen von einigen wenigen, beiläufig gesammelten Beobachtungen zugrunde.

Der Weg führt also von den beobachteten Fakten zur Theorie. Doch damit ist der Prozess des Wissenserwerbs noch nicht beendet. Der nächste Schritt ist die Sammlung zusätzlicher Daten, aus der entweder neue Axiome gefolgert und alte verworfen werden oder die bestehenden bestätigt werden. Denn anders als die klassische aristotelische Philosophie behauptete, können wir uns über die Gültigkeit unserer Schlussfolgerungen (Axiome) niemals ganz sicher sein. Eine neue Beobachtung, die unseren Axiomen widerspricht, kann diese zu Fall bringen. Berühmt geworden ist das Beispiel vom schwarzen Schwan – eine einzige Sichtung genügt, und die Theorie, dass es nur weiße Schwäne gibt, ist hinfällig.

Den Anspruch, echtes, solides Wissen aufzubauen, können wir auch heute nur erfüllen, indem wir den ersten und den zweiten Schritt immer wieder neu durchlaufen. Schlussfolgerungen und abgeleitete allgemeine Gesetze werden stets hinterfragt, getestet und gegebenenfalls erneuert, die entstehende Wissensbasis kann durch beobachtete Fakten und empirische Daten immer besser abgesichert werden[47]. Wichtig ist also die Kombination aus (1) Beobachtung und (2) vorsichtigem Schlussfolgern.

Francis Bacon bezeichnete die reinen Sammler von Beobachtungsfakten als Ameisen, die nichts verstehen – ein klarer Verweis auf Aristoteles. Diejenigen jedoch, die ihre Erkenntnis nur aus logischen und metaphysischen Schlüssen ziehen – ein ebenso klarer Verweis auf Platon – waren für Bacon »Spinnen«: Sie spinnen logische Verknüpfungen (»Hirngespinste«), in denen sie die Realität nicht einzufangen vermögen. Bienen kombinieren beides: Sie fliegen hinaus und sammeln Material, das sie dann zu »nützlichen Werken« verarbeiten.

So schrieb Bacon im »Neuen Organon«[48]:

»Die, welche die Wissenschaften bearbeiteten, waren entweder Empiriker oder Dogmatiker. Jene sammeln und verbrauchen nur, wie die Ameisen; Letztere aber, welche mit der Vernunft beginnen, ziehen wie die Spinnen das Netz aus sich selbst heraus. Das Verfahren der Bienen steht zwischen beiden; diese ziehen den Saft aus den Blumen in Gärten und Feldern, aber behandeln und verdauen ihn durch eigene

Kraft. Ähnlich ist das Geschäft der Philosophie; es stützt sich nicht ausschließlich oder hauptsächlich auf die Kräfte der Seele, und es nimmt den von der Naturkunde und den mechanischen Versuchen gebotenen Stoff nicht unverändert in das Gedächtnis auf, sondern verändert und verarbeitet ihn im Geiste. Deshalb können auf das engere und festere Bündnis beider Vermögen des versuchenden nämlich und des denkenden, was bis jetzt noch nicht bestanden hat, die besten Hoffnungen gebaut werden.«

Mit Bacons Methode gelingt es den Wissenschaftlern, von einzelnen Erfahrungen in vielen Schleifen stetig und allmählich zu Grundsätzen zu kommen (später sollte man von »Naturgesetzen« sprechen[49]). Wichtig ist bei diesem Procedere die Skepsis. Auch wenn die Versuchung groß ist, nur die Erkenntnisse zu berücksichtigen, die für eine aufgestellte Theorie sprechen, müssen ganz besonders die Ergebnisse von Experimenten berücksichtigt werden, die nicht mit der Theorie übereinstimmen.

Beobachtungsgabe, Fantasie und messerscharfer Verstand sind vonnöten, um von den einzelnen Erfahrungen allmählich zu den allgemeingültigen Gesetzen der Natur zu kommen. Einerseits wird der Wissenschaftler zum Künstler, der seine Theorien (er-)finden muss, um die Natur zu erklären, andererseits muss er sich mit großer Disziplin der Beobachtung und dem Ausgang seiner Experimente unterwerfen. Eine zufriedenstellende Theorie muss auch die kleinen Unregelmäßigkeiten, die geringsten Abweichungen einfangen und erklären. Gelingt ihr dies nicht, so muss die Theorie hinterfragt und ergänzt werden. Die Wissenschaft befindet sich deshalb in steter Bewegung, die zwar für den einzelnen Forscher anstrengend ist, uns aber immer näher an die Wahrheit der Naturgesetze heranführt.

WISSEN UND MACHT

Der wohl bekannteste (und umstrittenste) Satz Francis Bacons lautet »Wissen ist Macht«. Bacon wird heute noch nachgesagt, dass er der erste Gelehrte in Europa war, der die Naturerkenntnis dazu missbrauchen wollte, die Natur zu beherrschen oder gar auszubeuten. Doch der Zusammenhang zwischen Wissen und Macht war für Bacon deutlich komplexer.

Erstmals formulierte Bacon seinen berühmten Satz in seiner Schrift *Meditationes sacrae* von 1597. Im Kontext sieht die Sache gleich ganz anders aus, denn Francis Bacon schrieb über die Eigenschaften Gottes und die Ketzer, die dessen Macht leugnen:

> »... und die dem Wissen über Gott einen größeren Umfang geben als seiner Macht; oder vielmehr dem Teil der Macht Gottes (denn auch das Wissen selbst ist Macht), wodurch er zu Wissen gelangt, als dem, wodurch er wirkt und handelt.[50]

Der Satz, der meist zu »Wissen ist Macht« verkürzt wird, bezieht sich hier auf Gott. Dieser ist allmächtig, weil er alles weiß. Gottes grenzenloses Wissen erlaubt es ihm, ohne Beschränkung zu wirken und zu handeln. In dem genannten Zitat verurteilt Bacon jene Menschen, die weniger daran interessiert sind, Gottes Werke zu erkennen, dafür viel lieber möglichst viel von dem wissen möchten, was auch Gott weiß – und sich damit zu ihm erhöhen wollen. Francis Bacon bezeichnet Gelehrte, die Gottes Wissen anhäufen wollen, ohne seinen Willen zu erfassen, sogar als Ketzer.

Ein paar Jahre später hat sich seine Einstellung geändert. Nun gilt die Aussage »Wissen ist Macht« auch für den Menschen. In seinem Buch *Novum Organum* schrieb Bacon:

> »Wissen und Macht des Menschen fallen zusammen, weil Unkenntnis der Ursache über deren Wirkung täuscht.«[51]

Bacons Sprache ist so wie die aller damaligen Gelehrten für heutige Begriffe sehr verklausuliert. Was er meint, ist Folgendes: Wissen und Macht sind beim Menschen dasselbe. Denn wenn jemand die Zusammenhänge verstanden hat, weiß er auch, was er tun muss, um etwas Bestimmtes zu erreichen. Weiß er z.B., wie ein Hebel funktioniert, kann er mit einem sinnvoll konstruierten Kran schwere Lasten heben.

Gleich im nächsten Satz beschreibt Bacon, dass dieses bewusste, wissende Handeln niemals gegen die Natur geschehen kann, sondern nur mit der Natur:

»Um die Natur zu beherrschen, muss ihr gehorcht werden [...]«[52]

Es ist also nicht die Rede davon, sich die Natur rücksichtslos untertan zu machen. Ganz im Gegenteil: Man muss die Natur erkennen und verstehen, um dann mit ihrer Hilfe nützliche Dinge geschehen lassen zu können.

Wie aber kommt der Mensch der Natur auf die Spur? Für Francis Bacon ist die Antwort klar: Experimente sind der Schlüssel zum Verständnis dafür, wie die Natur »funktioniert«. Dabei fordert Bacon von den Menschen Bescheidenheit und Unterwerfung gegenüber der Natur; für diejenigen, die die menschlichen Geisteskräfte überschätzen und der Erhabenheit der Natur keinen Respekt zollen, hat er nicht viel übrig:

»Die Feinheit der Natur übertrifft die der Sinne und des Verstandes um ein Vielfaches.«

So weit seine Meinung, die er in seinem Buch *Novum Organum* mitteilt. An anderer Stelle war Francis Bacon einige Jahre zuvor nicht ganz so gut auf die Natur zu sprechen gewesen:

»[...] sie knechtet uns in ihrer Notwendigkeit; aber wenn wir von ihren Erfindungen geleitet werden würden, würden wir sie durch Handlungen beherrschen.«[53]

Das soll heißen: Weil wir noch nicht sehr viel über sie wissen, sind wir der Natur noch unterworfen. Könnten wir aber noch viel mehr ihrer Geheimnisse lüften, würde sich das Blatt wenden, und wir könnten die Natur beherrschen. Für einen Menschen, der um 1600 lebte, ist dieser Wunsch nur allzu verständlich. Epidemien, Wetterextreme, Überschwemmungen, Missernten: Die Natur war für die Menschen jener Zeit etwas Gefährliches, Unberechenbares, das jederzeit ihre Existenzgrundlage zerstören konnte.

Frontispiz von Francis Bacons
»Novum Organum Scientiarum«, 1645.

Umso vehementer plädierte Francis Bacon dafür, der Natur ihre Geheimnisse zu entreißen. Um das zu erreichen, war ihm jedes Mittel recht. Er verglich das Experimentieren sogar mit einem Inquisitionsverfahren, zu dem zu seiner Zeit auch die Anwendung der Folter gehören konnte.

»Die Natur der Dinge offenbart sich stärker unter den Misshandlungen der Kunst als in ihrer eigenen Freiheit.«[54]

Unter den »Misshandlungen der Kunst« versteht Bacon das Experiment. In die heutige Sprache übersetzt bedeutet seine

Aussage: Im Experiment können und müssen wir die Natur durch das Eliminieren von Störungen aller Art so beschneiden, dass ihr gar nichts anderes mehr übrig bleibt, als uns ihre Zusammenhänge zu offenbaren. Von allein würde sie uns nichts preisgeben.

Diese Sichtweise mutet merkwürdig drakonisch an. Andere Gelehrte seiner Zeit näherten sich den Geheimnissen der Natur mit deutlich mehr Demut und Respekt. Die Erklärung könnte in Bacons Lebenslauf liegen. Als er noch Generalstaatsanwalt der englischen Krone war, hatte er häufig bei Vernehmungen durch die Inquisition teilgenommen: Schonungsloses und denkbar brutales Vorgehen, um Geständnisse abzupressen, war ihm also nicht fremd.

ALLES WIRD BESSER

Es muss betont werden: Francis Bacon wollte Macht durch Wissen erlangen, um das Wohlergehen der Menschen zu steigern. Sein Anliegen war es, den Menschen »in einen höheren Stand seines Daseins« zu bringen. Dazu gehörte auch, »dem Menschen sein Brot zu gewähren«, sodass er »den Zwecken seines Lebens dienen« kann. Mit dieser Auffassung stellte Bacon zum ersten Mal eine Verbindung zwischen wissenschaftlichem (Erkenntnis-)Fortschritt und einem wachsenden gesellschaftlichen Wohlstand her. Dieser Zusammenhang sollte in den nächsten Jahrhunderten immer mehr an Bedeutung gewinnen.

Francis Bacon war der erste Vertreter eines nahezu grenzenlos optimistischen Fortschrittsglaubens. Denn er war der festen Überzeugung, dass sich – sobald die Gelehrten sich erst einmal aus den Klauen des dogmatischen Denkens des Mittelalters gelöst hätten und sich der wissenschaftlichen Methode annehmen würden – der Zustand der Menschheit stetig verbessern werde und auf die Menschen in der Zukunft geradezu paradiesische Zustände warteten. Dieser Optimismus hat seine Zeitgenossen und auch spätere Generationen nachhaltig beeindruckt. Im Zeitalter der Aufklärung im 18. Jahrhundert war der Glaube an den technologischen Fortschritt zum Wohle der Menschheit in der breiten Gesellschaft angekommen.

Nur in einer Ansicht unterscheidet sich Francis Bacon noch von den Aufklärern des 18. Jahrhunderts sowie auch von den modernen Wissenschaften. Auf den letzten Seiten seines *Novum Organum* schrieb Francis Bacon, dass die religiöse Einbindung unverzichtbar ist, um die Macht des Wissens in gute Bahnen zu lenken. Dies entsprach dem unbedingten Gottesglauben Bacons und seiner Zeitgenossen. Wir würden heute eher sagen: Wir brauchen für die Entwicklung und Anwendung von Technologie ein moralisch-ethisches Fundament, das das Wohl aller Menschen zum Ziel hat.

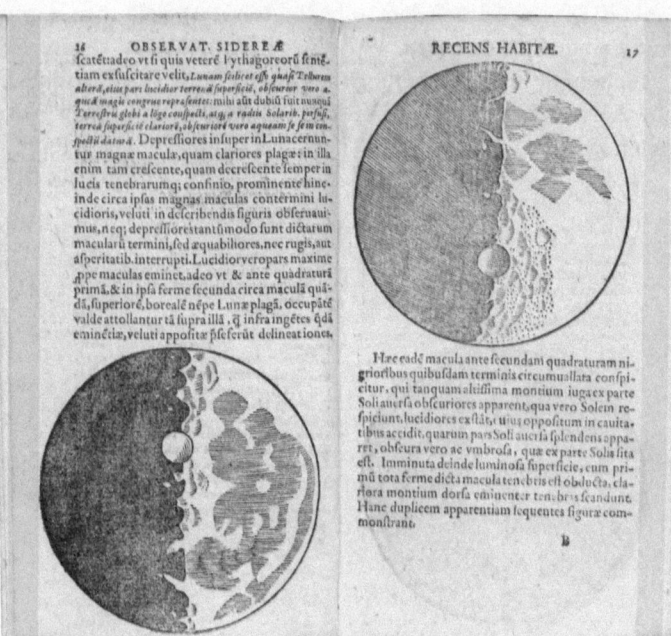

In seinem **Sidereus Nuncius** *(»Der Sternbote«) publizierte
Galileo Galilei (1564–1642) eine Reihe erstaunlicher
Entdeckungen, z. B. dass die Oberfläche des Mondes von Kratern
übersät ist.*

Teil III

DIE SPRACHE DER NATUR: DER SIEGESZUG DER MATHEMATIK

Wenn wir die Mathematik beherrschen, verstehen wir, wie die Welt als Gesamtgefüge funktioniert. Denn die Abstraktionen der Mathematik lassen sich konkret auf die Natur anwenden. Hinter dem Traum der Wissenschaftler, dass sich eine alles erklärende »Weltformel« finden lässt, steckt die Annahme, dass die Naturgesetze allgemeingültig, elegant und einfach sind.

Der erste Mathematiker, der seine Kunst zur Beschreibung der Natur anwandte, war der antike Grieche Archimedes. In seinem Werk finden sich erstaunliche Bezüge zur modernen, mathematisch geprägten Form der Wissenschaft (Kapitel 1). Kopernikus gelang der Durchbruch in der Beschreibung der am Himmel beobachteten Phänomene, indem er sich auf die Mathematik und nicht auf seine Vorstellungen verließ (Kapitel 2). Dass die Natur in der Sprache der Mathematik geschrieben ist, formulierte explizit als Erster der berühmte Galileo Galilei (Kapitel 3). Doch es war erst Isaac Newton, der dieser Aussage ihre wahre Bedeutung zukommen ließ (Kapitel 4).

1 Licht in der Finsternis – Archimedes und die ersten Schritte zur modernen Physik

Am 29. Oktober 1998 standen im Auktionshaus Christie's in New York einige sehr exklusive Bücher zum Verkauf, darunter wertvolle Erstausgaben von Charles Darwin und Albert Einstein. Doch eine der 502 Einlieferungen stach sogar noch aus diesen erlesenen Angeboten heraus; ihr war sogar eine separate Mini-Auktion gewidmet. Bei diesem ganz besonderen Posten handelte es sich um ein christliches Gebetbuch aus dem 13. Jahrhundert. Was war so besonders an dem Buch, von dessen Art es Hunderte auf der Welt gibt? Noch dazu hatte dieses Exemplar zahlreiche Brand- und Schimmelflecken und befand sich insgesamt in einem sehr schlechten Zustand. Auch seine zweifelhafte Herkunft trug gewiss nicht dazu bei, seinen Wert zu erhöhen: Nur einen Tag zuvor hatte das Patriarchat der orthodoxen Kirche noch (vergebens) eine einstweilige Verfügung beantragt. Das Buch sollte in den 1920er-Jahren aus einer Bibliothek gestohlen worden sein.

Trotz allem hatte der Auktionator einen sensationellen Schätzpreis von 800.000 US-Dollar festgesetzt. Denn bei dem exklusiven Schriftstück handelte es sich um ein seltenes wissenschaftliches Kuriosum, ein sogenanntes »Palimpsest«. Palimpsest heißt »wieder abgekratzt« (*palim psestos*) – und genau das ist es, was mit den Seiten eines Palimpsestes geschehen war: Von dem wertvollen, sehr haltbaren Pergament wurde die ursprüngliche Schrift mit einem rauen Stein entfernt, sodass es wieder neu beschrieben werden konnte.

Im Auktionshaus war niemand an dem sichtbaren Inhalt des mittelalterlichen Gesangbuches interessiert. Doch alle wussten, dass sich tief in die Tierhäute des Palimpsestes eingegraben ein großer Schatz verbarg. Erste Untersuchungen hatten gezeigt, dass hier Teile der einzigen überlieferten Kopie des *Stomachion* sowie der nahezu gesamte Text der *Methodenlehre von den mechanischen Lehrsätzen* des Archimedes von Syrakus auf ihre vollständige Entzifferung warteten. Dazu enthielt das Palimpsest die einzige bekannte Kopie der Schrift *Über schwimmende Körper* in griechischer Sprache. Kaum hatte die Auktion begonnen, trieb ein Bietergefecht in nur wenigen Minuten den Preis auf mehr als das Doppelte des Schätzpreises. Der Zuschlag fiel bei sagenhaften 2,2 Millionen US-Dollar. Das war mehr als die Hälfte dessen, was alle anderen Bücher der Auktion zusammen einbrachten.

Ein stolzer Preis für eine wissenschaftliche Rarität! Doch die eigentliche Bedeutung dieses Schriftstückes kam erst Jahre später ans Licht. Unmittelbar nach dem Kauf des Palimpsestes stellte der anonyme Käufer das Manuskript der Wissenschaft zur Verfügung. Mithilfe hochmoderner Analyseverfahren, darunter hochfokussierte Röntgenstrahlen aus einem Teilchenbeschleuniger, gelang es den Experten, den gesamten ursprünglichen Text sichtbar zu machen.

Was nun, zu Anfang des 21. Jahrhunderts, zu lesen ist, ist eine wissenschaftliche Sensation. Denn der Text des Archimedes enthüllte, dass die gesamte Menschheitsgeschichte seit der Antike einen völlig anderen Verlauf hätte nehmen können – wenn seine Erkenntnisse nicht verloren gegangen wären. Selbst wenn diese Schrift des Archimedes zu Zeiten von Newton und Leibniz bekannt gewesen wäre – so wie andere Schriften dieses größten Mathematikers und Wissenschaftlers der Antike auch –, wäre unsere heutige Welt wohl eine ganz andere.[55]

EINE ODYSSEE VON 1000 JAHREN

Der heute als »Kodex C« bekannte Text entstand höchstwahrscheinlich in der zweiten Hälfte des 10. Jahrhunderts in Konstantinopel. Ursprünglich hatte Archimedes ihn als Brief formuliert, wohl auf Papyrusrollen geschrieben und an seinen Freund und Gelehrtenkollegen Eratosthenes in Alexandria gesandt. Nach Archimedes' Tod im Jahr 212 v. Chr. waren seine Erkenntnisse über die Mathematik und die Physik mehr als 1000 Jahre lang in einer schier endlosen Reihe von Abschriften überliefert worden. Es gab ja noch keine Druckerpressen, kein dauerhaftes Material. Weil Papyrus schnell vermoderte, musste ein Text über viele Jahrhunderte immer wieder mühselig per Hand abgeschrieben werden. Erst ab dem 4. Jahrhundert n. Chr. wurden die für besonders wichtig erachteten Texte auf das haltbare, aber auch sehr teure Pergament übertragen. Diesen medialen Übergang von der Papyrusrolle auf die Form des Kodex, des gebundenen Buchs mit Pergamentseiten, hat die allergrößte Zahl antiker Schriften freilich nicht erlebt. Sie sanken in ewige Vergessenheit. Doch dem Inhalt von Archimedes' Brief an Eratosthenes gelang der Sprung ins späte 5. Jahrhundert – und nach Konstantinopel, das sich zu jener Zeit gerade zum neuen Kultur- und Wissenszentrum der bekannten Welt entwickelte.

Nun kam ein weiter Glücksfall hinzu: Konstantinopel, das heutige Istanbul, ist die einzige bedeutende Stadt der Antike, die es ohne Plünderungen bis ins Mittelalter schaffte. Hier wurde der Brief des Archimedes schließlich auf die Pergamentseiten übertragen, die heute noch existieren. Doch dann ereilte die Stadt doch noch das gleiche Schicksal wie Alexandria, Rom, Antiochia, Karthago und andere Großstädte der Antike zuvor: Am 12. April 1204, im Zuge des Vierten Kreuzzuges, ging Konstantinopel mitsamt seinen Bibliotheken in Flammen auf. Der Kodex C entging dieser Vernichtung; ob durch Zufall oder durch den Einsatz mutiger Gelehrter, das wissen wir nicht. Auch anderen Schriften des Archimedes gelang »die Flucht«: Sie schafften es nach Italien, gerieten dort in die Hände der bedeutendsten Männer der damaligen Zeit und trugen entscheidend zum Aufblühen der Renaissance bei.

Der Inhalt des Kodex C blieb den Vätern der Wissenschaft allerdings vorenthalten. Einige Jahre nach der Plünderung Konstantinopels tauchte der Kodex in der Gegend von Jerusalem wieder auf. Dort wurden er und andere Handschriften auseinandergenommen, die einzelnen Pergamentseiten abgekratzt und gewaschen und mit liturgischen Texten neu beschrieben. Als Gebetbuch überdauerte der Foliant die Jahrhunderte weitab vom Weltgeschehen im orthodoxen Kloster von Mar Saba – buchstäblich in der Wüste.

Irgendwie und irgendwann gelangte das Buch wieder zurück nach Konstantinopel. Nun staubte es in der Bibliothek der

Niederlassung des griechisch-orthodoxen Patriarchats von Jerusalem vor sich hin. 1899 stellte ein griechischer Gelehrter einen Katalog mit Manuskripten der Bibliothek zusammen, in den er auch den Kodex C aufnahm. Nur sehr undeutlich waren zwischen den Gebetszeilen einige Spuren des alten Textes zu erkennen. Doch sie reichten aus, um sechs Jahre später die Aufmerksamkeit des Mathematikhistorikers Johan Heiberg auf sich zu ziehen. Er erkannte sofort, dass es sich bei dem Text um aufgezeichnete Gedanken des Archimedes handelte. Und noch viel mehr: dass hier ein bisher unbekanntes Werk des antiken Mathematikers vorlag.

Doch auch jetzt hatte die Odyssee des Palimpsests noch kein Ende. Während des griechisch-türkischen Kriegs zwischen 1919 und 1922 und der Vertreibung der Griechisch sprechenden Bevölkerung aus der Türkei verschwand es erneut, vermutlich in den Koffern des Geschäftsmanns und Orientreisenden Marie Louis Sirieix. Dieser behauptete später, das Palimpsest von einem Mönch gekauft zu haben. Einige Jahrzehnte moderte das Manuskript in Sirieix' Keller vor sich hin, bis seine Tochter in den 1970er-Jahren zum ersten Mal versuchte, es zu verkaufen. Doch erst an dem erwähnten Oktobertag 1998 sollte ihr dies schließlich gelingen.

TOD EINES GENIES

212 v. Chr.: Seit zwei Jahren belagerten die Römer Syrakus. Die reiche griechische Handelsstadt war die letzte hellenistische Bastion auf Sizilien, die sich der römischen Kontrolle entzog. Weil sich die Stadt im herrschenden Zweiten Punischen Krieg auf die Seite der Karthager stellte, waren die römischen Streitkräfte unter der Führung von General Marcus Claudius Marcellus wild entschlossen, sie zu erobern. Doch Syrakus verfügte über gut ausgebaute Befestigungsanlagen – und den größten Mathematiker seiner Zeit: Archimedes. Der bereits 78 Jahre alte Wissenschaftler hatte sich ganz neue Verteidigungsmaschinen ausgedacht, darunter sehr effektive Katapulte. Auch die sogenannte »Kralle des Archimedes« verbreitete unter den Feinden Furcht und Schrecken. Der riesige Kran hakte seinen Krallen-

arm in feindliche Schiffe, die sich zu nah an die Mauern wagten, hob sie mithilfe eines ausgeklügelten Flaschenzug-Mechanismus am Haken hoch und ließ sie kentern. Historische Quellen berichten sogar von einer Kombination von Spiegeln, die das Sonnenlicht bündelten und die Segel römischer Schiffe in Brand setzten. Angesichts Archimedes' gewaltiger Erfindungskraft wagten es die Römer nicht mehr, die Stadt direkt anzugreifen. »Wir sollten endlich damit aufhören, uns mit dem Mathematiker zu streiten«, soll Marcellus entnervt gesagt haben.

So wirksam die Waffentechnologien des Archimedes auch waren, gegen Verrat war die Stadt machtlos. Ein Überläufer informierte die Römer darüber, dass die sich in Sicherheit wiegenden Syrakuser während des anstehenden alljährlichen Festes der Göttin Artemis nur wenige Wachen aufstellen würden. So gelang es einer kleinen Truppe römischer Soldaten, die Mauern zu überwinden und die Stadttore zu öffnen. Marcellus hatte seinen Männern strenge Anweisung gegeben, Archimedes am Leben zu lassen und gefangen zu nehmen. Doch es sollte anders kommen: 300 Jahre später berichtet der griechisch-römische Schriftsteller Plutarch, dass Archimedes am Boden sitzend geometrische Figuren in den Sand malte und offensichtlich in einen mathematischen Beweis versunken war, als ein Soldat ihn fand und aufforderte mitzukommen. Doch Archimedes antwortete: »*Noli turbare circulos meos!*« – »Störe meine Kreise nicht!« Dies waren die letzten Worte des wohl größten Wissenschaftlers der Antike, bevor der römische Soldat ihn im Zorn erschlug.

Archimedes war bereits zu Lebzeiten eine Legende, und dies nicht nur aufgrund seiner technologischen Finesse. Auf der Suche nach der buchstäblichen Quadratur des Kreises berechnete er die Zahl ϖ – »pi«, also das Verhältnis zwischen Umfang und Durchmesser eines Kreises, genauer als jeder andere Mathematiker seiner Zeit. Mit cleveren Tricks bewies Archimedes auch, wie sich die Oberfläche und der Inhalt einer Kugel ganz einfach berechnen lassen. Die Zusammenhänge zwischen Volumen und Durchmesser zu erkennen und mathematisch zu beweisen, so das eigentlich nicht Messbare berechenbar zu machen, das war ein Geniestreich.

Archimedes (287–212 v. Chr.),
griech. Mathematiker und Physiker.

Archimedes beschäftigte sich auch mit schwierigeren Körpern als einfachen Quadern, Zylindern und Kugeln. Er berechnete die Flächen- und Volumeninhalte krummlinig begrenzter Figuren, z. B. von Parabeln und Paraboloiden. So bewies er etwa, dass die von einer Parabel und einer geraden Linie eingeschlossene Fläche genau 4/3-mal die Fläche eines eingeschriebenen Dreiecks beträgt. Der Trick, den er dazu verwendete, lässt moderne Mathematiker aufhorchen: Um die Größe seiner unregelmäßig begrenzten Figuren möglichst genau zu berechnen, teilte Archimedes die unregelmäßige Fläche in viele regelmäßige Flächen auf, deren Inhalte er berechnen konnte. Indem er immer kleinere Dreiecke und Vierecke hinzufügte, schöpfte er die unregelmäßige Fläche immer besser aus und näherte sich so immer genauer ihrer exakten Berechnung. Dieses von Archimedes »Exhaustionsmethode« genannte Vorgehen kam der erst 1900 Jahre später von Newton und Leibniz entwickelten Infinitesimalrechnung sehr nahe.

Auch in anderer Hinsicht war Archimedes seiner Zeit buchstäblich um Jahrtausende voraus: Er wandte sein logisches und mathematisches Denken nicht nur auf konkrete physikalische

Probleme an (der über lange Zeit anhaltende Erfolg bei der Verteidigung von Syrakus zeigt, wie gut ihm das gelang), er wollte mit Gedankenexperimenten, die sich auf physikalische Systeme beziehen, auch ganz abstrakte, rein logisch-mathematische Probleme lösen und Lehrsätze beweisen. Dass Archimedes physikalische Betrachtungen, empirische Beobachtungen und mathematische Methoden miteinander verknüpfte, war eine methodische Revolution. Und noch etwas kam dazu: Philosophen wie Aristoteles und Platon sahen nur Aussagen über die sich selbst überlassene Natur als sinnvoll an, sie beobachteten also nur das, was sich ohne Eingriff ihrerseits abspielte. Archimedes dagegen manipulierte die Natur – mit anderen Worten: Er führte erste Experimente durch. Diese waren für ihn ein sehr nützliches Mittel, um der Natur ihre Geheimnisse zu entlocken. Mithilfe der Versuche konnte er bedeutende physikalische Gesetze erkennen, die bis heute Bestand haben. Leider wurde diese methodische Erfindung des Archimedes, die Verknüpfung von Experiment und Mathematik, im Abendland gut 1800 Jahre lang ignoriert, bevor sie im 17. Jahrhundert wieder aufgenommen wurde und die wissenschaftliche Revolution auslöste.

Die Geschichte mit der Krone, die Archimedes auf ihr Material prüfen sollte – hatte man dem Gold etwa Silber beigemischt? –, ist allgemein bekannt. Und auch, dass er der Legende nach das nach ihm benannte Auftriebsgesetz beim Baden entdeckt hatte und daraufhin nackt durch die Straßen rannte und begeistert rief: »*Heureka!*« – »Ich habe es entdeckt!«

Es ist aber ein weiteres, von Archimedes anhand von Experimenten erkanntes Naturgesetz, das von noch viel größerer Bedeutung war: das Hebelgesetz. Erst mit ihm wurde es möglich, den Bau von Maschinen, die z. B. schwere Lasten heben, zu optimieren. Als der König von Syrakus nach einem praktischen Beweis für dieses Gesetz fragte, demonstrierte ihm Archimedes einen Flaschenzug, mit dem ein einziger Mann ein großes, voll beladenes Schiff in Bewegung setzen konnte. Das Potenzial seines Hebelgesetzes führte Archimedes zu dem berühmten Ausspruch: »Gib mir einen Punkt, wo ich hintreten kann, und ich hebe die Erde aus den Angeln«.

Galileo Galilei (1564–1642),
ital. Astronom, Physiker und Ingenieur.

Die Wirkung der Erkenntnisse des Archimedes auf unsere heutige Welt ist nicht hoch genug einzuschätzen. Als seine Schriften nach vielen Jahrhunderten der Dunkelheit endlich wieder gelesen und auch verstanden wurden, befeuerten sie die Gedanken der Menschen. Sie waren ein bedeutender Antrieb, der die Renaissance und die wissenschaftliche Revolution auf den Weg brachte – und letzten Endes auch Auslöser für eine ganz neue Sicht auf die Welt.

EIN WÜRDIGER NACHFOLGER

Im Jahr 1585 brach der 21-jährige Galileo Galilei sein Medizinstudium ab, zu dem ihn sein Vater gezwungen hatte. Der junge Galilei wollte sich seiner echten Leidenschaft widmen, der Mathematik. Sein Lehrer, der Mathematiker und Ingenieur Ostilio Ricci, riet Galilei, sich zuallererst mit den Werken des Archimedes zu beschäftigen. Schnell arbeitete sich der begabte junge Mann in die Denkweise des antiken Genies ein.

Galilei war von der Klarheit und Brillanz der Gedanken des griechischen Mathematikers begeistert. Sowohl die mathematischen Finessen des alten Meisters als auch dessen physikalische Abhandlungen beeindruckten ihn zutiefst. Dabei hatte es ihm das Hebelgesetz besonders angetan. V. a. eine Lehre zog Galilei aus den Werken des Archimedes: Rein philosophische Spekulationen führen zu keiner tragfähigen Naturerkenntnis. Um die Welt zu verstehen, muss man sie beobachten, und mehr noch: Man muss experimentieren! Dieser Ansatz, der Galilei zum Urgroßvater der wissenschaftlichen Methode machte, war für die allermeisten seiner Zeitgenossen etwas völlig Neues. Unerhört!

Galilei hatte mit seinem Vorgehen Erfolg: So wie Archimedes aus genauem Hinschauen sein Auftriebsgesetz entwickelt hatte, führten Galileis Beobachtungen eines schwingenden Kronleuchters im Dom von Pisa zu grundlegenden Erkenntnissen über die Trägheit von Körpern und die Dynamik ihrer Bewegung. Und noch etwas übernahm Galilei von Archimedes: den Wunsch, seine Wahrnehmungen für die Entwicklung technologischer Anwendungen zu verwenden. Beide, Galilei wie Archimedes, waren begnadete Ingenieure, die ihre Geräte in unübertroffener Präzision selbst herstellten und ständig zu verbessern suchten. Waren dies bei Archimedes Hebel, Flaschenzug und Waage, so entwickelte Galilei Fernrohr, Pendeluhr und Temperatur-Messgeräte.

Schließlich gab es noch eine dritte Gemeinsamkeit. Archimedes und Galilei hatten das Bestreben, die Natur mathematisch zu erfassen. So war es kein Zufall, dass Galilei den »göttlichen Archimedes« als seinen Schutzpatron ansah. Sein wohl bekanntester Ausspruch hätte auch von Archimedes stammen können:

»Das Buch der Natur ist mit mathematischen Symbolen geschrieben, und deren Buchstaben sind Kreise, Dreiecke und andere geometrische Figuren, ohne die es dem Menschen unmöglich ist, ein einziges Bild zu verstehen; ohne diese irrt man in einem dunklen Labyrinth herum.«

Es sind genau die »Kreise, Dreiecke und andere geometrische Figuren«, die Archimedes so ausgiebig studiert und deren grundlegende Eigenschaften er beschrieben hatte.

Mit seiner Schrift *Über das Gleichgewicht ebener Flächen*, in der er das Hebelgesetz beschreibt, hatte Archimedes eine erste theoretische Grundlage für die Entwicklung der modernen Physik geschaffen. Denn das Hebelgesetz ist die Basis für die Statik und damit auch das theoretische Fundament für ein Fachgebiet der Physik, das ab Galileo Galilei über Jahrhunderte die Physik dominierte: die Mechanik. 1800 Jahre hatte es gedauert, bis ein Mensch es schaffte, in die Fußstapfen zu treten, die Archimedes hinterlassen hatte, und seine begonnene Arbeit fortzuführen. Doch Galilei blieb nicht der Einzige, der diesen Weg ging. Die Tür war aufgestoßen, und viele andere große Wissenschaftler folgten ihm.

EIGENWILLIGE PLANETEN AUF KRUMMEN BAHNEN

Einige Jahre später, 1601, bekam der 30-jährige Johannes Kepler den so lang ersehnten Zugang zu den Aufzeichnungen seines Vorgesetzten Tycho Brahe, des kaiserlichen Hofmathematikers und Astronomen in Prag. Dieser hatte über viele Jahre die bis dahin umfangreichste Datensammlung über die Bewegungen von Planeten und Sternen zusammengetragen. Kepler hatte einen Blick in diese Aufzeichnungen werfen dürfen: Der junge Mann wollte die höchst umstrittenen Vorstellungen überprüfen, die ein polnischer Astronom namens Nikolaus Kopernikus 60 Jahre zuvor aufgestellt hatte: Die Erde und mit ihr alle anderen Planeten sollten um die Sonne kreisen. Brahe hatte diese Vorstellung, die die Erde aus dem Mittelpunkt des Universums kickt, vehement abgelehnt. Um Kepler in seiner Forschung zu behindern, hatte Brahe ihn mit unzähligen langweiligen Rechenaufgaben beauftragt.

Nun aber war es so weit: Brahe war gestorben, Kepler folgte ihm als kaiserlicher Mathematiker nach, der Datenschatz seines Vorgängers stand ihm offen. Mit dem Gedanken, dass die Erde nicht im Mittelpunkt des Geschehens steht, hatte sich Kepler längst angefreundet. Aber er war geradezu besessen von seinem Glauben an die Perfektion in den himmlischen Bewegungen. Und was ist perfekter als ein Kreis? Die Planetenbahnen um die Sonne mussten also kreisförmig sein. Doch bereits die von Brahe beobachtete Bewegung des erdnächsten Planeten Mars stimmte nicht mit dieser Annahme überein. Was für ein Schock! Brahes Aufzeichnungen zeigten, dass sich der Mars auf seiner Bahn in unterschiedlichen Entfernungen zur Sonne befindet.

Kepler war verzweifelt. Zunächst griff er auf die traditionellen Werkzeuge zurück und versuchte, die Bewegung der Mars-Bahn dadurch zu erklären, dass sich der Planet auf einer kleinen Kreisbahn – Epizykel (»Aufkreis«) genannt – bewegt, die ihrerseits auf einer großen Kreisbahn wandert. Dabei sollte sich die Sonne auch noch um sich selbst drehen und dadurch eine Art Wirbelkraft auf die Planeten ausüben, die entsprechend der Abstände zueinander einmal stärker, dann wieder schwächer sei. Doch ganz gleich, welche Kniffe Kepler anwandte, es ergaben sich immer wieder Abweichungen seiner Berechnungen gegenüber den Beobachtungen. Völlig frustriert spekulierte er sogar darüber, ob Planeten einen eigenen Geist besitzen, mit dem sie ihre Bewegungen steuern. Dann wurde ihm klar: Bevor er eine Erklärung dafür finden konnte, warum die Planeten sich so merkwürdig bewegen, musste er entziffern, wie sie sich genau bewegen. Um dies herauszufinden, brauchte Kepler die Hilfe des Archimedes.

Die Bahn eines Planeten aus einigen beobachteten Positionen und Geschwindigkeiten herzuleiten, ist ein klassisches Problem der Integral- und Differenzialrechnung. Doch diese genauen Methoden gab es damals noch nicht. Was es gab, war eine ziemlich genaue Möglichkeit der Berechnung: Kepler kannte die Exhaustionsmethode des Archimedes. Wir erinnern uns: Für die Berechnung des Flächeninhaltes krummliniger Figuren hatte der antike Meister diese in geometrische Formen aufgeteilt, deren Inhalt leicht zu berechnen ist. Um dem tatsächlichen Flächeninhalt immer näher zu kommen, hatte Archimedes die Zahl dieser Formen systematisch erhöht und ihre jeweilige Größe entsprechend verkleinert. Diese Methode kam Kepler nun wie gerufen. Weil er nicht die Form der gesamten krummlinigen Bahn beschreiben konnte, schaute er sich kleinste Abschnitte darauf an, berechnete ihre Eigenschaften und versuchte dann, die gesamte Bahn aus den kleinen Stückchen zusammenzusetzen.

Selbst für einen so brillanten Mathematiker wie Kepler waren die dafür nötigen Rechnungen sehr schwierig. Mit seinen mathematischen Berechnungen und physikalischen Gedankensprüngen bewegte er sich auf unsicherem Terrain. Doch dann gelang ihm der Durchbruch! Er wusste, dass die Geschwindigkeit eines Planeten und dessen Abstand von der Sonne in einem umgekehrten Verhältnis zueinander stehen: Je näher der Planet der Sonne ist, desto schneller bewegt er sich. Kepler teilte nun die Planetenbahn in viele sehr kurze Bahnsegmente auf. Dann betrachtete er die Flächen, die die Verbindungslinie zwischen Sonne und Planet in gleichen (sehr kurzen) Zeiten überstreicht. Wenn er Bahnsegmente klein genug wählte, konnte er annäherungsweise davon ausgehen, dass sie nicht gekrümmt, sondern gerade seien und deshalb die von der Verbindungslinie überstrichenen Flächen ziemlich genau Dreiecken entsprachen. Kepler konnte nachweisen, dass diese Dreiecke für gleiche Zeiten flächengleich sind. Umgekehrt ergab sich, dass die überstrichene Fläche der Planetenbahn ein Maß für die Zeit ist, die der Planet braucht, um das Segment zu durchreisen.

Aber hat der Zusammenhang, der für sehr kurze Bahnsegmente bzw. ausreichend kleine Zeiteinheiten gilt, auch für größere Segmente und längere Zeiten und zuletzt für die gesamte Bahn der Planeten Bedeutung? Um in dieser Frage weiterzukommen, musste Kepler die Flächen von »Dreiecken« berechnen, die neben zwei geraden Seiten auch eine gekrümmte Seite haben. An dieser Stelle half Kepler die Exhaustionsmethode weiter. Mit ihr ergibt sich: Auch für längere Zeiten überstreicht die Verbindungslinie zwischen Sonne und Planet in gleichen Zeiten immer gleich große Flächen. Dies ist das berühmte zweite Kepler'sche Gesetz.

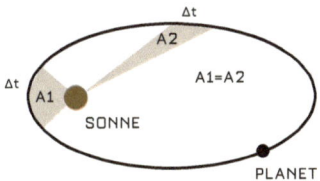

Das zweite Kepler'sche Gesetz.

Erst nachdem er diesen Zusammenhang formuliert hatte, konnte Kepler herausfinden, welche Form die Planetenbahnen haben. Zuerst dachte er noch an eine Ei-Form; dann erst wurde ihm klar, dass es sich um eine elliptische Bahn handeln muss, in deren einem Brennpunkt die Sonne steht – dies ist das erste Kepler'sche Gesetz. Kepler hatte also sein erstes Gesetz nach dem zweiten gefunden – und das zweite nur mit Archimedes' Exhaustionsmethode. Ohne die vom antiken Meister inspirierte mathematische Berechnung der Ellipsen-Teilflächen wäre Kepler niemals auf die im wahrsten Sinne des Wortes »bahnbrechenden« Zusammenhänge gekommen.

So lieferte Archimedes nach Galileo Galilei auch dem zweiten Geburtshelfer der modernen Wissenschaften, Johannes Kepler, die entscheidende Hilfe. Erst knapp hundert Jahre später entdeckten Newton und Leibniz die Infinitesimalrechnung und übertrafen Archimedes (und Kepler) in der Genauigkeit der Berechnung unregelmäßiger Flächen.

MIT ZWEIERLEI UNENDLICHKEITEN ZUM MOND

Ohne Infinitesimalrechnung ist die gesamte moderne Naturwissenschaft nicht denkbar. Erst mit ihr lassen sich z. B. die Bewegungen von Körpern in Abhängigkeit von den auf sie wirkenden Kräften theoretisch beschreiben und systematisch berechnen. Der tiefere Grund dafür liegt darin, dass Bewegungen kontinuierlich in Raum und Zeit erfolgen, und dies oft auf krummlinigen Bahnen. Erst mit der mathematischen Beschreibung dieser »krummlinigen Kontinuierlichkeiten« lassen sich Gesetze der Mechanik exakt formulieren. Der Infinitesimalrechnung liegt genau das Konzept zugrunde, das Archimedes für die Berechnung seiner krummlinig begrenzten Figuren eingeführt hatte: die Konstruktion vieler kleiner Flächen und ihre anschließende Berechnung und Summation. Newton hatte daraus die Aneinanderreihung unendlich vieler, unendlich kleiner Veränderungen von Bewegungszuständen eines Körpers gemacht und so als Resultat den stetigen Bewegungsfluss von Körpern erhalten. Erst die Einführung dieser Unendlichkeit führte zu der für die moderne Wissenschaft unverzichtbaren exakten Berechnung.

Doch unendliche Größen gehen in der Mathematik mit Fallstricken, Paradoxien und logischen Fehlerquellen einher. So wissen z. B. Mathematiker heute, dass die (unendliche) Menge aller natürlichen Zahlen und die (unendliche) Menge aller rationalen, d. h. durch Brüche darstellbaren Zahlen identisch ist – obwohl zwischen zwei natürlichen Zahlen immer unendlich viele rationale Zahlen zu finden sind. Intuitiv würde man davon ausgehen, dass es sozusagen unendlich mal mehr rationale Zahlen als natürliche Zahlen geben muss, doch die merkwürdige Mathematik des Unendlichen kommt zu einem ganz anderen Ergebnis.

Die tiefer liegende Logik der Unendlichkeiten und ihre genauen Konzepte wurden weder von Newton noch von Leibniz, der die Infinitesimalrechnung parallel zu Newton entwickelte, komplett erfasst oder gar ausgearbeitet. Beide benutzten das Unendliche eher als pragmatische Krücke. Die erste, formal exakte mathematische Erfassung des Infinitesimalen gelang erst im 19. Jahrhundert dem französischen Mathematiker Augustin-Louis Cauchy. Dieser bediente sich dabei im Wesentlichen der Methode des Archimedes: Man nähere sich einer krummlinigen Fläche durch immer feinere Unterteilungen immer genauer an. »Du gibst mir etwas sehr Kleines vor, ich gebe dir immer etwas noch Kleineres«, wie es Archimedes in einem imaginären Dialog ausgeführt hat. Damit wird die Differenz zwischen Annäherung und dem Objekt selbst kleiner als jede beliebige Größe. Mathematiker sprechen in diesem Zusammenhang vom »potenziell Unendlichen«: Mathematische Größen werden so klein oder groß, wie man will. Mit einer tatsächlichen Unendlichkeit (die Mathematiker nennen sie »aktuelle Unendlichkeit«) ist dies noch nicht zu vergleichen. Bei dieser geht man davon aus, dass eine gegebene Menge tatsächlich aus unendlich vielen Elementen besteht. Mit der potenziellen Unendlichkeit umzugehen, ist einfach nur ein mathematisches Rechentool. Wer aber die aktuelle Unendlichkeit mathematisch beherrscht, beherrscht die Welt.

Auch mit Cauchys Kniff gelang es den Mathematikern nur langsam, das »echte« Unendliche zu zähmen, d. h. ohne Fehler und Paradoxien mit ihm umzugehen. Den endgültigen Durchbruch erzielte unter großen Mühen Georg Cantor im späten 19. Jahrhundert. Dazu hatte dieser ein ganz besonderes Konzept einführen müssen, um Mengen mit unendlich vielen Elementen zu vergleichen: die Eins-zu-Eins-Entsprechung. Modern formuliert handelt es sich um »die Abzählbarkeit ihrer Elemente«. Mit diesem Konzept lassen sich zwei unendliche Mengen vergleichen und so das aktuell Unendliche klar definieren und abgrenzen.

Und wie hielt es Archimedes mit der Unendlichkeit? Lange Zeit hatte man geglaubt, dass er sich nie auf das tatsächliche (»aktuelle«) Unendliche bezogen hatte. Er schrieb immer von »beliebig kleinen oder großen Zahlen«, also von potenziellen Unendlichkeiten, aber niemals von tatsächlich unendlich großen oder kleinen Zahlen. Bekannt waren auch nur Annahmen wie »jede beliebige parallele Linie im Dreieck« (von denen es potenziell unendlich viele gibt), nie jedoch die von der »Menge aller Linien im Dreieck«, die tatsächlich unendlich groß ist. Archimedes schien also nur das potenziell Unendliche zu kennen. Zum entscheidenden Schritt von der potenziellen zur tatsächlichen Unendlichkeit war auch er anscheinend noch nicht fähig gewesen. Genau dieser Schritt hatte ab Ende des 19. Jahrhunderts einen geradezu explosionsartigen Fortschritt in den theoretischen, aber auch in den praktischen Erkenntnissen der modernen Mathematik zur Folge. Cantor hatte ihn geschafft, Archimedes nicht. Oder?

An dieser Stelle kommen der Kodex C und die im Palimpsest verborgene »Methodenlehre« des Archimedes ins Spiel. Sie ist die wohl bemerkenswerteste Abhandlung des großen Mathematikers, nicht nur einzigartig innerhalb Archimedes' Gesamtwerk, sondern auch innerhalb der gesamten Mathematik bis zum 19. Jahrhundert. 1906 waren Teile dieser Aufzeichnung entziffert und in die Moderne überliefert worden. Aber erst in einem besonders unleserlichen Teil, der wenige Jahre nach der Auktion bei Christie's im Jahr 2001 sichtbar gemacht werden konnte, fanden die Forscher eine neuartige und ganz und gar aufregende Erwägung des Archimedes. In seinen Ausführungen zur Berechnung des Volumens krummlinig begrenzter Körper wandte Archimedes zunächst seine bekannte Exhaustionsme-

thode an. Doch an einer entscheidenden Stelle sah er sich ge-
zwungen zu beweisen, dass zwei Mengen mit jeweils unendlichen
Elementen gleich viele Elemente besitzen, oder wie er wörtlich
schreibt, sie »gleich in ihrer Vielheit« sind. »Gleich in ihrer
Vielheit« (griechisch: ισος πληθηι, *isos plethei*) ist ein typischer
Ausdruck in der griechischen Mathematik, der besagt, dass die
Anzahl der Elemente in zwei Mengen gleich ist. Für endliche
Mengen war diese Betrachtung nichts Besonderes, doch hier
bezieht sich Archimedes auf unendliche Mengen!

Der Trick, dessen sich Archimedes bediente, um unendliche
Mengen zu vergleichen, und den erst Georg Cantor im Jahr 1874
wieder einführen sollte, ist die Abzählbarkeit der Mengenele-
mente: Lässt sich jedem Element der einen unendlich großen
Menge genau ein Element der anderen ebenfalls unendlich großen Menge zuordnen, so sind die Mengen gleich groß. Mit dieser
Betrachtung nimmt sich Archimedes 2100 Jahre vor der modernen Mathematik des aktuell Unendlichen an!

Die Beherrschung des aktuell Unendlichen ist in der heutigen Mathematik und Physik von zentraler Bedeutung. Man
könnte sagen, dass die moderne Physik ohne sie gar nicht möglich ist: Ohne ein wohldefiniertes mathematisches Konzept des
Unendlichen kann die Physik die Natur nicht systematisch in
Gesetzen erfassen – und beherrschen. Und nun stellte sich anhand des Kodex C heraus, dass ein einzelner Mathematiker und
Physiker der Antike bereits über die dafür notwendigen Konzepte und Vorstellungen verfügte.

Warum hat es fast zwei Jahrtausende gedauert, bis die
Menschheit in der Lage war, an Archimedes' Gedanken anzu-
knüpfen? Und warum geschah der Durchbruch zur modernen
Naturwissenschaft, wie wir ihn seit Ende des 17. Jahrhunderts
erleben und der für Archimedes in unmittelbarer Griffweite lag,
nicht bereits in der hellenistischen Antike? Über das erforder-
liche mathematische Instrumentarium verfügte er bereits. Provokant gesagt: Zwischen Georg Cantor und dem ersten bemann-
ten Weltraumflug liegen keine hundert Jahre – hätte Archimedes
weiter wirken können, hätten zu Jesu Zeiten die ersten Menschen wohl schon Raumstationen auf dem Mond gebaut.

Anders als in der europäischen Renaissance waren mathematische und wissenschaftliche Geistesgrößen wie Archimedes Einzelerscheinungen, die (ganz im Gegensatz zu ihren Philosophen-Kollegen) keine eigenen Schulen gründeten und Nachfolger ausbildeten. Es gab damals ja auch noch keine Universitäten. Diese kamen in Europa erst im späten Mittelalter auf. In einem derart begrenzten intellektuellen Umfeld war es einzelnen Genies daher kaum möglich, mit neuen Gedanken breit und nachhaltig zu wirken.

Wenn also in der Antike vereinzelt modernes, naturwissenschaftliches Denken aufleuchtete, dann nur, um kurz darauf wieder zu verlöschen. Archimedes war das weitaus hellste Feuer seiner Zeit. Mit seinem Tod fiel es zu glimmender Asche zusammen. Nur weil einige seiner Schriften an abgeschiedenen Orten überlebten, erhielt sich ein wenig Glut. Daraus konnten später Genies wie Galilei und Kepler, Newton und Leibniz das Feuer neu anfachen. Seit dem späten 17. Jahrhundert erstrahlt und wärmt es wieder, breitet seinen hellen Schein weiter und weiter aus und ist bis heute nicht erloschen.

2 Der Revolutionär, der keiner sein wollte – Kopernikus und die Mathematik des Himmels

Am Abend des 9. März 1497 beobachtete der Mathematiker und Astronom Domenico Maria da Novara zusammen mit einem seiner Schüler den Sternenhimmel über Bologna. Dort bot sich ihnen ein seltenes Schauspiel: die Bedeckung des Sterns Aldebaran im Sternbild Stier durch den Mond. Wie so viele andere widersprach auch diese Beobachtung der Lehre des Ptolemäus. Der antike Astronom war davon ausgegangen, dass sich Mond und Planeten nicht auf einer einfachen Kreisbahn um die Erde bewegen können, sondern dass sie auf ihrer Bahn kleine Extra-Kreise beschreiben müssen, dessen Mittelpunkt sich jeweils entlang der Kreisbahn bewegt. Diese sogenannten »Epizyklen« bewirken, dass sich Mond und Planeten in Spiralen um die im Mittelpunkt des Weltalls stehende Erde drehen – so wie Gondeln auf einem Kirmes-Karussell, auf dessen Rand kleinere rotierende Scheiben befestigt sind. Nur so waren im geozentrischen Weltbild die unregelmäßigen Bewegungen der Planeten am Himmel und die Mondphasen zu erklären.

Die komplexe Bahnbewegung des Mondes bedeutet aber auch, dass der Abstand des Mondes zur Erde und damit auch der scheinbare Monddurchmesser je nach Mondphase variieren muss. Die Bedeckung des Sternes Aldebaran durch den zu diesem Zeitpunkt herrschenden Halbmond war eine gute Gelegenheit, den Monddurchmesser zu einer anderen Phase als dem Vollmond exakt zu vermessen. Indem da Novara und sein Schüler die Zeitdauer maßen, die der Fixstern hinter dem vorbeiziehenden Mond verschwunden war, kamen sie zum Schluss, dass der Durchmesser des Mondes, wenn er als Halbmond zu sehen ist, fast exakt der gleiche ist wie bei Vollmond. Wieder einmal hatte sich das Weltbild des Ptolemäus als unzuverlässig erwiesen.

Acht Jahre zuvor, also noch bevor sich durch Amerigo Vespucci das alte Weltbild unzweifelhaft als untauglich erwiesen hatte und die Autorität der antiken Gelehrten vollends ins

Wanken geraten war, hatte da Novara als einer der ersten Europäer gewagt, öffentlich den Vorstellungen des Ptolemäus zu widersprechen. Er brachte eine Schrift in Umlauf, in der er den Berechnungen der Breitengrade, die der antike Astronom für mehrere Städte durchgeführt hatte, seine eigenen Berechnungen gegenüberstellte.

Der Breitengrad eines beliebigen Ortes auf der Erde wird bestimmt, indem an dieser Stelle die Höhe des Polarsterns über dem Horizont gemessen wird. Dieser Stern zeigt nicht nur fast exakt die Nordrichtung an; er ist auch der Fixpunkt, um den sich alle anderen Sterne im Verlauf der Nacht zu drehen scheinen, und damit der einzige Stern, der stets an derselben Stelle am Firmament zu stehen scheint – und zwar an jedem Ort der Welt jeweils an einem anderen Punkt des Firmaments. Am Nordpol (Breitengrad 90°) steht der Polarstern genau im Zenit; je weiter man nach Süden kommt, desto niedriger steht dieser Stern über dem Horizont. Geometrische Zusammenhänge führen dazu, dass die Höhe des Polarsterns über dem Horizont dem Breitengrad des Ortes der Beobachtung entspricht. Der Breitengrad von Berlin beispielsweise beträgt 52,3°, im weiter südlich liegenden Zürich 47,2°.

Die von da Novara gemessenen Werte lagen durchgehend über den Werten, die der antike Meister 1200 Jahre zuvor veröffentlicht hatte. Die kleine, aber nicht zu übersehende Differenz betrug systematisch einen Grad und zehn Winkelminuten, sie konnte also kaum zufälliger Natur sein. Irgendetwas musste in der Zeit seit Ptolemäus mit der Position der Erde geschehen sein. Aber genau das war doch unmöglich! Die Erde sollte doch in ewiger Ruhe verweilen!

Dass jemand etwas mit eigenen Augen sah und es doch nicht wagte, das im Widerspruch dazu stehende Weltbild anzuzweifeln, war ein immer wiederkehrender Konflikt der damaligen Zeit. Doch da Novara war einer der besten Astronomen und Sterndeuter Europas. Er traute es sich zu, seine eigenen Beobachtungen denen des Ptolemäus entgegenzusetzen und zur Diskussion zu stellen.

Der Schüler da Novaras hieß Nikolaj Koppernigk, bekannter unter dem Namen Nikolaus Kopernikus. Er studierte in Bologna

Nikolaus Kopernikus (1473–1543),
poln. Astronom und Universalgelehrter.

die Rechte, doch offenbar faszinierte ihn die Astronomie so sehr, dass da Novara Kopernikus unter seine Fittiche nahm. Das Wichtigste, was da Novara seinem Schüler vermittelte, war wohl weniger die Kunst der Astronomie an sich und auch nicht, dass es Differenzen zwischen den Berechnungen antiker und zeitgenössischer Astronomen gab – das war schon lange bekannt, und viel Energie wurde aufgewendet, um das tradierte Weltbild mit mathematischen Kniffen den eigenen Wahrnehmungen anzupassen. Tatsächlich machte Kopernikus dank seines Lehrers die Erfahrung, dass man antiken Autoritäten gegenüber skeptisch sein kann – ja, dass es sogar möglich ist, sie offen anzugreifen. Amerigo Vespucci hatte mit dem Bild der antiken Gelehrten von der Erde aufgeräumt, indem er sich auf seine eigenen Erkenntnisse verließ. Kopernikus sollte auf dieselbe Weise mit dem Bild der antiken Gelehrten vom Himmel aufräumen.

DER EWIGE STUDENT

Nikolaus Kopernikus wurde 1473 im polnischen Thorn als Sohn deutscher Eltern geboren. Als er zehn Jahre alt war, wurden er und seine drei Geschwister zu Waisen. Für sie sorgte nun ein

Onkel, der spätere Fürstbischof von Ermland. Von 1491 bis 1494 studierte Kopernikus an der Universität Krakau die klassischen »Sieben freien Künste«. Dass er keinen Abschluss machte, könnte daran gelegen haben, dass sich Kopernikus stark mit Mathematik und Astronomie beschäftigte und die fünf anderen Künste vernachlässigte. Drei Jahre später verschaffte ihm sein Onkel eine Stellung als Domherr der Kathedrale Frauenburg. Dies war eine schöne Pfründe auf Lebenszeit, mit der Kopernikus finanziell ausgesorgt hätte. Um die Stelle anzutreten, brauchte er nur noch einen Universitätsabschluss. Auf Initiative seines Onkels ging er nach Bologna, wo einige der berühmtesten Gelehrten Europas wirkten, und begann das Studium der Rechte. Hier traf Kopernikus auf Domenico Maria da Novara und erfuhr von neuen Theorien zur Bewegung der Planeten.

Auch in Bologna brach Kopernikus sein Studium ab, ohne dass er einen akademischen Grad erlangt hatte. Als Nächstes versuchte er es mit einem Studium der Medizin an der Universität Padua – wieder ohne Abschlussexamen. Endlich schaffte er es 1503 an der Universität in Ferrara, sein juristisches Studium abzuschließen, indem er den Grad eines Doktors im Kirchenrecht erwarb. Nach insgesamt gut zwölf Jahren als Student kehrte Kopernikus in seine Heimat zurück und arbeitete im Haus seines Onkels als Leibarzt und Vermögensverwalter.

Nikolaus Kopernikus ist heute als Astronom weltberühmt. Dass er sich auch intensiv mit der Geldwirtschaft seiner Zeit beschäftigt hat, wissen nur wenige. Für seine Aufgaben als Berater seines Onkels arbeitete er sich mit wissenschaftlicher Gründlichkeit in Fragen der Administration und des Wirtschafts- und Finanzwesens ein. U. a. beschrieb er 1526 als einer der ersten Ökonomen in seinem Werk *Monetae cudendae ratio* (»Denkschriften über das Münzwesen«) das heute als *Gresham'sches Gesetz* (manchmal auch »Gresham-Kopernikanisches Gesetz«) bekannte Phänomen, dass »schlechtes Geld« mit niedrigem Edelmetallanteil »gutes Geld« mit hohem Edelmetallanteil verdrängt. Auch formulierte Kopernikus darin eine frühe Version der Quantitätstheorie des Geldes, die eine direkte Beziehung zwischen der Geldmenge und dem Preisniveau formuliert. Nicht zuletzt machte Kopernikus die wichtige Unterscheidung zwischen dem Nutzungswert und dem Austauschwert von Rohstoffen. Manche Historiker sehen in seinem Wirken die bedeutendste geldtheoretische Leistung des 16. Jahrhunderts.

Neben seiner Beschäftigung mit Politik und Finanztheorie fand Kopernikus immer wieder Zeit, sich mit seinen geliebten astronomischen Studien zu befassen. Dabei reizte ihn weniger das nächtelange In-den-Himmel-Starren; seine Leidenschaft galt vielmehr der Mathematik und der Naturphilosophie: Kopernikus wollte verstehen, was es mit den Bewegungen am Himmel auf sich hat.

TORKELNDE PLANETEN AUF KRISTALLSCHALEN

Unverrückbare Basis des damaligen Weltbildes war die Beschreibung der Planeten- und Sternenbewegung nach Ptolemäus. Der war Ägypter und hatte um das Jahr 100 n. Chr. alles zu seiner Zeit bekannte Wissen über Astronomie, Mathematik und Medizin gesammelt und in einem vielbändigen Werk zusammengefasst. Sein geozentrisches Bild der Welt beruhte auf den Gedanken des Aristoteles und besaß gut 1400 Jahre lang Gültigkeit: Sterne und Planeten sollten sich, getragen von kristallenen Sphären, auf perfekten Kreisbahnen um die im Mittelpunkt des Universums ruhende Erde bewegen. Von innen nach außen waren die Sphären wie folgt angeordnet: Mond, Merkur, Venus, Sonne, Mars, Jupiter und Saturn. Die achte, äußerste Sphäre war die der Fixsterne.

Wie wir heute wissen, sind die Fixsterne so weit von unserem Sonnensystem entfernt, dass sie sich tatsächlich auf einer Kreisbahn zu bewegen scheinen. Doch schon in der Antike war bekannt, dass es einige Himmelskörper gibt – die mit bloßem Auge sichtbaren Planeten Merkur, Venus, Mars, Jupiter und Saturn –, die von der Erde aus gesehen im Jahreslauf regelrecht über den Nachthimmel schlingern und dabei sogar die eine oder andere Rückwärtsschleife vollziehen. Von einer gleichmäßigen Kreisbewegung kann bei ihnen nicht die Rede sein. Deshalb nannten sie die Griechen auch »Wanderer« (griech. πλανῆται »planētai«). Mit allerlei Hilfskonstruktionen wie z. B. den Epizykeln hatte es

Ptolemäus Mitte des 2. Jahrhunderts n. Chr. geschafft, die vertrackte Bewegung der Planeten im Rahmen eines geozentrischen Weltbildes mathematisch zu beschreiben.

Das Weltbild des Ptolemäus funktionierte viele Jahrhunderte lang ganz gut. Doch je mehr Datenmaterial – insbesondere durch die arabischen Astronomen – zusammenkam, desto klarer wurden die Abweichungen zwischen den Berechnungen, wo sich in Zukunft welcher Planet zu welchem Zeitpunkt befinden würde, und den dann tatsächlich beobachteten Positionen am Himmel. Um die Unstimmigkeiten aufzuheben, wurden dem ptolemäischen Modell über die Jahrhunderte – auch hier waren die arabischen Gelehrten führend – immer mehr Sonderannahmen hinzugefügt. Das ging so weit, dass auf die primären Epizykeln weitere Epizykel aufgesetzt wurden. Das Weltbild wurde immer komplizierter, und doch wurde nie eine zufriedenstellende Übereinstimmung von Theorie und Praxis erreicht.

Ein zweites Problem war die Verschiebung des Frühlingspunktes. Bei einer ruhenden Erde müsste die Position der Sonne am Himmel zu jeder Tag- und Nachtgleiche exakt dieselbe sein. Doch der sogenannte »Frühlingspunkt« wandert sukzessive nach Westen – jedes Jahr nur um eine winzige, kaum wahrnehmbare Distanz. Der Grund dafür ist, dass sich die Rotationsachse der Erde wie ein Kinderkreisel dreht. Der Himmelspol, auf den diese Achse zeigt und um den sich alle Gestirne täglich zu drehen scheinen, ist in Bewegung. Zurzeit steht die Achse zufällig so, dass sie ziemlich genau auf den hellsten Stern im Kleinen Wagen zeigt. Doch der Punkt, auf den sie weist, wandert weiter; in etwa 12.000 Jahren wird Wega, der Hauptstern des Sternbildes Leier, unser Polarstern sein.

Dass sich der Frühlingspunkt verschiebt, war schon 300 Jahre vor Ptolemäus dem griechischen Astronomen Hipparch aufgefallen. Er hatte seine eigenen Beobachtungen mit noch älteren Aufzeichnungen verglichen. Hipparch schätzte die Geschwindigkeit der Bewegung auf ca. ein Grad pro Jahrhundert. Auch Ptolemäus wusste von der Bewegung des Frühlingspunktes. Um sie in sein Weltbild zu integrieren, hatte er eine weitere, neunte Sphäre in sein Modell aufnehmen müssen.

Das Phänomen des wandernden Frühlingspunktes ist heute unter dem Begriff »Präzession« bekannt (von lat. *praecedere,* »voranschreiten«). Pro Jahrhundert verändert sich die Richtung, in die die Rotationsachse zeigt, um 1,4 Grad; Hipparch war also mit seiner Berechnung recht genau gewesen. In 25.800 Jahren durchläuft sie einen kompletten Zyklus. Der Effekt ist, dass zum Frühlingsbeginn, also zur Tag- und-Nachtgleiche, die Sonne heute scheinbar vor dem Sternbild Fische steht, vor 2000 Jahren aber noch im Sternbild Widder stand. Alle 2000 Jahre wandert die Position der Sonne zum Zeitpunkt des Frühlingsbeginns um ca. ein Tierzeichen weiter. Nächstes Sternzeichen: der Wassermann – dann wird das *Age of Aquarius* herrschen.

WIE DIE ERDE AUS DEM ZENTRUM DES UNIVERSUMS RUTSCHTE

Dass die Astronomen die zukünftigen Positionen der Planeten möglichst genau berechnen wollten, hatte ganz handfeste Gründe. So war das genaue Datum des Frühlingsanfangs für die Kirche von großer Bedeutung, denn das höchste Kirchenfest, Ostern, wird am ersten Sonntag nach dem ersten Vollmond nach der Frühlings-Tag-und-Nacht-Gleiche gefeiert (frühestens am 22. März, spätestens am 25. April). Dieser komplizierte Termin war im 4. Jahrhundert auf dem Konzil von Nicäa festgelegt worden. Doch seitdem hatte sich der Frühlingsanfang bereits um ca. zehn Tage verschoben. Erst 1582 machte Papst Gregor XIII. diese Differenz mit seiner Kalenderreform rückgängig. Er ließ zehn Kalendertage jenes Jahres streichen. Weil im bis heute gültigen »Gregorianischen Kalender« innerhalb von 400 Jahren insgesamt drei Schaltjahre ausfallen (das Jahr 2100 wird kein Schaltjahr sein), ist die Verschiebung auf ein Minimum beschränkt.

Und noch einen weiteren Grund gab es für den Wunsch nach möglichst präziser Berechnung künftiger Planetenpositionen: Um auf See zu navigieren, muss man nämlich nicht nur wissen, wohin man fährt (also wo Norden ist), sondern auch, wo genau auf dem Meer man sich befindet. Diese Information lässt sich aus der Peilung von mehreren Punkten am Himmel bestimmen. Sind die Positionen von Planeten und bestimmten, sehr hellen Fixsternen für den fraglichen Zeitpunkt bekannt, dann lässt sich die eigene Position berechnen. Das Bedürfnis nach Genauigkeit in der Navigation zur See also ließ die beobachtende Astronomie zum ersten Mal seit der Antike in Europa wieder aufleben. Denn für die immer weiter in den Atlantik hinausfahrenden Seefahrer war es keine Option, nach den viel zu ungenauen astronomischen Tafelwerken des Ptolemäus zu segeln. Erst genauere Berechnungen erleichterten die schon bald einsetzenden Entdeckungsfahrten von Kapitänen wie Christopher Kolumbus oder Vasco da Gama erheblich.

Mit einem falschen Weltbild lässt sich keine höchste Genauigkeit in der Berechnung der Sternenpositionen erreichen. Die Theorie, dass die Sonne im Mittelpunkt des Universums steht und nicht die Erde, tauchte schon in der Antike auf. Kopernikus' Lehrer da Novara besaß einen Nachdruck des Werkes *Sandrechner* von Archimedes, das einen Bericht über den Astronomen Aristarchos von Samos enthält. Dieser hatte einige Jahrhunderte vor Ptolemäus ein heliozentrisches Weltbild vertreten, mit der Sonne als Feuerball, um den sich die Erde dreht. Archimedes schreibt:

»Du weißt, dass die meisten Astronomen die Welt als eine Kugel bezeichnen, deren Mittelpunkt im Zentrum der Erde liegt und deren Radius der Größe des Sonnenabstandes entspricht. Aristarchos von Samos dagegen hat in seinen Schriften die Lehre aufgestellt, dass das Weltall viel größer ist, als eben behauptet wurde. Er geht von der Annahme aus, dass die Sonne und die Fixsterne unbeweglich bleiben, die Erde sich aber auf einer Kreisbahn um die Sonne bewegt, die sich im Mittelpunkt befindet. Die Fixsternsphäre, die denselben Mittelpunkt umwölbt, ist so groß, dass die Erdbahn zur Fixsternsphäre dasselbe Verhältnis hat, wie der Mittelpunkt einer Kugel zu deren Oberfläche.«

Das persönliche Manuskript da Novaras enthielt sogar eine Randnotiz seines Lehrers, des Astronomen und Mathematikers Johannes Müller:

»Es ist notwendig, dass man die Bewegung der Sterne ein wenig ändere wegen der Bewegung der Erde.«

Johannes Müller – der nach dem Geschmack der Zeit seinen Namen latinisierte und sich, weil er aus Königsberg stammte, »Regiomontanus« nannte – hatte postuliert, dass sich die Erde um sich selbst drehen könnte. Er hatte auch die Kalenderreform ausgearbeitet, die hundert Jahre später von Papst Gregor umgesetzt werden sollte. Regiomontanus hatte ebenfalls einen Lehrer gehabt: Georg von Peuerbach. Die Berechnungen der Planetenbewegungen von Regiomontanus und Peuerbach waren unter dem Titel *Theoricae novae Planetarum* (»Neue Theorie der Planeten«) in ganz Europa verbreitet. Doch beide Astronomen standen noch ganz in der Tradition der ptolemäischen Lehre und rüttelten nur am überlieferten Weltbild, sie stürzten es nicht. In der nächsten Astronomen-Generation ging auch da Novara davon aus, dass sich die Erde um sich selbst dreht; aus den von ihm vermessenen unterschiedlichen Breitenangaben folgerte er, dass sich die Drehachse der Erde in den Jahrhunderten seit der Antike verändert haben muss. Der Druck auf Ptolemäus wurde immer stärker. Am Ende war es – mehr oder weniger zufällig – Kopernikus, der das ptolemäische Gebäude einstürzen ließ und als »Erfinder« des heliozentrischen Weltbildes berühmt wurde.

Kopernikus profitierte von der direkten Linie, die von Aristarchos von Samos zu Archimedes, dann über unzählige arabische Gelehrte zu Peuerbach und Regiomontanus, weiter zu da Novara und endlich von da Novara zu ihm selbst verläuft. Ob da Novara seinem Schüler Kopernikus den *Sandrechner* mitsamt der Randbemerkung des Regiomontanus gezeigt oder gar gegeben hat, ist unter Wissenschaftshistorikern umstritten, gilt jedoch als wahrscheinlich. In einer frühen Version seines späteren Hauptwerkes erwähnt Kopernikus den Aristarchos, strich später allerdings aus ungeklärten Gründen diesen Vermerk in späteren Auflagen wieder aus dem Manuskript.

KOPERNIKUS ZÖGERT

Im Jahr 1510 zirkulierte eine erste Schrift des Kopernikus unter dem Titel *Commentariolus*, der »Kleine Kommentar«, in der Öffentlichkeit (der genaue Erscheinungszeitpunkt ist nicht bekannt). In diesem kaum mehr als zwanzig Seiten umfassenden

Text, mehr ein Thesenpapier als eine abgeschlossene Arbeit, skizzierte Kopernikus die Grundzüge seines heliozentrischen Weltbildes:

* Die Sonne steht im Mittelpunkt aller Sphären. Was wir für die tägliche Bewegung der Sonne halten, rührt von der Drehung der Erde um sich selbst her. Die Jahreszeiten lassen sich aus der Bewegung der Erde um die Sonne erklären.
* Der Abstand der Erde zur Sonne ist im Vergleich zu ihrem Abstand zu den Sternen verschwindend gering. Nur so lässt sich erklären, warum die Fixsterne keine erkennbaren Schleifenbewegungen am Himmel durchführen.
* Der erdnächste Planet, die Venus, sollte wie der Mond ebenfalls unterschiedliche Phasen haben, also je nach Stand zur Sonne einmal sichelförmig und einmal voll erscheinen. Dies lässt sich ohne Teleskop allerdings nicht erkennen; erst 1610 konnte Galilei tatsächlich die Phasen der Venus nachweisen.

Zwei wichtige Prinzipien der aristotelischen Physik ließ Kopernikus unangetastet: Die Planeten bewegen sich auf Kugelschalen. Und: Sie beschreiben perfekte Kreisbahnen.

Dass Kopernikus' *Kleiner Kommentar* kaum Wirkung erzielte, lag zum Teil daran, dass es nur wenige handschriftliche Kopien gab, die Verbreitung also überschaubar war. Kopernikus hatte aber auch darauf verzichtet, seine Aussagen mathematisch zu untermauern; die Astronomen sahen keine Veranlassung, auf ein reines Theoriegebäude einzugehen. Es kursierten ja auch weitere Weltbilder, die sich von dem des Ptolemäus unterschieden, aber keinerlei wissenschaftliche Basis besaßen und deshalb von den Astronomen nicht ernst genommen wurden.

Eines dieser alternativen Weltbilder war das des großen Philosophen und Humanisten Nikolaus von Kues (latinisiert: Cusanus). Etwa fünfzig Jahre vor Kopernikus meinte er, dass die Welt überhaupt keinen Mittelpunkt habe und das Weltall auch keine Grenzen besäße. Die Erde sei gleichrangig mit anderen Sternen und befinde sich nicht in Ruhe. Nikolaus von Kues argumentierte als Philosoph, nicht als Astronom. Auf eine mathematische Ausarbeitung seiner Gedanken kam es ihm nicht an, ihm hätten auch die Kenntnisse dazu gefehlt. Was das Weltbild des Cusanus so interessant macht, ist seine Annahme, dass im Kosmos alle Bewegung relativ ist: Weil es kein ruhendes Bezugssystem gibt, kann es auch keine absolute Bewegung geben. Diese Sichtweise bzgl. der Bewegungen kommt der Einstein'schen Relativitätstheorie erstaunlich nahe.

Warum konnte Kopernikus sein heliozentrisches Weltbild nicht mit einem stringenten mathematischen Modell beweisen und die Astronomen ein für alle Mal davon überzeugen? Die Vorteile seiner Erklärung waren ja unbestreitbar. Zum einen erklärte es die Bewegungen der Planeten besser als das ptolemäische: Die Erde überholt auf ihrer Bahn um die Sonne andere Planeten bzw. wird von ihnen überholt – so kommen die »irrlichternden« Bewegungsmuster der Planeten am Himmel zustande. Zum anderen erklärte es sie auch einfacher: Das heliozentrische Weltbild hatte nur noch eine sehr geringe Anzahl an Epizykeln – z. B. den des Mondes um die Erde. Ohne das unschöne Flickschusterwerk aus Sonderregeln und Sonder-Sonderregeln kam es dem platonischen Gedanken, dass Schönheit gerade in der Einfachheit liegt, viel näher.

Doch auch das heliozentrische Weltbild des Kopernikus stimmte nicht perfekt mit den Beobachtungen überein. Deshalb tat sich Kopernikus schwer damit, seine Idee in mathematische Formeln zu packen. So wie für Platon und Aristoteles war auch für Kopernikus nur eine kreisförmige Bewegung der Himmelskörper denkbar. Er begründete dies damit, dass in der Welt eine göttliche Instanz am Werk ist, die diese nach vollendeten Gesetzen geschaffen hat. Einer gleichmäßigen Kreisbewegung um die Sonne widersprach jedoch die Beobachtung, dass sich die Planeten einmal schneller und ein anderes Mal wieder langsamer über den Himmel bewegen. Dies war der Grund, warum auch Kopernikus sich zuletzt gezwungen sah, mit Epizykeln und anderen schwerfälligen Hilfskonstruktionen zu arbeiten. Im Ergebnis konnte er deutlich genauere Angaben als alle anderen Astronomen machen, welcher Planet zu welchem Zeitpunkt an welcher Stelle stehen würde. Doch ganz gleich, welche Kniffe Kopernikus anwandte: Er erreichte nie eine exakte Übereinstimmung von Theorie und Beobachtung.

Wir wissen heute, dass der Grund der Abweichungen darin lag, dass die Planeten nicht auf Kreisbahnen, sondern auf elliptischen Bahnen um die Sonne rotieren. Die Abweichung der Erdbahn und der meisten Planeten – mit Ausnahme des Merkur – ist von einer perfekten Kreisbahn zwar nur gering[56], aber dennoch groß genug, dass Kopernikus sie nur mit komplizierten Modellen nachvollziehen konnte.

DIE REVOLUTION ...

Kopernikus' mathematische Bemühungen blieben nicht unbemerkt. Im Jahr 1533 ließ sich der Medici-Papst Klemens VII. von einem Sekretär »die kopernikanischen Sätze über die Bewegung der Erde« erklären. Die Genauigkeit seiner Vorhersagen wurde wohlwollend vermerkt. Das den Berechnungen zugrundeliegende heliozentrische Weltbild wurde als reine Hilfskonstruktion wahrgenommen, um zu den mathematischen Ergebnissen zu kommen – »Hauptsache, es hilft«, könnte man sagen. Dass dieses Modell eine reale Beschreibung der Himmelskörper sein könnte, war niemandem bewusst. Deshalb kam auch niemand auf die Idee, Kopernikus als Ketzer anzuzeigen.

Und Kopernikus selbst? Er sah sich nicht als Umstürzler. Es lag ihm daran, die ptolemäische Himmelslehre mit dem Wissen aus der Antike und der islamischen Astronomie zu ergänzen. Er muss aber gesehen haben, dass er sich in Widerspruch zur Heiligen Schrift befand, in der es unmissverständlich heißt (Psalm 93,1): »Ja, der Erdkreis ist fest gegründet, nie wird er wanken.«

Immer wieder überarbeitete Kopernikus sein astronomisches Hauptwerk, zögerte die Veröffentlichung hinaus. Schon Jahre vor der letztendlichen Publikation hatte er es in seinen wesentlichen Zügen fertig niedergeschrieben. Doch erst im Jahre 1543 kam Kopernikus' Schrift *De revolutionibus orbium coelestium* (»Über die Umdrehungen der Himmelskreise«) auf den Markt – aus diesem Titel sollte sich später das Wort »Revolution« herleiten. Kopernikus widmete sein Werk dem neuen Papst Paul III. und rechtfertigte sich umständlich, »wie mir der

Einfall gekommen wäre, dass ich gegen die anerkannte Meinung der Mathematiker und sogar gegen die allgemeine Anschauung gewagt habe, mir irgendeine Bewegung der Erde vorzustellen«.

De revolutionibus war nicht als Lektüre für jedermann gedacht. Mit mehr als 400 Seiten teils endloser Zahlenkolonnen zu Sternpositionen und Planetenbahnen war es eine Abhandlung für Spezialisten. Lediglich im ersten Teil von *De revolutionibus* legte Kopernikus sein neues Weltbild explizit dar. In den folgenden Kapiteln beschrieb er die Details seines Modells in teils komplizierter Weise, ganz im Stile von Ptolemäus mit vielen Hilfszirkeln und -konstruktionen.

Kopernikus' einziger Schüler, der Mathematiker Georg Joachim Rheticus, hatte die Abschrift vollendet und das Werk 1541 zum Druck nach Nürnberg gebracht. Den Druck sollte der protestantische Pfarrer Andreas Osiander überwachen. Der jedoch tat etwas so Unerhörtes wie Bedeutendes: Er fügte dem Werk eigenmächtig ein anonymes Vorwort hinzu, in dem er das heliozentrische Weltbild als mathematische Hilfskonstruktion bezeichnete, nicht zu verwechseln mit einer physikalischen Theorie über die wirkliche Beschaffenheit des Kosmos. Damit verfälschte Osiander Kopernikus' Aussagen, zu denen dieser sich endlich durchgerungen hatte, machte sie aber zugleich erträglicher für die kirchlichen Autoritäten.

Kopernikus konnte sich gegen diesen Zusatz nicht mehr wehren. Er starb am 24. Mai 1543 an den Folgen eines Schlaganfalls – an dem Tag, als er sein fertiges Buch zum ersten Mal in Händen hielt, wie sein enger Freund Tiedemann Giese in einem Brief an Rheticus berichtete. Es wird mitunter behauptet, dass Kopernikus vor Gram starb, als er das gefälschte Vorwort entdeckte. Das ist allerdings wenig wahrscheinlich, da er sich zu diesem Zeitpunkt infolge seines Schlaganfalls bereits in einem geistig umnachteten Zustand befunden haben muss.

Es ist ein bis heute weit verbreitetes Missverständnis, dass sich mit Kopernikus die Himmelslehre sofort grundlegend vereinfachte. Tatsache ist: Das Buch passte nahezu perfekt in das überlieferte Schema der antik-hellenistischen Naturlehre, wie sie auch Ptolemäus prägte: Es lieferte eine mathematisch-

abstrakte Beschreibung der Natur, zögerte aber, deutliche naturphilosophische und weltanschauliche Konsequenzen zu ziehen
und deren physikalische Realität anzuerkennen (was auch an
der hinzugefügten Einleitung Andreas Osianders liegt). Auch
bot es keinerlei neue empirische Befunde, sondern war vielmehr
eine Neu-Interpretation bekannter Beobachtungen, ganz auf der
Grundlage bekannter astronomischer Lehrbücher und Aufzeichnungen inklusive der Erkenntnisse islamischer Astronomen.

... DAUERT MANCHMAL ETWAS LÄNGER

Über ein halbes Jahrhundert lang war Kopernikus' Bekenntnis
zu einem heliozentrischen Weltbild nicht auf dem Index der
Kirche. Ganz im Gegenteil: Man begrüßte die ausführlichen
Sterntafeln und neuen Rechenverfahren, weil sich mit ihrer
Hilfe der Kalender, u. a. das Osterfest, viel leichter berechnen
ließ und auch eine exaktere Navigation möglich wurde. Dass der
naturphilosophische Inhalt des Werkes – der Wechsel des Zent-
rums von Erde zu Sonne – so große Startschwierigkeiten hatte,
lag daran, dass die Gelehrten diese Idee als abstruses Fantasie-
gebilde abtaten. Sowohl Katholiken als auch Protestanten sahen
in der möglichen konkreten Realität eines heliozentrischen Weltbildes ein Hirngespinst.

Erst nach etwa fünfzig Jahren wurde Kopernikus' neue
Theorie in der breiteren Öffentlichkeit ernst genommen und
diskutiert. Erst jetzt offenbarte sich der revolutionäre Charakter
der Schrift. Als 1616 klar geworden war, dass hinter dem heliozentrischen Modell des Kopernikus ein neues konkretes physi-
kalisches Weltbild steht, verbot die Kirche das Werk. Auch viele
Astronomen blieben kritisch. Ihre Ablehnung war kein Zeichen
von Sturheit und Ignoranz, sondern hatte – abgesehen davon,
dass das geozentrische System wesentlich besser mit dem gesun-
den Menschenverstand übereinstimmt als eine sich bewegende
Erde – gute wissenschaftliche Gründe.

Wir Menschen müssten mit der Bewegung der Erde einen
Fahrtwind spüren, und Gegenstände müssten in einer schrägen
Bahn zu Boden fallen. Das Prinzip der Trägheit wurde erst ein
halbes Jahrhundert nach Kopernikus von Galileo Galilei ent-

deckt. Und welche Kraft sollte die mächtige Kreisbewegung der Erde bewirken? Im ptolemäischen System war die Erklärung noch einfach gewesen: Die Himmelskörper bestehen aus einer Äthersubstanz, die eine natürliche Tendenz zur Kreisbewegung hat; die Erde hingegen ist aus einer anderen Substanz geformt.[57] Es war Isaac Newton, der etwa 150 Jahre später die Gravitationskraft als zentralen Treiber der Planentenbewegung erfasste.

Würde sich die Erde um die Sonne drehen, müssten die Fixsterne am Himmel eine entsprechende Bewegung zeigen. Diese sogenannte »Parallaxe« ließ sich aber zu Kopernikus' Zeiten nicht beobachten; die Sterne schienen wirklich fix zu sein. Erst 1838 konnte Friedrich Wilhelm Bessel mit den neuesten, sehr genauen Teleskopen zeigen, dass es tatsächlich eine durch die Bewegung der Erde um die Sonne hervorgerufene Fixsternparallaxe gibt. Selbst mit diesem Beweis hatte man noch keine Vorstellung davon, wie unermesslich groß unser Universum tatsächlich ist.

Kopernikus löste das Problem der Parallaxe mit der (den Tatsachen entsprechenden) Annahme, dass die Größe der Erdbahn um die Sonne im Vergleich zum Abstand der Sterne verschwindend klein ist. Doch wenn man die Sterne beobachtet, scheinen sie einen gewissen Durchmesser zu besitzen. Wären die Fixsterne wirklich so weit weg von der Erde, wie Kopernikus es behauptete, müssten die Sterne ja ungeheuer groß sein. Was die Astronomen damals nicht wissen konnten: Wenn ein Lichtstrahl aufs Auge fällt, entsteht wegen der Wellennatur des Lichtes das sogenannte »Beugungsscheibchen«, auch »Airy-Scheibchen« genannt. Ohne dieses Phänomen, das der englische Mathematiker und Astronom George Biddell Airy im 19. Jahrhundert beschrieb, wäre das Abbild jedes Sternes auf unserer Netzhaut tatsächlich punktförmig.

Später kam noch ein weiteres Argument gegen eine sich bewegende Erde dazu: Ein rotierender Planet übt eine Kraft auf sich waagerecht zur Erdoberfläche bewegende Objekte aus. Solche Ablenkungen in rotierenden Systemen wurden erst im 19. Jahrhundert gemessen, die entsprechende Kraft wird nach dem französischen Mathematiker und Physiker Gaspard Gustave de Coriolis, der sie als Erster beschrieb, »Coriolis-Kraft« genannt. Sie bewirkt z. B., dass sich die Luft von Hochdruckgebieten nicht direkt zu Tiefdruckgebieten bewegt, wie es dem Druckgefälle entsprechen würde, sondern Umwege macht und Spiralbahnen beschreibt, wie wir sie von Wetterkarten kennen.

Die Kritiker des heliozentrischen Weltbildes hatten also gute Argumente auf ihrer Seite. Auch wenn sie letztendlich irrten, haben sie Respekt verdient. Kühne Behauptungen streng zu prüfen, ist bis in die Gegenwart guter wissenschaftlicher Brauch. Man könnte sogar nach heutigen wissenschaftlichen Standards Kopernikus vorwerfen, dass er zum Zeitpunkt seiner Veröffentlichung noch zu viele Fragen offen lassen musste. Heute hätte er es schwer, in einer der renommierten wissenschaftlichen Zeitschriften seine These veröffentlichen zu dürfen.

DER LETZTE ASTRONOM DER ARABISCHEN TRADITION

Wissenschaftshistoriker haben lange geglaubt, dass die Funktion der arabischen Kultur bei der Übertragung des antiken Wissens in die Neuzeit nur die eines Staffelträgers war: Arabische Gelehrte bewahrten die antiken Texte, indem sie sie aus dem Griechischen in ihre eigene Sprache übersetzten, und als Europa gegen Ende des Mittelalters endlich aus seinem intellektuellen Tiefschlaf erwachte, konnten sich die europäischen Gelehrten in den arabischen Bibliotheken bedienen, das antike Wissen weiterentwickeln und so die moderne Wissenschaft aus der Taufe heben. Doch das Puzzle, das die historische Forschung aus zahlreichen arabischen Quellen rekonstruiert, ergibt inzwischen ein ganz anderes Bild: Über Jahrhunderte hinweg waren es ausschließlich arabische Gelehrte, die das Wissen der Griechen entscheidend weiterentwickelten. Am Beispiel des ptolemäischen Weltbildes kann man das sehr gut sehen.

Spätestens seit dem 10. Jahrhundert war arabischen Astronomen klar, dass die Astronomie des Ptolemäus mathematisch unstimmig war und sogar einige haarsträubende Fehler und Widersprüche aufwies. Selbst die einfachsten Planetenbewegungen konnte sie nicht erklären, ohne Grundprinzipien der von Ptolemäus so hoch geschätzten aristotelischen Naturphilosophie zu verletzen. Während Europa sich durch das finstere frühe Mittelalter quälte und seine Gelehrten es nicht wagten, die von der Kirche anerkannten Autoritäten und Dogmen infrage zu stellen, arbeiteten die Astronomen und Mathematiker der arabischen Welt Schritt für Schritt die Grundlagen für eine mathematisch konsistente, geozentrische Astronomie heraus.[58]

Insbesondere der arabische Astronom Ibn al-Shatir entrümpelte die hellenistische Kosmologie. 150 Jahre vor Kopernikus stellte er ein stark verändertes, allerdings immer noch geozentrisches Modell der Planentenbewegung auf, das das Weltbild des Ptolemäus in vielerlei Hinsicht verbesserte und mathematisch konsistenter machte. Ibn al-Shatir und seine arabischen Kollegen schufen das Fundament für jeden zukünftigen astronomischen Fortschritt, nicht zuletzt auch für die Erfolge des Kopernikus.

Ob Kopernikus direkten Zugang zu den arabischen Schriften besessen hat, wissen wir nicht. Gegebenenfalls gab es zu seiner Zeit bereits griechische Übersetzungen von Ibn al-Shatir und anderen arabischen Astronomen. Sie zu lesen, wäre für Kopernikus kein Problem gewesen; er hatte in Italien die griechische Sprache gelernt. Heutigen Historikern stellt sich weniger die Frage, ob Kopernikus grundlegend von der arabischen Astronomie beeinflusst wurde, sondern wie genau ihn die arabischen Schriften auf dem Weg zu seiner neuen Astronomie führten. So konnte die Forschung beispielsweise zeigen, dass Kopernikus' Modelle der Mond- und Merkurbewegung Vektor für Vektor und Zahl für Zahl von Ibn al-Shatir stammen[59]. In Kopernikus' Buch *De revolutionibus* finden sich auch Zeichnungen, die er in allen Einzelheiten – inklusive der Beschriftung – aus dem fast 300 Jahre älteren Werk des arabischen Gelehrten Nasir al-Din al-Tusi kopiert hatte. Al-Tusi hatte gemeinsam mit seinem Mitarbeiter Mu'ayyad al-Dīn al-'Urḍī die zwei wesentlichen mathematischen Einsichten gewonnen, die in der Antike noch nicht bekannt, für den Sprung vom geo- zum heliozentrischen Weltbild aber zwingend notwendig waren.[60]

Kopernikus' revolutionärer Schritt war also wesentlich kleiner, als die westliche Kultur es lange Zeit für sich in Anspruch genommen hat. Er löste im 16. Jahrhundert die gleichen mathematischen Probleme, mit denen sich die arabischen Astronomen bereits im 13. Jahrhundert herumgeschlagen und für die sie schließlich mathematische Lösungen gefunden hatten. Kopernikus' Leistung ist also alles andere als die isolierte intellektuelle Genieleistung eines Wissenschaftlers der europäischen Renaissance. Vieles hat er in arabischen Schriften vorgefunden; sein Verdienst besteht darin, dass er den allerletzten Schritt vom geo- zum heliozentrischen Weltbild gegangen ist, den die arabischen Gelehrten nicht gewagt hatten.

Kopernikus ist also nicht als der erste bedeutende Astronom des westlichen Kulturkreises anzusehen, sondern vielmehr als der letzte Astronom der arabisch-islamischen Tradition. Er beschließt die über viele Jahrhunderte während Kontinuität östlich geprägter Astronomie – denn nach ihm brachte die arabische Kultur keinen bedeutenden Astronomen mehr hervor. Erst Johannes Kepler, der die Ellipsenform der Planetenbahnen erkannte, tat sich durch eigenständiges Denken hervor, das über das bereits Gedachte und Vorbereitete der arabischen Welt hinausging. Kepler ist tatsächlich der erste Wissenschaftler westlicher Prägung.

3 Das größte Naturtalent aller Zeiten – Galileo Galilei und die Erfindung der modernen Wissenschaft

Mit dem Polen Nikolaus Kopernikus und dem Deutschen Johannes Kepler betrat die Wissenschaft in Form der Kombination aus kritisch-rationalem Denken, exakter Beobachtung und mathematischer Finesse die Weltbühne. Doch eine wichtige Zutat fehlte noch, um die wissenschaftlichen Tugenden zu komplettieren. Es war der Italiener Galileo Galilei, der das Experiment methodisch fest in der Wissenschaft verankerte, um dann auf Experimenten beruhende mathematische Gesetze zu formulieren.

Wie Kopernikus und Kepler war auch Galilei – er war 1564 in Pisa zur Welt gekommen und damit fünf Jahre älter als Kepler – ein bedeutender Astronom. Als er 1609 von einem kurz zuvor in Holland erstmals mit einigem Erfolg zusammengebauten Fernrohr hörte, reagierte Galilei schnell: Er eignete sich die Kunst des Linsenschleifens an und baute das Gerät nach. Doch anders als die Holländer wollte er nicht irdische Landschaften näher ans Auge heranholen: Galilei wollte mit dem Fernrohr das Firmament erforschen. Sein erstes Teleskop erreichte nur eine vierfache Vergrößerung, auch die Bildqualität war nicht zufriedenstellend. Doch bald konnte Galilei den Himmel bereits in acht- bis neunfacher Vergrößerung beobachten. In späteren Jahren baute er sogar ein Fernrohr mit bis zu 33-facher Vergrößerung.

Galilei war der Erste, der mit einem Fernrohr auf die Sterne schaute. Was für ein erhabener Moment muss das gewesen sein! Umgehend machte er eine ganze Reihe bedeutender Entdeckungen:

- Um den Jupiter kreisen Monde; Galilei nannte sie »Medici-Sterne« – ein Dankeschön an seine Geldgeber.
- Die Venus besitzt tatsächlich Phasen – so wie beim Mond gibt es eine »Halb-Venus« und eine »Voll-Venus«. Das hatte das kopernikanische Weltbild bereits vorhergesagt.

- Die Mondoberfläche ist nicht perfekt glatt, sondern durch Krater »entstellt«.
- Die Milchstraße ist kein nebeliges Gebilde, sondern eine An-häufung zahlloser Sterne.

Jahrtausendelang hatten Menschen nur mit bloßem Auge den Himmel beobachten können. Mit einem Schlag hatten sich die Möglichkeiten, Beobachtungen und Erfahrungen zu machen, nun vervielfacht.

EIN KILO EISEN UND EIN KILO FEDERN

Galilei publizierte seine Beobachtungen 1610 in dem Werk *Sidereus Nuncius* (»Der Sternbote«), das ihn mit einem Schlag berühmt machte. Noch heute gilt er als größter Astronom aller Zeiten. Doch in Galileo Galilei steckte viel mehr, um »nur« als Himmelsgucker in die Geschichte einzugehen.

Eine Anekdote berichtet, dass der junge Galilei an einem Sonntag in einer Kirche saß und gelangweilt die Schwingungen eines versehentlich angestoßenen Kronleuchters beobachtete. Mithilfe seines Pulsschlags maß er die Dauer der Schwingungen und stellte fest, dass sie immer gleich lang war, auch als der Kronleuchter langsam wieder zur Ruhe kam und die Ausschläge immer geringer wurden. Bei dieser reinen Beobachtung beließ Galilei es aber nicht. Zu Hause führte er zahlreiche Versuche mit verschiedenen Pendeln durch. Tatsächlich, so entdeckte er, hängt deren Schwingungsdauer (bei ausreichend geringen Aus-schlägen) nicht von der Weite des Ausschlags ab, sondern nur von der Länge des Pendels. Diesen Zusammenhang entdeckte der Italiener nicht, indem er die Natur beobachtete, sondern indem er die Natur manipulierte, also mit verschiedenen Pendel-gewichten und -längen experimentierte.

Die Entdeckung des Pendelgesetzes war für Galilei wie eine kleine Fingerübung, denn seine Entdeckung der Gesetze des freien Falls war weitaus bedeutsamer. Galileis Messmethoden hierzu zeigen, dass erfolgreiches Experimentieren oft eine gehö-rige Portion Kreativität erfordert. Galilei war zu dem Schluss gekommen, dass der freie Fall ein wichtiger Schritt bei der Erforschung von Bahn und Geschwindigkeit der Bewegungen von Körpern darstellt. Allerdings ließ sich der freie Fall mit den damals zur Verfügung stehenden Uhren nicht ausreichend genau messen. Zwar soll Galilei Kugeln mit unterschiedlichem Gewicht vom Schiefen Turm von Pisa geworfen haben, um zu zeigen, dass sie alle gleich schnell fallen. Jedoch standen zur damaligen Zeit keine Messgeräte zur Verfügung, die die Falldauer mit der benötigten Genauigkeit hätten aufzeichnen können.

Galilei erkannte, dass das Phänomen des freien Falls nur zu erforschen ist, wenn der Fall künstlich verlangsamt wird. So kam Galilei auf eine brillante Idee: Er konstruierte eine schiefe Ebene, ließ Kugeln darauf herabrollen und maß die Zeitabstände, die die Kugeln benötigten, um verschiedene Distanzen zurückzulegen. Doch die Laufzeiten waren immer noch zu kurz, um sie mit den damals zur Verfügung stehenden Uhren genau genug zu messen. Eine zweite Idee musste her. Galilei installierte in bestimmten Abständen an den Rändern der Ebene Glöckchen und verwendete zur Messung der Zeit die akustischen Töne, die durch das Vorbeirollen der Kugeln entstanden. Sein feines musikalisches Ohr ließ ihn die Abstände der Glöckchen auf der schiefen Ebene so einstellen, dass die herabrollenden Kugeln einen regelmäßigen Rhythmus anzeigten. Und siehe da: Die Glöckchenabstände zum Ausgangspunkt der Kugel folgten einem quadratischen Zusammenhang.

Mittels seiner Experimente konnte Galilei zeigen, dass der freie Fall von Körpern bzw. ihr freies Rollen auf einer schiefen Ebene unabhängig von ihrer Masse stattfindet. Auf dieser Erkenntnis aufbauend formulierte er sein universelles Fallgesetz: Alle Körper fallen mit der gleichen Beschleunigung, weisen also nach gleichen Zeitabständen gleiche Geschwindigkeiten auf und haben dieselben Wegstrecken zurückgelegt. Galilei erkannte auch die störenden Faktoren, die uns den direkt beobachtbaren Zugang zu seinem Gesetz versperren: den Luftwiderstand und die Reibung.[61]

Erst durch den Ausschluss störender Einflüsse zeigen uns Experimente den Weg zu den Naturgesetzen. Dass ein leichter und ein schwerer Körper gleich schnell fallen sollen, widerspricht vollkommen unserer Alltagserfahrung. Nur spezielle Experimente (Bau einer schiefen Ebene, Herstellung eines Vakuums) räumen Störfaktoren beiseite und lüften so den Schleier. Genau das bedeutet Experimentieren: Um komplizierte Zusammenhänge zu erfassen, werden die Messbedingungen möglichst vereinfacht. Denn hier auf der Erde müssen im vereinfachenden Experiment die Faktoren ausgeschaltet werden, die die Einfachheit der Naturgesetze stören. Nur im luftleeren Universum gibt es keine Störeffekte; deshalb lassen sich die Gesetze der Himmelsmechanik direkt aus den Beobachtungen ablesen. Das ist der Grund, warum die wissenschaftliche Revolution mit der Erkenntnis der Planetenbewegung begann. Die Kunst des Experimentierens machte den Weg frei, auch auf der Erde Erkenntnisse zu sammeln und den Naturgesetzen auf die Spur zu kommen.

AUGE UND HAND

Galileo Galileis Begabung fürs Experimentieren lag in der Familie. Der Vater Vincenzo Galilei war Musiktheoretiker und hatte durch Versuche erkannt, dass sich die Tonhöhe einer angeschlagenen Saite nicht, wie es die pythagoreische Lehre der Musikharmonie behauptete, proportional zu ihrer Spannung verhält. Phänomene durch Experimente erklären – so weit waren Alhazen und Roger Bacon allerdings auch schon gewesen.

Vincenzos Sohn Galileo ging über das reine Hinschauen und Überprüfen hinaus: Er suchte bewusst nach den mathematischen Zusammenhängen und fasste seine Beobachtungen in mathematische Abstraktionen – hier zog er mit Kopernikus und Kepler gleich. Galilei brillierte zwar nicht als Mathematiker, die Mathematik von Kopernikus oder Kepler (und sogar die von Archimedes) war weit kunstvoller und tiefgreifender. Doch Galilei war sehr gut darin, mathematische Zusammenhänge zu erkennen. So gelang es ihm als erstem Menschen, aus seinen eigenen Beobachtungen mathematische Gesetze abzuleiten (Kopernikus hatte sich auf vorliegendes Datenmaterial gestützt). Nur Archimedes, der lange vergessene, von Galilei tief verehrte griechische Denker, war ähnlich vorgegangen. Doch es war Galilei, der als

Erster in Worte fasste: »Das Buch der Natur ist in der Sprache der Mathematik geschrieben«.

Noch einen weiteren Schritt ging Galilei, der ihn über das reine Experimentieren hinausführte. Er wollte sein Wissen ganz praktisch umsetzen – das hatte vor ihm in dieser Konsequenz wohl nur Archimedes getan, als er z.B. maßgeblich an der Verteidigung seiner Heimatstadt Syrakus mitwirkte:

- Den Zusammenhang zwischen Pendellänge und Schwingungsdauer hatte Galilei schon sehr früh gefunden. Doch bis in seine letzten Lebensjahre beschäftigte er sich mit dem Problem, wie man diese Entdeckung zur Zeitmessung nutzen kann. Erst etwa fünfzehn Jahre nach Galileis Tod konnte der Holländer Christian Huygens 1657 die Pendeluhr zum Patent anmelden und damit die Zeitmessung revolutionieren.

- Als Galilei ab 1592 in Padua den Lehrstuhl für Mathematik innehatte, machte er sich einen Namen als Ingenieur und entwickelte u.a. ein Rechengerät, das sich in ganz Europa verkaufte und ihn sehr wohlhabend machte.

- Durch Experimente konnte Galilei das jahrtausendealte Problem der Wurfbewegung lösen: Geworfene Körper durchlaufen eine Bahn, die das Ergebnis zweier unabhängig wirkender Einflüsse ist, erstens der geradlinigen Bewegung, die sie aufgrund ihrer Trägheit durchlaufen, und zweitens der Fallbewegung aufgrund der Erdanziehung. Die Kombination dieser beiden Bewegungen ergibt eine Parabelbahn. Zur Begeisterung der Militärexperten konnten sie mit Galileis Formeln die Bahnen von Fluggeschossen exakt berechnen.

Nach seinen Fallgesetzen war das Trägheitsgesetz das zweite wichtige Gesetz, das Galilei durch Experimentieren entdeckte. Es besagt, dass Körper, auf die keine äußeren Kräfte wirken, in ihrem gegebenen Bewegungszustand verharren. Das bedeutet: Ein sich bereits in Bewegung befindlicher Körper bewegt sich geradlinig und mit konstanter Geschwindigkeit weiter, bis er durch irgendeine Kraft darin gestört wird. Auch hier ging Galilei auf Konfrontationskurs mit der Alltagserfahrung: Bewegte Körper werden in ihrer Bewegung abgebremst und kommen irgendwann zur Ruhe. Dies liegt daran, dass die »unsichtbaren« Kräfte von Reibung und Luftwiderstand auf sie einwirken. Auch das Trägheitsgesetz ist das Ergebnis von Experimenten, die störende Einflüsse weitgehend ausgeschlossen hatten.

VON DER KOMPLEXITÄT ZUM EINFACHEN

Die Bedeutung des Trägheitsgesetzes und der daraus entwickelten Bewegungslehre für den Fortgang der modernen Physik kann gar nicht stark genug betont werden – als erstes und vielleicht fundamentalstes Beispiel einer Vereinheitlichung: der Vereinheitlichung von Bewegung und Ruhe.

Für Aristoteles waren Bewegung und Ruhe noch völlig verschiedene Zustandsformen – entweder ein Körper bewegt sich oder eben nicht. Doch Galilei entdeckte, dass beide Zustände nur zwei Seiten derselben Medaille sind. Denn ob sich etwas in Ruhe oder in Bewegung befindet, ist allein vom Beobachter abhängig: Sitzt der Beobachter in einem fahrenden Zug, nimmt er den Zug als in Ruhe befindlich wahr; steht er dagegen an einem Bahnübergang, sieht er den Zug vorbeirauschen und somit in Bewegung. Kann ein Beobachter also entscheiden, ob sich etwas in einem absoluten Sinne bewegt oder nicht? Aristoteles hätte diese Frage mit einem klaren »Ja« beantwortet, Galilei mit einem ebenso klaren »Nein«.

In Galileis vereinheitlichtem Konzept gibt es weder einen absoluten Ruhezustand noch ein klares Kriterium für (unbeschleunigte) Bewegung – Ruhe und Bewegung sind relativ. Das Trägheitsprinzip nennen die heutigen Physiker daher »Relativitätsprinzip«. Galilei legte das Fundament zu einer Theorie, die im frühen 20. Jahrhundert entwickelt wurde und das Wort »Relativität« explizit in ihrem Namen trägt.

Vereinheitlichung ist ein typisches Merkmal der modernen Wissenschaften: Zuerst wird durch die Vielzahl der Beobachtungen im Experiment das Verständnis von der Welt komplexer – immer mehr Phänomene müssen ja irgendwie erklärt werden. Und dann kommt die Phase der Vereinheitlichung, in der die

Wissenschaftler begreifen, dass sich die beobachteten Phänomene auf eine immer geringer werdende Anzahl von Grundannahmen und mathematischen Gesetzen zurückführen lassen.

Neben der Vereinheitlichung von Bewegung und Ruhe gibt es eine weitere Vereinheitlichung, die auf Galilei zurückgeht, und zwar die Vereinheitlichung von Erde und Himmel. Als Galilei erkannte, dass die mathematischen Gesetze der perfekt ablaufenden Himmelsdynamik die gleichen wie die auf der Erde sind, vereinfachte sich das Bild, das sich Menschen von der Welt machen: So wie Vespucci gezeigt hatte, dass die Erde nicht in Land- und Meeressphäre getrennt ist, zeigte Galilei, dass auch Himmel und Erde eine einzige Sphäre sind. Mit einem Federstrich hob er so die jahrtausendealte Trennung zwischen Himmel und Erde auf. Er entmystifizierte die himmlische Sphäre, indem er nachwies, dass Himmelskörper nicht perfekt sind: Auch sie können Störungen ausgesetzt sein; z. B. können Kometen unregelmäßige Bahnen beschreiben.

Von nun an konnten im Himmel und auf der Erde also dieselben mathematischen Gesetze angewendet werden. Seit Galilei streben Physiker immer wieder solche Vereinheitlichungen an. Diese sind meist Ausgangspunkt für physikalische Theorien und stehen für den Wunsch der Physiker, hinter der Vielfalt der Phänomene einheitliche Gesetze zu finden.

Streng wissenschaftlich im Sinne von Galileis Zeitgenossen Francis Bacon, der darauf drängte, sich nur an die gegebenen Fakten zu halten, ist dieses Streben nach Vereinfachung allerdings nicht. Denn hinter dem Wunsch, Naturgesetze möglichst zu vereinheitlichen, steht der eher metaphysische Glaube, dass sich hinter den beobachtbaren Phänomenen tatsächlich eine einzige »Weltformel« verbirgt.

DER PHILOSOPHISCHE WEBFEHLER

Galileo Galilei steht am Anfang eines Prozesses der Welterklärung, die durch immer mehr und immer komplexere Beobachtungen zu immer einfacheren Gesetzen kommen will. Der Italiener war nicht der Erste, der experimentierte, und er war auch nicht der Erste, der die Beobachtungen mit mathematischen Abstraktionen zu erfassen versuchte. Aber er war der Erste, der beides – systematische Experimente und mathematische Beschreibung – miteinander verzahnte: Das systematische Experimentieren macht Beobachtungen wiederholbar und messbar, und man gelangt dadurch zu mathematisch formulierbaren Zusammenhängen. Die gefundenen Gesetze wiederum lassen sich durch weitere Experimente überprüfen.

Genau in diesem ewigen Aufeinanderfolgen von Experiment und mathematisch formulierter Theorie, neuem Experiment und bei Bedarf neuer Theorie besteht die wissenschaftliche Methode, die damals ein ganz neuer Weg zur Erkenntnis war und noch heute die Wissenschaftler leitet und begeistert.

Diese methodische Neuerung ließ Galilei zum wohl bedeutendsten wissenschaftlichen Revolutionär der Neuzeit werden. Seine antiken und mittelalterlichen Vorläufer kannten die beschriebene Abfolge noch nicht. Allein schon das Experimentieren war ihnen fremd. Denn über ein Experiment zu einer »künstlich herbeigeführten« Erfahrung zu kommen, hatten die Griechen noch als etwas vollständig Unnatürliches angesehen. Es war bei ihnen schlichtweg verpönt, die Natur derartig zu manipulieren. Francis Bacon und sein Namenvetter Roger hatten zwar schon Experimente durchgeführt und auch Erkenntnisse aus ihnen gewonnen, doch es fehlte noch die systematische Abfolge von Erkenntnisgewinn, Theoriebildung und Überprüfung der Theorie durch weitere Experimente.

Die Methode Galileis war auch in philosophischer Hinsicht revolutionär, denn sie verband die beiden Realitätsebenen, die für Antike und Mittelalter noch ganz selbstverständlich getrennt voneinander waren:

- Die Ebene der subjektiven, sinnlichen Alltagswahrnehmung, deren Geheimnissen wir durch das Experimentieren näherkommen: Kurz gesagt ist dies die Ebene des Aristoteles und dessen Glauben an die Bedeutung der empirischen Erfahrung.

- Die Ebene der »idealen Bedingungen«: Dies ist die Ebene Platons, der an ideale, der Natur zugrundeliegende Ideen glaubte, bzw. die Ebene des christlichen Glaubens, der sich auf die perfekte Schöpfung Gottes bezog. Auf dieser Ebene ist auch die Mathematik zu Hause.

In der antiken und mittelalterlichen Gedankenwelt existierten beide Ebenen nebeneinander. In der Regel vermied man es, Widersprüchlichkeiten zwischen den beiden Ebenen wahrzunehmen oder gar zu diskutieren. Zu tief war der Graben zwischen ihnen. Genau aus diesem Grund war es Kepler auch so unendlich schwergefallen, sich zu der Erkenntnis durchzuringen, dass die Planetenbahnen keine perfekten Kreise, sondern Ellipsen sind: Auf der Ebene der objektiven Erfahrung hatte er den mathematischen Nachweis der Ellipsenform längst in der Tasche. Doch die zweite Ebene, die der Dogmen und Idealvorstellungen, wie es doch eigentlich sein müsste, sprach gegen seine Beobachtungen. »Nicht sein kann, was nicht sein darf«, wird sich Kepler lange gesagt haben.

Auch Galilei unterschied scharf zwischen der Welt der subjektiven, sinnlichen Wahrnehmung und der absoluten, objektiven, unveränderlichen und mathematisch beschreibbaren Welt. Zum verbindenden Glied zwischen beiden Ebenen wurde für Galilei das Experiment. Es erlaubte, die Ebene der unmittelbaren Sinneseindrücke zu verlassen und mithilfe der Mathematik zu den wahren Gesetzmäßigkeiten vorzustoßen. Die »ideale« Mathematik wiederum ließ sich über das Experiment, das störende Effekte beseitigte, mit der erfahrenen Realität verbinden. Dort, wo sich nun die beiden Ebenen trafen, konnte wissenschaftliche Erkenntnis entstehen. Die neue wissenschaftliche Methode Galileis etablierte zum ersten Mal eine ergänzende und sich gegenseitig befruchtende Beziehung zwischen den beiden Welten.

Der von Platon und seinen vorsokratischen Vorläufern eingeführte Dualismus existiert für uns auch heute noch. Auch wir unterscheiden zwischen Idee und sinnlicher Erfahrung, Welt und Wahrnehmung, Materie und Geist, Objekt und Subjekt. Man kann sogar so weit gehen und sagen, dass dieser Dualismus die metaphysische Grundlage des Denkgebäudes der Naturwissenschaften darstellt. Genau hier liegt aber auch das philosophische

Problem der neuen wissenschaftlichen Methode: Sie beruht auf einer Annahme, die keinen streng wissenschaftlichen Charakter hat, sondern einen metaphysischen. Nur weil für uns die »ideale« Ebene des Platon existent ist, wagen wir es, aus einzelnen Beobachtungen allgemeine Gesetze herzuleiten. Nach den Gesetzen der Logik ist das nicht erlaubt. Denn rein aus der Beobachtung von Einzelfällen können wir die Allgemeingültigkeit eines mathematischen Naturgesetzes nicht ableiten. Die moderne Philosophie spricht in diesem Zusammenhang vom »Induktionsproblem«.

Trotzdem war Galilei überzeugt, dass seine mathematischen Gesetze tatsächlich allgemein wahr sind. Dafür gibt es zwei Gründe, einen pragmatischen und einen philosophischen:

* Der pragmatische Grund ist, dass der Erfolg Galileis mathematischen Gesetzen recht gab. Zu diesen Erfolgen zählen nicht nur zahlreiche technische Anwendungen wie beispielsweise ballistische Berechnungen; mit Galileis Gesetzen ließen sich auch die letzten Probleme des kopernikanischen Weltbildes auflösen. Das Prinzip der Trägheit beantwortete die bis dahin immer noch offene Frage, warum Wolken nicht stets westwärts ziehen oder warum ein Stein, wenn er senkrecht in die Luft geworfen wird, nicht ein wenig versetzt wieder am Boden aufschlägt, wenn sich doch die Erde unter ihnen bzw. ihm wegdreht.

* Die philosophische Antwort liegt in dem auf Platon zurückgehenden Glauben, dass es hinter den mannigfaltigen Erscheinungen in der Natur eine klare, feste und einfache Ordnung, es also verlässliche Naturgesetze gibt, die überall und zu jeder Zeit in unserem Universum Gültigkeit haben. Diese Antwort kann nicht zufriedenstellen, denn mit ihr verlässt die wissenschaftliche Methode ihren eigenen methodischen Rahmen und gerät auf das Gebiet von Platons »idealen Bedingungen«. Philosophisch gesehen ist die Grundlage der naturwissenschaftlichen Welt reine Metaphysik.

Die Gelehrten der Renaissance gingen dem philosophischen Webfehler nicht weiter nach. Für sie entsprach die metaphysische Komponente in der Wissenschaft ihrem Glauben an die Herrlichkeit der göttlichen Schöpfung. Für Kopernikus, Kepler und Galilei war der Glaube an die Vollkommenheit und Allmacht Gottes sogar der entscheidende Antrieb, nach seinen Gesetzen zu suchen, mit denen er die Welt derartig perfekt ablaufen lässt.

Der christliche Schöpfungsglaube bzw. der antik-griechische Glaube an eine perfekte Sphäre jenseits unserer Erfahrung erwies sich als wichtiger Geburtshelfer für die modernen Naturwissenschaften. Ohne den festen Glauben an die Allmacht Gottes wäre die wissenschaftliche Revolution Keplers und Galileis kaum möglich gewesen. Er brachte die Denker der Renaissance dazu, nach immer neuen abstrakten und allgemeingültigen Gesetzen in der Natur zu suchen.

Die große Leistung der Naturforscher des 16. und 17. Jahrhunderts lag darin, dass sie den Glauben an die Einfachheit und Vollkommenheit der Naturgesetze und ihre Fertigkeit, sie mithilfe der Mathematik zu beschreiben, zur modernen wissenschaftlichen Methode verbanden. Durch wiederholbare Experimente (bei uns auf der Erde) und geduldige Beobachtung (des Himmels) war Erkenntnis nicht mehr eine rein persönliche Angelegenheit des subjektiven Glaubens und auch – wie in der Scholastik – keine Angelegenheit des reinen Verstandes mehr. Der Wahrheitsgehalt einer Aussage konnte nun hinterfragt und kontrovers diskutiert werden. Falls notwendig wurden bestehende Theorien verworfen oder angepasst.

MÄRTYRER AUS STARRSINN

Neben seinem scharfen Verstand und handwerklichem Geschick besaß Galilei auch das Talent eines brillanten Schriftstellers. Seine Formulierungen waren klar und präzise, seine Schriften für den Leser geradezu spannend und aufregend zu lesen. In späteren Werken publizierte er seine physikalischen Gedanken und Gesetze in Form von schauspielartigen Dialogen, in denen unterschiedliche Sprecher die verschiedenen Theorien präsentierten – seine eigenen Auffassungen ließ Galilei dabei vom schlausten und überzeugendsten von ihnen vertreten. Zu Galileis Ruhm trug auch die Tatsache bei, dass er seine späteren Arbeiten in italienischer statt in lateinischer Sprache verfasste und damit für ein größeres Publikum schrieb. So wurde er zum ersten Wissenschaftskommunikator der Geschichte.

Neben seinen unerhörten Thesen war es genau diese Popularität, die ihn in den Konflikt mit dem mächtigsten Gegner der damaligen Zeit brachte. Es heißt heute, dass Galilei den ersten großen Kampf der neuen Naturwissenschaften gegen die dogmatische Macht der Kirche führte; er gilt als erster Märtyrer der freien Wissenschaften. Doch diese Einschätzung hat ihre Tücken.

Schon 1592 hatte Galilei in einem Brief an Johannes Kepler seine Zustimmung zur kopernikanischen Lehre ausgedrückt, hatte aber zunächst nicht gewagt, diese Position auch öffentlich zu vertreten. Erst etwa zwanzig Jahre später, mit der Publikation des *Sternboten*, bekannte er sich offen zum heliozentrischen Weltbild. So weit, so gut. Galilei ging dann aber so weit zu behaupten, die kopernikanische Theorie sei über jeden Zweifel erhaben. Diese Aussage war zum damaligen Zeitpunkt wissenschaftlich gar nicht haltbar. Gegen die kopernikanische Lehre sprachen noch einige gewichtige Argumente, die erst weit nach Galileis Tod ausgeräumt werden konnten. Es war z. B. noch völlig unklar, warum man keine Sternenparallaxe beobachten konnte (eine Begebenheit, die Tycho Brahe am geozentrischen Weltbild festhalten ließ). Doch Galilei stieß die gegen das heliozentrische Weltbild sprechenden Argumente einfach zur Seite. Sein Starrsinn brachte ihm die Gegnerschaft bedeutender jesuitischer Astronomen ein.

In Streitereien unter Gelehrten mischte sich die Kirche nicht ein. Sie trat erst auf den Plan, als Galilei verbreitete, dass die astronomischen Angaben in der Bibel nicht wörtlich zu nehmen seien und dass die Kirche zwar eine Autorität in Glaubensfragen sei, nicht aber in wissenschaftlichen Dingen. Es waren derartige Aussagen, die dazu führten, dass die kirchlichen Autoritäten das heliozentrische Weltbild bekämpften. Am 5. Mai 1616 erklärte das Dekret des Heiligen Offiziums die Lehre von der Bewegung der Erde um die Sonne für falsch und setzte das Werk des Kopernikus auf den Index. Erst über zwanzig Jahre später, am 22. Juni 1633, wurde Galilei gezwungen, seinen Theorien öffentlich abzuschwören. Die Anklage lautete nicht etwa auf Ketzerei, sondern auf Ungehorsam!

Wissenschaftlicher Erkenntnisgewinn und Sturheit vertragen sich nicht. Johannes Kepler brachte die Größe auf, seine idealistischen platonischen Ideen zu korrigieren. Galilei blieb unbeweglich bei seiner einmal gefassten Meinung, dass die Sonne im Mittelpunkt der Welt steht, und war zu keiner Diskussion bereit. Es war Zufall, dass sich später erwies, dass er auf der Seite derjenigen war, die recht behielten. In anderen Fällen stand Galilei mit seiner Meinung allerdings auf der falschen Seite: Beispielsweise verwarf er bis an sein Lebensende den Nachweis Keplers, dass sich die Planeten auf elliptischen Bahnen bewegen.

Auch die Kirche hatte sich ins Unrecht gesetzt. Als sie Galilei zwang zu widerrufen, weigerte auch sie sich, weiterhin eine wissenschaftliche Diskussion zu führen. Bis zu seinem Tod fast zehn Jahre später blieb Galilei unter Arrest, er konnte nicht mehr veröffentlichen und musste jahrelang Tag für Tag eine bestimmte Anzahl Bußpsalmen beten. Den Kampf gegen die wissenschaftliche Wahrheit hatte die Kirche noch einmal gewonnen, doch in Zukunft sollte ihr das immer seltener gelingen.

VERSUCH UND IRRTUM

Schon Francis Bacon hatte beschrieben, dass der Gang der wissenschaftlichen Erkenntnis weit weniger geradlinig verläuft, als uns dies in der historischen Rückschau erscheinen mag. Ganz im Gegenteil: Die Suche nach Erkenntnis ist nahezu notwendig mit Umwegen und Fehlgriffen verbunden.

Galileo Galilei irrte, als er in seinem Hauptwerk *Dialogo di Galileo Galilei sopra i due Massimi Sistemi del Mondo Tolemaico e Copernicano* (»Dialog von Galileo Galilei über die zwei wichtigsten Weltsysteme, das ptolemäische und das kopernikanische«) die Gezeiten der Meere als empirischen Beweis für das kopernikanische Weltbild anführte. Die Drehung der Erde um ihre Achse und um die Sonne sei die Ursache für die Gezeiten, sagte er, die Gewässer würden dabei »beschleunigt und hin- und her bewegt«. Er war sich seiner Sache so sicher, dass er die erste

Fassung seines Werks sogar »Diskurs über Ebbe und Flut« genannt hatte. Dass Galilei mit dieser Theorie falsch lag, hätte er eigentlich wissen müssen. Schon damals war bekannt, dass die Gezeiten mit den Zyklen des Mondes und nicht mit dem Sonnenstand zusammenhängen.

Auf Galilei sollten weitere Wissenschaftler folgen, die irrten, darunter die bedeutendsten der Geschichte. Teils geschah das, weil sie Beobachtungen falsch deuteten, teils, weil sie sich weigerten, gegen ihre Weltsicht sprechende Fakten anzuerkennen. Oft waren sie sich auch bewusst, dass die von ihnen aufgestellten Theorien der Wahrheit nur nahe kamen, entscheidende Erkenntnisse aber noch fehlten. Tatsächlich erwies sich bis heute die große Mehrheit aller wissenschaftlichen Theorien als entweder falsch oder zumindest nur beschränkt gültig. Weder Newtons Theorie der Gravitation und Mechanik noch Maxwells Theorie der Elektrodynamik war das letzte Wort der Physik. Und auch das heutige Standardmodell der Elementarteilchenphysik, das auf einer vereinheitlichten Quantenfeldtheorie beruht, wartet nur darauf, von einem besseren Modell abgelöst zu werden. Genau darin liegt die große Stärke der modernen Wissenschaft: Sie ist nicht so erfolgreich, obwohl sie ständig Irrtümer korrigieren und Theorien verbessern muss, sondern weil sie es tut.

Über die kommenden Jahrhunderte hinweg offenbarte sich das gewaltige Potenzial der neuen wissenschaftlichen Methode. Galilei selbst schreibt in seinem Werk *Discorsi e dimostrazioni matematiche intorno a due nuove scienzei* (»Gespräche und Experimente betreffend zwei neue Wissenschaften«):

> »Der Zugang zu einer sehr weiten und vortrefflichen Wissenschaft wird geöffnet werden. Die Anstrengungen, die wir unternehmen, werden ihre Elemente bilden, und in ihre verborgenen Winkel werden Geister vordringen, die weiter sehen als meiner.«

4 Newton und Leibniz: Gefecht der Giganten – Die Geburt der Physik aus dem Geiste der Infinitesimalrechnung

»Man kombiniere einen Teil ›Feurigen Drachen‹, einige ›Tauben der Diana‹ und mindestens sieben Adler aus Quecksilber, und was erhält man? Einen wichtigen Vorläufer des Steins der Weisen.«

So heißt es in einer 1936 wieder aufgetauchten Handschrift Isaac Newtons[62]. Der »feurige Drache« steht in der Sprache der Alchemisten für Eisen, die »Tauben der Diana« bezeichnen das Edelmetall Silber, und der »Stein der Weisen« ist das legendäre Medium, nach dem jahrhundertelang unzählige Gelehrte suchten. Dieser Stein sollte der Quell allen Wissens sein, u. a. auch des Wissens darüber, wie sich unedle Metalle in Gold verwandeln lassen. Es gibt keinen Zweifel: Newton, der wie kein anderer für die rationale Wissenschaft steht, war ein überzeugter Anhänger der okkulten Kunst der Alchemie.

Isaac Newton wurde am 25. Dezember 1642, knapp ein Jahr nach Galileis Tod, in der englischen Grafschaft Lincolnshire geboren. Als er ein junger Mann war, hatte das wissenschaftliche Denken in der Gelehrtenwelt längst Fuß gefasst. Ein Großteil der Wissenschaftler betrachtete diejenigen, die immer noch auf der Suche nach dem Stein der Weisen waren, als bemitleidenswerte Gestalten einer versunkenen Epoche. Newton war einer dieser Nachzügler, deren Unternehmungen und Ansichten von vielen Zeitgenossen als reiner Okkultismus abgetan wurde.

DER STEIN DER WEISEN UND DIE GRAVITATION

Es ist immer wieder zu beobachten, dass sich genau dann, wenn die Menschheit einen entscheidenden Sprung nach vorn macht, gewisse Gruppierungen zu einer starken Gegenbewegung formieren. Diese hindern zwar den Fortschritt nicht, sind aber Ausdruck dafür, wie schwer es Menschen fällt, sich von alten Denkgewohnheiten zu trennen. Die neue Rationalität hatte zwar

213

einen 2000-jährigen Anlauf mit unzähligen, mehr oder weniger isolierten Einzelleistungen benötigt, doch am Ende entfaltete auch sie ihre Breitenwirkung mit einem Sprung.

Während die Alchemie und andere okkulte Geheimwissenschaften über die Jahrhunderte ein Schattendasein geführt hatten, bekamen nun, parallel zum Siegeszug der rationalen Wissenschaft, die verschiedensten Geheimlogen überall in Europa großen Zulauf. Besonders verbreitet war der Glaube, dass übernatürliche Mächte den Menschen in vorantiker Zeit unendliches Wissen geschenkt hätten, dieses aber im Lauf der Zeiten verloren gegangen sei. Einige Weise hätten ihr unendliches Wissen in einem komplexen, geheimen Sprachcode in der Heiligen Schrift und anderen alten Quellen versteckt. Wer diesen Code entschlüsselte, dem stünden alle Geheimnisse und Reichtümer der Natur offen.

Ob Newton Mitglied einer solchen Geheimloge war, ist umstritten. Mit großer Wahrscheinlichkeit war er aber Mitglied des so geheimen wie exklusiven und esoterischen Rosenkreuz-Ordens. Dessen Mitglieder beschäftigten sich mit Okkultismus und Mystik in jeder Form: Alchemie, Urformen des Tarots, Astrologie, Gnosis, Hermetik, Kabbala und Theurgie – dies sind rituelle Initiationen, die bestimmte Umwandlungen und erhöhte Bewusstseinszustände bewirken sollten. Sie behaupteten sogar, sie seien bereits im Besitz des Steins der Weisen und könnten mit Engeln oder Geistern kommunizieren.

Einen großen Teil seines Lebens verbrachte Newton damit, in der Bibel nach versteckten Hinweisen zu suchen. Als 1650 der irische Erzbischof James Ussher durch genauestes Bibelstudium errechnet hatte, dass der Tag der Schöpfung der 23. Oktober 4004 v. Chr. gewesen sei, überprüfte Newton dieses Datum anhand astronomischer Konstellationen. Er kam zum Schluss, dass die Welt 534 Jahre jünger sein müsse als von Ussher berechnet. Newton beschäftigte sich auch äußerst detailfreudig mit der Geometrie des salomonischen Tempels in Jerusalem: Er war überzeugt, dass die im Grund- und Aufriss des Gebäudes auftauchenden Zahlenverhältnisse und komplizierten symbolischen wie mathematischen Zusammenhänge göttliche Offenbarungen enthielten.

Sir Isaac Newton (1642–1727),
engl. Mathematiker, Physiker und Astronom.

Die berühmte Geschichte mit dem Apfel, der Newton auf den Kopf gefallen und ihn zu seiner Gravitationstheorie inspiriert haben soll, weist auf wissenschaftliche Rationalität hin, ist aber leider kaum wahr – auch wenn Newton selbst diese Anekdote verbreitete. Wissenschaftshistoriker gehen heute davon aus, dass Newtons Gravitationstheorie, sozusagen der Urknall der modernen, auf Mathematik gestützten Wissenschaft, sich weniger einem fallenden Apfel, als vielmehr seinem Hang zum Okkultismus verdankt. Die Alchemisten glaubten an eine spirituell aktive Substanz namens Äther, die zwischen dem Zentrum der Erde und den Himmelskörpern zirkuliert und auch feste Stoffe durchdringt. Die Äther-Auffassung begleitete die modernen Wissenschaften übrigens noch bis in das 20. Jahrhundert hinein. Erst 1905 verwarf Albert Einstein endgültig die Möglichkeit der Existenz eines solchen Stoffes.

Für die Alchemisten war dieser unsichtbare Stoff für eine Vielzahl von Phänomenen verantwortlich – von der Entstehung von Metallen im Felsgestein bis hin zur Existenz von Leben auf der Erde. Der junge Newton modifizierte diese alchemistische Theorie: Der Äther sollte die gesamte Materie in Richtung Erd- bzw. Sonnenmittelpunkt drücken. Damit wäre er die Ursache dafür, dass Dinge auf den Boden fallen und Planeten auf ihren Bahnen bleiben. Mehr als zwei Jahrzehnte lang nahm Newton in seinen Manuskripten immer wieder Bezug auf den Äther als den Urheber der Gravitation.

Auch die Tatsache, dass Newton Unitarist war, beeinflusste seine spätere Formulierung der Gravitationskraft. Unitaristen lehnen die klassische Dreifaltigkeitslehre ab, also die Erklärung Gottes als Vater, Sohn und Heiliger Geist – auch in dieser Frage bewegte sich Newton weitab vom Mainstream seiner Zeit. Für Newton war Gott nicht dreifaltig, sondern eine Einheit, die alles durchdringt und zu allen Zeiten und allen Orten zugleich wirksam ist. Genau diese Eigenschaften schrieb er dann auch der Gravitation zu.

Es ist paradox: Newtons tiefer Glaube an die Alchemie und an das allumfassende Wirken göttlicher, alchemistischer und astraler Kräfte in der Natur führte dazu, dass es für ihn nur ein kleiner Schritt war, eine Vorstellung von einer unsichtbaren Kraft zu entwickeln, die als Schwerkraft die Dinge auf den Erdboden zieht und auch Planeten auf ihren Bahnen hält. Seine bahnbrechende Theorie der Gravitation, die ihn zu einem der bedeutendsten Physiker der Geschichte macht, ist also nur teilweise die Frucht einer streng wissenschaftlichen Denkweise; sie ist genauso ein Gewächs, das auf einem mit Okkultismus gedüngten Beet wuchs. Dass gerade die vom überzeugten Geheimbündler Newton ersonnene Theorie der Gravitation der modernen, streng rationalen Wissenschaft zu ihrem entscheidenden Durchbruch verhelfen sollte, gehört zu den merkwürdigsten Wendungen in der Wissenschaftsgeschichte.

DER URKNALL AUF DEM BAUERNHOF

Newtons Vater war vor der Geburt des kleinen Isaac gestorben, und seine Mutter zog, als der Junge neun Jahre alt war, zu ihrem neuen Ehemann. Ihren Sohn ließ sie bei der Großmutter zurück. So wie unzählige Schülergenerationen vor ihm erhielt Newton Unterricht in den klassischen Disziplinen Latein, Hebräisch, Griechisch, Geschichte des klassischen Altertums und Bibelkunde. Dazu kamen Grammatik, Logik, Rhetorik, Harmonielehre,

Arithmetik, Geometrie und Astronomie. Nicht zuletzt wegen des ungewöhnlich stark der Tradition verpflichteten Lehrstoffes an englischen Schulen spielte Newtons Heimatland in der europäischen Gelehrtenwelt nur eine untergeordnete Rolle.

Der Schuldirektor erkannte Isaac Newtons außergewöhnliche Begabung und förderte ihn nach Kräften. Dank seiner Fürsprache konnte sich Newton nach Abschluss der Schule an der renommierten Universität in Cambridge einschreiben. Doch was für eine Enttäuschung! Auch hier beherrschte der spätscholastische Geist einen reichlich angestaubten Lehrplan. Neugier auf die Funktionsweise der Welt? Fehlanzeige. Mathematische Beschreibung der Natur und die sensationelle Technik des Experiments? Neumodischer Kram. Die Erkenntnisse Galileis und Keplers wurden nur nebenbei behandelt, mit ihnen musste sich Newton auf eigene Faust beschäftigen.

Zeit seines Lebens absolvierte Newton ein enormes Arbeitspensum. Wie schaffte er das? Störungen durch seine Mitmenschen waren selten, denn Newton war im persönlichen Umgang nicht leicht zu ertragen, v. a. mit Kritik konnte er nicht umgehen. Weil er privat wie beruflich die Gesellschaft anderer Menschen mied, nie heiratete und auch keine Kinder hatte, hatte er kaum gesellschaftliche Verpflichtungen, die ihn an seinen Studien hätten hindern können. Als Außenseiter führte er seine alchemistischen Versuche meist nachts in abgelegenen Kellerlaboren durch – weitgehend unbemerkt von seinen Kollegen am Trinity College in Cambridge. Den größten Anteil von Newtons Forschungen nahm die Mathematik ein. Galilei hatte recht wagemutig ins Blaue hinein behauptet, dass »das Buch der Natur in der Sprache der Mathematik geschrieben« sei. Doch eigene mathematische Werke hatte er nicht verfasst. Erst Newton zeigte, wie wahr dieser Satz ist.

Als Newton 22 Jahre alt war, kam seinem eigenbrötlerischen Wesen ein Umstand zugute, der für seine Mitmenschen eine Katastrophe, für ihn aber die Möglichkeit bedeutete, sich endlich völlig ohne Ablenkung seinen Interessen zu widmen. 1665 herrschte die Pest in London. Die Universität war geschlossen, wer konnte, flüchtete aufs Land. Newton kam auf dem Bauernhof seiner Familie unter, wo er in weitgehender Isolation seine ersten wegweisenden Gedanken zu Mathematik, Optik und Gravitationstheorie entwickelte. Die etwa eineinhalb Jahre außerhalb Londons wurden für ihn zu einem Wendepunkt. Er selbst bezeichnete sie später als den Höhepunkt seines wissenschaftlichen Schaffens. Alle Erkenntnisse und Entdeckungen, die noch folgten, hatten ihren Ursprung in diesen Monaten der Abgeschiedenheit.

DIE VIELEN GLIEDER EINER KETTE

Auch wenn Newton ein ausgemachter Sonderling war, mussten seine Lehrer und Mitstudenten zugeben, dass er sie fachlich überflügelte. Obwohl er noch kaum etwas publiziert hatte, wurde er 1667 Lehrkraft (*fellow*) in Cambridge. Heute wissen wir, dass Isaac Newton neben Albert Einstein das größte Genie der Physik aller Zeiten war. Er war aber auch der brillanteste Mathematiker seines Jahrhunderts; nur sein Zeitgenosse Gottfried Wilhelm Leibniz konnte ihm auf diesem Feld das Wasser reichen.

1669 veröffentlichte Newton die Schrift »Über die Rechenkunst mittels der nach der Zahl ihrer Glieder unendlichen Gleichungen« *(De Analysi per Aequationes Numeri Terminorum Infinitas)*, die entscheidende Vorgedanken zur Berechnung von krummlinig begrenzten Flächen und Körpern enthält. Sie beschreibt die dazu benötigten Differenziale und Integrale:

- Differenziale sind unendlich kleine Differenzen von Werten auf der x-Achse eines Koordinatensystems. Je näher die x-Werte zusammenrücken, desto genauer lässt sich die Steigung der Tangente an dem entsprechenden »Punkt« P des Graphen (die Ableitung x) berechnen.

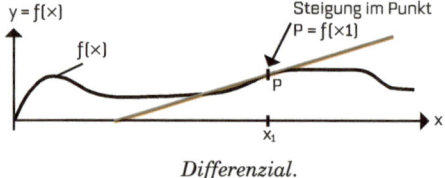

Differenzial.

Newton definierte Geschwindigkeit als Änderung der Bewegung in einem unendlich kleinen Zeitintervall. Er nannte diese Größe »Fluxion«.

* Mit »Integral« wird die von den Werten x_1 und x_2 begrenzte Fläche unter jeder beliebigen Funktion bezeichnet. Indem diese Fläche in unendlich viele kleine Teilflächen aufgeteilt wird, mit unendlich eng aneinander liegenden x-Werten, lässt sich der Wert der Fläche exakt berechnen. Genau hierfür braucht man die Differenziale.

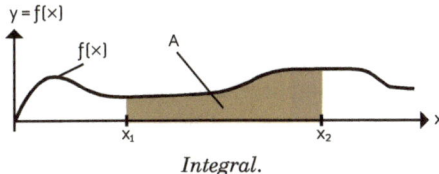

Integral.

Die Infinitesimalrechnung nun umfasst die Berechnung von Differenzialen und Integralen. Genies wie Archimedes und Johannes Kepler waren noch an der Aufgabe gescheitert, beliebige Flächen und Körper mit unregelmäßigen Begrenzungen zu berechnen. Newtons Schrift von 1669 war ein bedeutender Schritt auf dem Weg dazu sowie zur Berechnung momentaner Veränderungen von Funktionen. Die endgültigen Formeln dafür entwickelte er erst einige Jahre später. Aber schon dieser Ansatz genügte, um seinen Ruf in der Gelehrtenwelt zu festigen.

Newton wurde im Jahr der Veröffentlichung als ordentlicher Professor in Cambridge berufen. Es heißt, dass sein Lehrer Isaac Barrow den berühmten Lucasischen Lehrstuhl[63] freiwillig räumte und ihn Newton überließ, weil er dessen Genie erkannte. Dabei war gerade Barrow einer derjenigen, die mit ihren wichtigen Vorarbeiten Newtons Erfolg erst möglich gemacht hatten. Die Entwicklung der Infinitesimalrechnung ist nur eines von unzähligen Beispielen dafür, dass Fortschritt so gut wie nie isoliert und für sich stattfindet. Die Arbeit von Wissenschaftlern baut immer auf den Erkenntnissen anderer auf – in Newtons Fall:

- Isaac Barrow war ein großer Mathematiker, berühmt für seine Vorlesungen in Optik sowie wie für verschiedene von ihm entwickelte konkrete Vorläufer der Infinitesimalrechnung. Seine geometrische Berechnung von Tangenten, die an Kurven anliegen (was er die Methode des »charakteristischen Dreiecks« nannte), ähnelten stark den Überlegungen des Archimedes fast 2000 Jahre zuvor. Doch Barrows Entdeckung, dass diese Tangenten mit den Flächen unter den Kurven in Zusammenhang stehen, hatte Archimedes noch nicht gekannt. Dieser Zusammenhang wird heute als der Fundamentalsatz der Infinitesimalrechnung bezeichnet.

- Dreißig Jahre vor Barrow hatte der italienische Mathematiker und Astronom Bonaventura Cavalieri die Grundidee formuliert, dass geometrische Figuren aus infinitesimalen (unendlich kleinen) Elementen zusammengesetzt sind. Zwar hatte Archimedes diese Vorstellung auch schon gehabt, doch bei den eher traditionell eingestellten Mathematikern des 17. Jahrhunderts rief sie Protest hervor. Die Mathematik hatte sich seit jeher mit der Konstruktion geometrischer Figuren beschäftigt. Deren Dekonstruktion, wie es Cavalieri vorschlug, ging den Traditionalisten schwer gegen den Strich.

- Auch der italienische Mathematiker und Physiker Evangelista Torricelli war an der Entwicklung der Infinitesimalrechnung entscheidend beteiligt. Er war als Hofmathematiker in Florenz Galileis direkter Nachfolger. Bekannt geworden ist er als erster Mensch, der ein Vakuum herstellte; er wollte so Galileis Fallgesetz bestätigen. Torricelli entwickelte eine Methode, mit der sich die Tangentenrichtung einer Kurve als Richtung der Momentangeschwindigkeit eines längs dieser Kurve bewegten Punktes bestimmen ließ. Dies entsprach der Herangehensweise Newtons, Kurven und Linien nicht als Aneinanderreihung unendlich vieler Punkte zu betrachten, sondern als Resultat einer stetigen Bewegung.

Barrow, Cavalieri, Torricelli – sie und noch viele mehr hatten beträchtlichen Einfluss auf Newton. Zumindest seinen Lehrer

Barrow hätte Newton in seiner Schrift erwähnen können, doch er tat es nicht. Erst viel später gab er dessen Einfluss zu.

EINE WETTE MIT FOLGEN

Im August 1684 erhielt Isaac Newton Besuch vom jungen Astronom Edmond Halley. Dieser hatte mit seinem etwa zwanzig Jahre älteren Konkurrenten Robert Hooke eine Wette abgeschlossen. Es war bekannt, dass Johannes Kepler über eine Kraft spekuliert hatte, die auf jeden Planeten im Sonnensystem in Richtung auf die Sonne wirkt und deren Stärke umgekehrt proportional zum Quadrat des Abstandes des Planeten zur Sonne ist. Doch Kepler war es nicht gelungen, diese »Zentralkraft« mathematisch aus seinen Gesetzen herzuleiten. Halley und Hooke wollten dieses Problem lösen. Der Preis war ein Buch im Wert von 40 Schilling, nach heutiger Kaufkraft rund 50 Euro.

Halley war verzweifelt, denn er kam mit seinen Berechnungen nicht weiter. Also wandte er sich an den berühmtesten Mathematiker Englands: Isaac Newton. Als Halley und Newton sich zum ersten Mal trafen, ahnten sie nicht, dass sie im Grunde am selben Problem arbeiteten. Denn Newton suchte schon seit Jahren nach einer mathematischen Beschreibung für den Zusammenprall zweier Körper. Inspiriert dazu hatte ihn der französische Philosoph René Descartes, der alle Naturerscheinungen und Kräfte, also auch die Schwerkraft, aus der Bewegung und Interaktion materieller Teilchen erklärte. Newton lehnte Descartes' Theorie der Schwerkraft ab und wollte ihr eine eigene Theorie entgegensetzen.

Der mathematische Entwicklungsstand seiner Zeit führte Newton schnell an Grenzen. Man konnte noch nicht einmal die momentane Geschwindigkeit oder die Beschleunigung von Körpern mathematisch exakt darstellen, denn das heute jedem Gymnasiasten bekannte Konzept der Differenzialquotienten aus Weg und Zeit gab es noch nicht. Genau dies war auch Halleys Problem. Er brauchte allerdings für die Herleitung der Kepler'schen Kraft mehr als nur den Differenzialquotienten, er benötigte die gesamte Differenzial- und Integralrechnung, die erst noch entwickelt werden musste.

Zu Halleys Überraschung antwortete Newton, dass das »Zentralkraftproblem« für ihn keineswegs neu sei. Halleys Wettpartner Robert Hooke sei schon vor Jahren mit genau diesem Problem an ihn herangetreten. Der hatte versucht, es mit experimentellen Methoden zu lösen, und zu diesem Zweck ein kreisförmig schwingendes Pendel gebaut. So hatte Hooke zwar veranschaulicht, dass ellipsenförmige Bewegungen aus der Kombination von einer auf ein Zentrum hin wirkenden Zentralkraft – der Kraft der Schnur – und einer tangenzial wirkenden Kraft entstehen. Doch weiter war er nicht gekommen.

Als Newton auch noch sagte, dass er damals eine mathematische Lösung für dieses Problem gefunden hatte, konnte Halley sein Glück kaum fassen. Das Problem war nur, dass Newtons Aufzeichnungen in irgendeiner Schublade gelandet waren und Newton sich nicht erinnern konnte, in welcher. Die beiden verabredeten, dass Newton seine mathematische Ausarbeitung Halley zukommen lassen wollte, sobald er sie gefunden hatte.

Halley musste einige Monate warten, bis er im November 1684 Newtons Aufzeichnungen mit dem Titel *De Motu Corporum in Gyrum* (»Über die Bewegung der Körper in einem Orbit«) erhielt. Halley war hellauf begeistert. Er sah sofort, dass sie beide etwas sehr Wichtigem auf der Spur waren. Er spornte Newton an, seine Gedanken weiterzuverfolgen und zu verallgemeinern. Newton ließ sich von der Begeisterung Halleys anstecken und arbeitete fast drei Jahre lang Tag und Nacht an der Ausarbeitung seiner Theorie.

Am 5. Juli 1687 wurde das neue Werk Newtons unter dem Titel *Philosophiae Naturalis Principia Mathematica* (»Mathematische Prinzipien der Naturphilosophie«) veröffentlicht. Halley war intensiv am Entstehungsprozess beteiligt gewesen. Jede Zeile des Werks hatte er gelesen und korrigiert sowie Newton bei der Finanzierung des Drucks unterstützt. Ohne Halley hätte es keine *Principia* gegeben, Newton wäre zu Lebzeiten wohl relativ unbekannt geblieben und heute allein für seine Mathematik berühmt.

Erst die *Principia* haben Newton – ohne dass ihm das bewusst war – zum Begründer der modernen Physik gemacht. Er

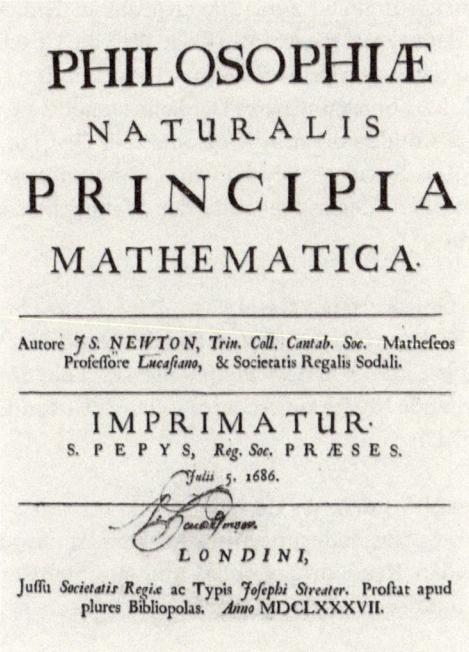

Isaac Newtons Philosophiae Naturalis Principia Mathematica
(»Mathematische Prinzipien der Naturphilosophie«).
Erstausgabe, 1687.

selbst sah sein Forschungsgebiet noch als Naturphilosophie. Mit
Bedacht hat er diesen Begriff ja auch im Titel seines Werkes
verwendet. Heute wissen wir, dass das Erscheinen der *Principia*
der Moment war, in dem die moderne Physik das Licht der Welt
erblickte. Durch Newton hatte sie sich von den metaphysischen
Anteilen der Naturphilosophie emanzipiert. Was blieb, war der
streng wissenschaftliche Ansatz auf Basis der Mathematik.

DIE ERSTE WELTFORMEL

Die *Principia* Isaac Newtons sind eines der bedeutendsten Werke in der Geschichte der Wissenschaft, denn ihr Inhalt ging weit

über das ursprüngliche Zentralkraftproblem Halleys hinaus. Newton schenkte mit diesem Werk der Welt die Gesetze der Mechanik und revolutionierte die Naturwissenschaften sowie einen guten Teil des philosophischen Denkens seiner Zeit. Den Kern der *Principia* bilden die drei Newton'schen Gesetze. Sie fügen die bekannten Naturphänomene zum ersten abgeschlossenen mathematischen Theoriegebäude der Menschheitsgeschichte zusammen.

- Erstes Newton'sches Gesetz:
  Jeder Körper verharrt im Zustand der Ruhe oder der gleichförmig-geradlinigen Bewegung, sofern er nicht durch auf ihn einwirkende Kräfte zur Änderung seines Zustandes gezwungen wird.

- Zweites Newton'sches Gesetz:
  Die Bewegungsänderung eines Körpers ist der auf ihn einwirkenden Kraft proportional und geschieht entlang der Linie, auf der die Kraft einwirkt.

- Drittes Newton'sches Gesetz:
  Jede Kraft ruft eine gleich große, aber in die entgegengesetzte Richtung wirkende Gegenkraft hervor (*actio* ist gleich *reactio*).

Das erste Gesetz hatte bereits Galilei formuliert. Newton schrieb ihm diese Erkenntnis auch zu, trotzdem ist es heute als »erstes Newton'sches Gesetz« bekannt. Mit dem zweiten Gesetz brachte Newton dagegen eine Reihe ganz neuer Erkenntnisse in die Welt:

- Es definierte erstmalig, was Kraft überhaupt ist. Bis dahin gab es aus Experimenten nur anschauliche Vorstellungen von Kräften wie beim Stoß von Kugeln. Newton hat den Kraftbegriff verallgemeinert und ihn mathematisch erfass- und berechenbar gemacht.
- Es zeigte, dass Kräfte immer nur geradlinig auf Körper wirken, nicht »um die Ecke«.

- Es lieferte zum ersten Mal eine klare Unterscheidung zwischen den physikalischen Begriffen »Kraft« und »Energie«: Energie entspricht der aufaddierten Kraft über einen Weg. Beide Begriffe waren bis dahin nicht klar voneinander getrennt gewesen.

- Es setzte Kräfte und die Bewegungen von Körpern in Beziehung zueinander. Dies war ein ganz neuer Zusammenhang. Die Formel besagt, dass die Beschleunigung (Bewegungsänderung) proportional zur Kraft geschieht; verdoppelt sich die Krafteinwirkung, verdoppelt sich auch die Beschleunigung des Körpers.

- Es behandelt Beschleunigungs- und Bremswirkung als Effekt desselben Vorgangs: Eine Kraft wirkt auf einen Körper ein und beeinflusst dessen Bewegungsverhalten. Die resultierende Bewegungsänderung kann eine Beschleunigung oder auch ein Abbremsen – eine negative Beschleunigung – sein.

Für die genaue mathematische Form des zweiten Newton'schen Gesetzes braucht es den Term d^2x/dt^2. Dies ist die zweite Ableitung des Weges (x) nach der Zeit (t) oder der zweite Differenzialquotient aus Weg und Zeit. Mit diesem Term wird die Beschleunigung mathematisch exakt berechnet.

In der Unterstufen-Physik lernt man, dass sich die Geschwindigkeit eines Körpers errechnet, indem man den Weg durch die Zeit teilt. Ein Auto, das in zwei Stunden 160 Kilometer weit gekommen ist, hatte die Geschwindigkeit 80 Stundenkilometer. Das ist aber nur eine sehr grobe Darstellung der Realität, denn das Auto ist z. B. mit Geschwindigkeiten zwischen 70 und 90 km/h gefahren. Würde man die Geschwindigkeit des Autos in einem Koordinatensystem abhängig von der Zeit aufzeichnen, würde sich keine Parallele zur Zeitachse ergeben, die Linie hätte eine unregelmäßige Form – mal über dem Wert 80, mal darunter. Genau hier kommt die Differenzial- und Integralrechnung ins Spiel, ohne die die genaue Berechnung von Ereignissen und damit die moderne Physik nicht denkbar ist.

Newtons drittes Gesetz war für seine Zeitgenossen ebenfalls revolutionär. Denn sobald man es auf das Sonnensystem anwendet, hat es etwas Ungeheuerliches zur Folge: Nicht nur die Sonne übt eine Kraft auf die Planeten aus, auch die Planeten üben eine Kraft auf die Sonne aus! Die Sonne ist also kein unbeweglicher Körper. Tatsächlich kreist die Sonne um einen »wahren Mittelpunkt des Sonnensystems«, der etwa 500.000 km vom Zentrum der Sonne entfernt ist. Weil die Sonne einen Radius von 700.000 km hat, liegt dieser Schwerpunkt noch innerhalb des gigantischen Gasballs. Die Sonne bewegt sich also wie ein Gummiband, das man um einen Finger wirbeln lässt.

DIE KRAFT, DIE DIE WELT ZUSAMMENHÄLT

Eine der nun dank seiner Gesetze mathematisch beschreibbaren Kräfte interessierte Newton ganz besonders: die Anziehungskraft, die zwei Massen aufeinander ausüben. Denn im Unterschied zu allen anderen damals bekannten Kräften, die direkt auf einen Körper einwirken – z.B. durch ein Seil, das einen Wagen zieht, oder durch eine Kugel, die auf eine andere Kugel prallt –, wirkte diese Kraft indirekt, also ohne irgendwelche materielle Verbindungen. Newton bezeichnete diese Kraft als »Gravitationskraft« (vom lateinischen *gravitas*, »Schwere«). Wie Kepler schon vermutet hatte und Newton aus dessen Gesetzen mathematisch herleiten konnte, sollte diese Kraft umgekehrt proportional zum Abstand (und direkt proportional zum Produkt ihrer Massen) der beiden Körper wirken. Diesen Zusammenhang nennen wir heute das »Newton'sche Gravitationsgesetz«.

Newton erkannte, dass ein um die Sonne kreisender Planet ein Körper ist, der – so wie ein Apfel auf dem Planeten Erde auf den Boden fällt – mit einer beschleunigten Bewegung in die Sonne stürzt. Ausgelöst wird diese beschleunigte »Fall«-Bewegung durch eine von der Sonne ausgehende zentrale Kraft: die Gravitation. Dass die Planeten seit Jahrmilliarden nicht wirklich in die Sonne fallen, haben wir einer zweiten Kraft zu verdanken, die die Planetenbewegung beeinflusst: die Radialbeschleunigung ihrer Rotationsbewegung.

Bereits Galileo Galilei hatte entdeckt, dass jeder Körper auf der Erde unabhängig von seiner Masse durch die Schwerkraft

die gleiche Beschleunigung erfährt. Gleiches gilt für die Planeten: Ihre Bewegungsbahn wird allein von ihrem Abstand zur
Sonne bestimmt. Daraus folgerte Newton, dass die Gravitationskraft, die die Planeten auf ihren Bahnen hält, und die
Schwerkraft, die einen Apfel zur Erde fallen lässt, gleichen Ursprungs sind. Gravitationskraft ist gleich Schwerkraft! Mit dieser Erkenntnis und ihrer mathematischen Beschreibung war
Halleys Problem gelöst, mit dem er drei Jahre zuvor auf Newton
zugegangen war.

Im Gegensatz zu seinen drei mechanischen Gesetzen hatte
Newton für den Ursprung der Gravitationskraft keine befriedi-
gende wissenschaftliche Theorie. Für die vielen Kritiker war
Newton mit seiner indirekten Gravitationskraft, die eine obsku-
re Fernwirkung ausüben sollte, in alte okkulte Vorstellungen
zurückgefallen. Zwei Gründe sprachen aber für die Richtigkeit
seines Gesetzes: Ähnlich wie Kopernikus und Kepler vor ihm
konnte Newton argumentieren, dass sich mit seinem universellen Gravitationsgesetz alle auf der Erde und im Universum
beobachtbaren Phänomene, an denen die Gravitation beteiligt
ist, exakt mathematisch berechnen lassen: die Bewegung eines
geworfenen Steins, Ebbe und Flut, die Planetenbahnen, das Erscheinen von Kometen und vieles mehr. Und: Das Gravitationsgesetz lässt sich direkt mathematisch aus den Kepler'schen
Gesetzen ableiten – dies gab Newton eine besondere Glaubwür-
digkeit. Und auch die Umkehrung ist mathematisch beweisbar:
Aus dem Gravitationsgesetz lassen sich die Kepler'schen Gesetze
herleiten.

Vordergründig erlaubten die Newton'schen Gesetze einschließlich des Gravitationsgesetzes, das Geschehen in der Natur
zu erklären und vorherzusagen. Aber in diesen Gesetzen steckte
noch mehr: Zum ersten Mal war es einem Menschen gelungen,
mathematische Berechnungen mit kausalen Erklärungen zu
verknüpfen. Es war eine Premiere in der Menschheitsgeschichte:
Die von Galilei vorhergesagte Verbindung zwischen Naturphilosophie und Mathematik hatte sich nun offenbart.

STREIT UNTER KOLLEGEN

Die drei Newton'schen Gesetze der Mechanik und Newtons Gravitationsgesetz bildeten in den folgenden zwei Jahrhunderten die Basis der Physik. Differenzial- und Integralgleichungen bestimmen bis heute die mathematische Struktur physikalischer Gesetze. Aber war es wirklich Newton allein, der all die von früheren Gelehrten gelieferten Mosaiksteine endgültig zusammenfügte und die Infinitesimalrechnung erfand?

Newtons einziger Konkurrent auf dem Feld der Mathematik war der Deutsche Gottfried Wilhelm Leibniz. Er interessierte sich für eine große Bandbreite an Themen und gab unzähligen Disziplinen neue Impulse – vom Bergbau bis zur Medizin, von der Psychologie bis zu gesellschaftlichen Fragen. Auch das binäre Zahlensystem, das aus Nullen und Einsen besteht, geht auf Leibniz zurück. Kaum jemand nach ihm hatte ein dermaßen breit gefächertes Wirkungsfeld, weshalb Leibniz häufig als der letzte Universalgelehrte bezeichnet wird.

Schon früh beschäftigte sich Leibniz mit einem besonders schwierigen mathematischen Problem: Wie lassen sich Unendlichkeiten erfassen? Zunächst ging es ihm um zwei konkrete Fragen, mit denen sich schon Archimedes und Kepler beschäftigt hatten: Wie kann man unendliche Zahlenreihen aufsummieren und berechnen? Und: Wie lässt sich die Fläche eines Kreises als Summe der Flächen von unendlich kleinen Segmenten berechnen, aus denen er sich zusammensetzt?

Mit diesen beiden Fragen näherte sich Leibniz so wie Newton auch der Infinitesimalrechnung – nur von einer anderen Seite her. Leibniz veröffentlichte 1684 und 1686 zwei wichtige Aufsätze. Die erste Schrift enthielt bereits alle Ableitungsregeln sowie die Bedingungen für Extremwerte und Wendepunkte von Funktionen; in der zweiten führte Leibniz das Integralzeichen ein. Isaac Newton hatte die Grundzüge der Infinitesimalrechnung zwar bereits 1666 entwickelt und einige seiner Erkenntnisse 1669 veröffentlicht. Doch erst in den *Principia* von 1687, also nach Leibniz, machte Newton seine Differenzial- und Integralrechnung in vollem Umfang der Allgemeinheit zugänglich. Nach heutigen wissenschaftlichen Maßstäben – wer zuerst veröffentlicht, gilt als Entdecker – müsste Leibniz als alleiniger Erfinder der Infinitesimalrechnung gelten.

Noch weniger als Kritik konnte Newton Zweifel an seiner Urheberschaft vertragen. Er zettelte daher einen unseligen Streit mit Leibniz an, der in gegenseitigen Beschuldigungen des Plagiats mündete. Fast fünfzehn Jahre lang hatte sich der Streit schon hingezogen, als er 1712 einen seiner Höhepunkte erreichte: Die britische Royal Society veröffentlichte einen Untersuchungsbericht, in dem Leibniz als Plagiator bloßgestellt wurde. Dieser Bericht hatte jedoch einen Makel: Newton selbst hatte ihn verfasst. Im Gegenzug startete Leibniz' enger Freund, der Schweizer Johann Bernoulli, einen persönlichen Angriff auf Newton. Beide Seiten standen sich unversöhnlich gegenüber. Sogar nachdem Leibniz 1716 vereinsamt gestorben war, konnte Newton nicht davon ablassen, das Andenken seines Fachkollegen zu beschädigen.

Die Tragik an der Sache ist, dass wir heute wissen, dass keiner der beiden vom jeweils anderen abgekupfert hat. Newton und Leibniz kamen tatsächlich unabhängig voneinander und auf ganz unterschiedlichen Wegen auf dieselben Berechnungsmethoden. Weniger bekannt ist freilich, dass die Auseinandersetzung um die Urheberschaft für Newtons Heimatland ein sehr negatives Nachspiel hatte: Die zerrütteten Beziehungen zwischen englischen und kontinentalen Mathematikern über mehrere Generationen hinweg hatten zur Folge, dass der fachliche Austausch auf ein Minimum reduziert blieb. Und obwohl Newtons Ableitungen und Integrale – er nannte sie »Fluxionsrechnung« – technisch weniger klar und elegant waren als die von Leibniz, hielt man in England noch lange an Newtons Methode und Notationen fest, die wesentlich umständlicher und zeitaufwendiger waren.

Letzten Endes war Newtons Genie als Mathematiker der Grund dafür, dass die Mathematik in England nachhaltig gehemmt war und lange Zeit den Entwicklungen auf dem Kontinent hinterherhinkte.

RAUM UND ZEIT

Es gab noch einen weiteren Streitpunkt zwischen Newton und Leibniz. Newton war fest davon überzeugt, dass Raum und Zeit einen absoluten Charakter besitzen. Den Raum stellte sich Newton als einen ruhenden »äußeren Behälter aller Bewegung« vor, der jedem Geschehen in ihm einen festen Bezugspunkt bietet. Völlig unabhängig vom Raum sollten sich die Bewegungen innerhalb der Zeit abspulen, die genauso absolut ist wie der Raum. Dass Raum und Zeit feste Bezugspunkte haben, sich nicht gegenseitig beeinflussen und auch nicht von der Materie beeinflusst werden, war allerdings eine reine Hypothese, keineswegs eine Schlussfolgerung aus seinen Gesetzen. Wie kam Newton auf diese Idee? Ganz einfach: Raum und Zeit waren für ihn »Ausströmungen« (lat. *emanationes*) Gottes, perfekt und unantastbar.

Bereits einige von Newtons Zeitgenossen, allen voran Leibniz, nahmen diese Vorstellung skeptisch auf: Dass die Wahrnehmung von Bewegung vom Standort des Beobachters abhängig ist, kann jeder Mensch ganz einfach erfahren. Die Gespannführer von zwei Pferdefuhrwerken, die mit gleicher Geschwindigkeit nebeneinander herfahren, können sich in aller Ruhe miteinander unterhalten. Dass es darüber hinaus irgendwo im Universum einen unverrückbaren Bezugspunkt zu diesen beiden Pferdefuhrwerken geben sollte, erkannte Leibniz als reine Glaubenssache.

Im Gegensatz zu Newton meinte Leibniz, dass es im Raum gerade keinen absoluten Bezugspunkt gibt – und damit auch keine absolute Bewegung. Leibniz ging sogar noch einen Schritt weiter: Er sagte, dass sich auch die Zeit nur in Abhängigkeit zum Geschehen messen lasse. Zeit lässt sich zwar nicht umkehren (erst muss die Ursache da sein, bevor die Wirkung eintritt), doch solange die Kausalität gewahrt ist, kann die Zeit in unterschiedlichen Geschwindigkeiten ablaufen.

Auch im Fall der Gravitation zeigten sich Differenzen. Leibniz zweifelte an Newtons Interpretation der Gravitation als Fernwirkung, die ohne Vermittlung irgendeiner Materie und auch ohne zeitliche Verzögerung auftritt. Eine Wirkung ohne ein

Medium, das die Kraft von einem Punkt zum nächsten überträgt, war für ihn nicht vorstellbar. Für Leibniz sollte jegliche physikalische Wirkung immer nur seine unmittelbare Nachbarschaft betreffen – Physiker sprechen in diesem Zusammenhang vom »Prinzip der Nahwirkung«.

All diese von Leibniz geäußerten Einwände an Newtons Physik waren schwerwiegend. Sie beschäftigten die Physiker noch bis ins 20. Jahrhundert.

Wir wissen heute, dass Leibniz recht hatte mit der Relativität von Raum und Zeit, mit seinem Nahwirkungsprinzip und auch mit seiner Annahme, dass Kräfte nur mit zeitlicher Verzögerung wirken können. Leibniz war auch auf der richtigen Spur, als er sagte, dass die Gravitationskraft ein Medium braucht, um zu wirken. Wie heute bekannt ist, handelt es sich bei diesem Medium um die Raumzeit selbst. Doch um all dies zu zeigen, brauchte es im frühen 20. Jahrhundert das Genie von Albert Einstein.

DAS IDOL SEINES ZEITALTERS

Leibniz hatte die elegantere Lösung für die Infinitesimalrechnung gefunden und in vielen Fragen auch den besseren Riecher für physikalische Zusammenhänge als Newton gehabt. Trotzdem war es nicht Leibniz, sondern Newton, den die Menschen als Helden der Wissenschaft feierten. Sein Vorgänger Johannes Kepler hatte zwar ebenfalls Gesetze in Form von mathematischen Formeln beschrieben; doch um sie zu finden, hatte er so lange herumprobiert, bis er eine passende mathematische Beschreibung gefunden hatte. Niemand wusste, warum die Kepler'schen Gesetze gültig sind. Die Newton'schen Gesetze und Newtons Gravitationsgesetz dagegen erklären die Welt von Grund auf.

Das experimentell überprüfbare und mathematisch nachvollziehbare System von Naturgesetzen schwächte die bisher gültigen Erklärungsmuster. Durch Newton war endgültig der Gedanke in der Welt, dass es nicht unbedingt der Wille des Allmächtigen ist, der alles Geschehen bestimmt. Vielmehr begannen die Menschen, die Natur als eine Maschine zu verstehen, die allgemeingültigen und nachvollziehbaren Gesetzen folgt. Für die Menschen war dies eine Befreiung. Die Welt war kein beängstigender Ort mehr, an dem durch den unerklärlichen Willen Gottes unverständliche Dinge geschehen. Dank der Newton'schen Gesetze ließ sich nun vom Zusammenprall zweier Murmeln bis zu den Planetenbewegungen alles berechnen.

Völlig neu war auch, dass das neue Denken nicht mehr nur die Gelehrtenwelt betraf. Viele Jahrhunderte lang hatten sich zahllose Forscher abgemüht, die wissenschaftlichen Tugenden zu entwickeln und in ihr Denken zu integrieren. In ihren Kreisen hatte sich allmählich der Mut durchgesetzt, Dogmen beiseitezuschieben und sich auf eigene Beobachtungen zu verlassen. Doch die übrige Bevölkerung Europas war von diesem Geschehen ausgeschlossen gewesen, ihre Lebens- und Erfahrungswelt war dieselbe geblieben. Sie hatte höchstens von den technologischen Umsetzungen des neuen Wissens profitiert. Mit Isaac Newton änderte sich das.

Die neue Art, die Welt zu sehen und zu entdecken, stellte ab der Mitte des 17. Jahrhunderts die bestehenden wissenschaftlichen Autoritäten auf breiter Front und fundamental infrage. Mit einiger Zeitverzögerung griffen die neuen Ideen auf das philosophische und religiöse Denken über und von dort auf das Denken über die Stellung des einzelnen Menschen und das Wesen politischer Macht. Newtons Gesetze waren also die Türöffner zum Zeitalter der Aufklärung, in der die neue Rationalität auch das gesellschaftliche und politische Denken revolutionierte.

Seine Naturgesetze machten aus Newton in der öffentlichen Wahrnehmung die gefeierte Galionsfigur seiner Epoche. Voltaire, der große Philosoph der Aufklärung, staunte über die Engländer, die »einem Mathematiker den Respekt eines Königs zollen«. Er ließ Newtons Werke in die französische Sprache übersetzen und verbreitete die Begeisterung für Newtons Gesetze in seinem Heimatland Frankreich. Von dort aus eroberte Newtons Erklärung der Welt das intellektuelle Leben ganz Europas. Newtons Ideen wurden die zentralen Themen in den Kaffeehäusern und Privatsalons von Paris, Berlin und London.

Das hohe Ansehen, das Newton in seiner zweiten Lebenshälfte entgegengebracht wurde, erreichte seinen Höhepunkt, als er 1727 hochbetagt starb. Die für ihn angesetzte Begräbniszeremonie war eines Staatsoberhauptes würdig. Der englische Dichter Alexander Pope dichtete zu diesem Anlass:

> »NATURE and Nature's Laws lay hid in Night:
> God said, ›Let Newton be!‹ and all was light.«

Spinning Jenny, *die von James Hargreaves 1767 erfundene Spinnmaschine für Baumwollfasern, wurde zunächst noch mit Muskelkraft angetrieben.*

Teil IV

VON DER WISSENSCHAFT ZUR TECHNOLOGIE: WIE EUROPA DURCH DIE ANWENDUNG VON WISSEN ZUR WELTMACHT WURDE

Wissen an sich macht die Welt nicht besser. Es soll den Menschen dienen, um ihr Leben zu erleichtern und sicherer zu machen. Nur die Umsetzung von Wissen in Technologie bringt uns Menschen ein Mehr an Lebensqualität. Für diesen steten Fortschritt brauchen wir Visionen und Schaffenskraft sowie kulturellen, ökonomischen und intellektuellen Wettbewerb.

Der erste europäische »Tech-Unternehmer« war der Mainzer Johannes Gutenberg. Nach der Ausbildung der menschlichen Sprache und nach der Erfindung der Schrift löste Gutenberg mit dem von ihm erfundenen Buchdruck die dritte große Medienrevolution in der Geschichte der Menschheit aus (Kapitel 1). Das Gebiet, auf dem sich der Wert menschlichen Wissens für die Verbesserung der Lebensqualität am direktesten zeigt, ist die Medizin (Kapitel 2). Die Umsetzung von Wissen in Technologie hat jedoch eine wesentliche Voraussetzung: Wir müssen Risiken objektiv erfassen und unsere Wahrnehmung von ihnen an die Realitäten angleichen (Kapitel 3). Dass Gesellschaften den Weg des Fortschritts durch Wissenschaft nicht automatisch finden, zeigt die Entwicklung außerhalb Europas. China und Indien waren dem Westen lange Zeit voraus. Doch Europa konnte zuletzt alle anderen Länder überflügeln (Kapitel 4), da es als erster Kulturraum die für das wissenschaftliche Denken notwendigen Tugenden für sich entdeckte.

1 Die Medienrevolution der Renaissance – Wie ein Mainzer Unternehmer und Handwerker eine neue Welt erschuf

Ulrich Helmasperger war Kleriker des Bistums Bamberg, kaiserlicher Notar und geschworener öffentlicher Schreiber am erzbischöflichen Gericht zu Mainz. Am 6. November 1455 verfasste er eine gerichtliche Urkunde, ein sogenanntes »instrumentum publicum«, die als einzigartige zeitgenössische Quelle ein interessantes Licht auf die Entstehung des Buchdrucks wirft.

In der Klageschrift beeidete der Mainzer Bürger Johannes Fust, dass er dem Goldschmied und Kaufmann Johannes Gensfleisch 1.550 Gulden für ein gemeinsames Projekt namens »Werk der Bücher« vorgestreckt habe. Diese Summe hatte Fust sich selbst zu sechs Prozent Zinsen leihen müssen. Doch Gensfleisch soll einen Teil des Geldes für ein privates Projekt abgezweigt haben; diesen Teil wollte Fust nun mit Zinsen wieder zurückhaben. Gensfleisch hingegen behauptete, dass er erstens gar nicht den gesamten Betrag erhalten habe, und zweitens sei auch der strittige Teil des Geldes eine Geschäftseinlage in das gemeinsame Unternehmen. Er verwies auch auf die von ihm selbst getätigten großen Investitionen für das gemeinsame Projekt, das heute unter Fachleuten unter dem Kürzel »B 42« bekannt ist.

Der genaue Ausgang des Prozesses ist unbekannt. Sicher ist aber wohl, dass das Gericht Fust in den meisten Punkten recht gab und er die Gerätschaften, die mit dem gemeinsamen Geld gebaut worden waren, in Eigenregie weiterverwenden durfte. Die bereits gefertigten Produkte gingen ebenfalls in Fusts Besitz über. So betrieb dieser später zusammen mit Peter Schöffer, der erst Gensfleischs Mitarbeiter und später Fusts Schwiegersohn war, die von Gensfleisch aufgebaute Werkstatt weiter. Johannes Gensfleisch, den wir heute unter seinem Namen Johannes Gutenberg kennen[64], musste wieder ganz von vorn anfangen.

EIN FRÜHES JOINT VENTURE

Gutenberg war der kreative Kopf des Unternehmens gewesen. Er war ein typischer Vertreter für einen im 15. Jahrhundert aufkommenden neuen Unternehmertyp: Seinen kreativen Erfindungsreichtum und seine technische Raffinesse verband er mit großem kaufmännischen und unternehmerischen Geschick sowie mit der Bereitschaft, Risiken einzugehen. Das Scheitern der Zusammenarbeit mit Fust war für Gutenberg kein Endpunkt, sondern eher Ansporn, es beim nächsten Versuch besser zu machen. Heute würde man ihn als einen »innovativen Unternehmergeist mit hoher Risikobereitschaft« bezeichnen, so wie es viele Menschen sind, die sich in unseren Tagen in der Gegend südlich von San Francisco, dem sogenannten »Silicon Valley«, niedergelassen haben.

Auch im Europa des beginnenden 15. Jahrhunderts waren die Bedingungen günstig, aus einer Kombination von Kreativität, Risikobereitschaft und Geld etwas ganz Neues entstehen zu lassen. Neben der Idee des Humanismus war ein ökonomischer Unternehmergeist entstanden. Das profitorientierte Denken förderte die Rationalisierung und technologische Verbesserung der bis dahin rein handwerklichen Produktionsweisen. Die wachsende Macht der Städte und der durch den Handel entstandene Reichtum der Bürger machten Finanzierungsmodelle möglich, die Risikokapital und Ideen zusammenbrachten.

Gutenberg kehrte nach seiner Niederlage vor Gericht auf den elterlichen Hof zurück und wagte den Neustart seines Projektes. Wieder fand er einen Geldgeber, dieses Mal den Juristen Konrad Humery. Gutenbergs Kapitalbedarf war immens. Wir kennen die Preise für ein Bürgerhaus im damaligen Mainz: Allein mit den 1.550 Gulden des Johannes Fust hätte man dort einen ganzen Straßenzug kaufen können. Dazu kam, dass Gutenberg seinen potenziellen Geldgebern lange Phasen erheblicher Rückschläge erklären musste. Dass er trotzdem Investoren fand, sagt etwas über die Faszination aus, die seine Idee auf seine Zeitgenossen ausübte. Zuletzt gelang es Gutenberg, seine Erfindung zur Reife zu bringen.

Den wesentlichen kommerziellen Erfolg seiner Bemühungen erlebte er allerdings nicht mehr. Gutenberg starb weitgehend mittellos, wenn vermutlich auch nicht bitterarm, im Februar 1468. Das Eigentum an den von ihm entwickelten Geräten musste er seinem Geldgeber Konrad Humery überlassen.[65] Erst später wurde seine Erfindung, die Druckerpresse mit einzelnen, austauschbaren Lettern, gewürdigt, u. a. im Jahr 1997, als sie vom US-Magazin »Time-Life« zur bedeutendsten Erfindung des 2. Jahrtausends gewählt wurde. 1999 kürte der amerikanische Privatsender »A&E Network« Johannes Gutenberg zum »Mann des Jahrtausends«.

DIE SUCHE NACH PERFEKTION UND SCHÖNHEIT

Zu Gutenbergs Zeiten existierte bereits ein Verfahren zum Kopieren kompletter Seiten per Druck: Die gesamte zu druckende Textseite wurde spiegelverkehrt in eine Holztafel eingeschnitten, dann ein Blatt Papier auf den mit Farbe bestrichenen Druckstock gelegt und angedrückt. Diese Methode benutzte auch Gutenberg in den 1430er-Jahren in seiner Werkstatt, um religiöse Texte und Bilder für Pilger, die sogenannten »Pilgerspiegel«, herzustellen. Das war ein sehr einträgliches Geschäft, doch es gab ein Problem: Die Herstellung der Druckplatten war ziemlich mühsam.

Der Buchdruck, der genau einen Stempel für eine einzige Seite verwendet, wurde in China erfunden. Der erste Druck nach diesem Verfahren erfolgte im Jahr 868: Es handelte sich um das zu den wichtigsten Schriften des Mahayana-Buddhismus zählende »Diamant-Sutra«. Der Text war als Ganzes spiegelverkehrt in einen Holzstock geschnitten worden; später wurden in Ostasien auch Druckstempel aus Keramik und Bronze verwendet.

Eine Verbindung zwischen asiatischen Druckern und Gutenberg gab es wohl nicht. Doch es stellt sich eine ganz andere Frage: Warum wurde die Erfindung des Buchdrucks mit einzelnen beweglichen Lettern nicht in China gemacht? Die Chinesen hatten weit über ein halbes Jahrtausend Zeit gehabt, auf diese Idee zu kommen. Doch im Chinesischen gibt es Tausende verschiedener Schriftzeichen – bei dieser Anzahl sind bewegliche einzelne Lettern einfach keine praktikable Technik. Auch wur-

Johannes Gutenberg (1400–1468),
Erfinder des Buchdrucks mit beweglichen Lettern.

den in der chinesischen Kultur eher feststehende Gebetsformeln
– wie das »Diamant-Sutra« – gedruckt. In Europa sollte dagegen
der Buchdruck von Anfang an auch der Verbreitung aktueller
und d. h. stetig wechselnder Informationen dienen. Neben der
Bibel wurden v. a. Flugblätter und wissenschaftliche, politische
und literarische Texte und Berichte gedruckt. Für diese Aufgabe
war die Erfindung der beweglichen Lettern ein großer Durchbruch.

Heute wird oft übersehen, dass es nicht Gutenbergs erstran-
giges Ziel war, eine gegenüber der gängigen Abschrift per Hand
preiswerte Massenware zu produzieren. Im Gegenteil: Sein Vorhaben war zunächst v. a. ästhetischer Natur. Er wollte besonders
schöne Schriften liefern, in einer Ästhetik und Einheitlichkeit,
die die berufsmäßigen Schreiber in den Klöstern und Universitäten niemals erreichen konnten, und erst recht nicht die
Mitarbeiter jener gewerblichen Schreibwerkstätten, die quasi im
Akkord Bücher auf Vorrat abschrieben. Bislang war es üblich,
dass die Abstände zwischen Buchstaben, Wörtern und Zeilen
eine Geschmackssache des jeweiligen Schreibers in den Skripto-

rien waren und sich die Gestaltung der Seiten sogar innerhalb eines einzigen Buches unterscheiden konnte. Gutenberg nun hatte eine auf allen Seiten des Werkes gleichmäßige Gestaltung nach einem durchgehenden Prinzip vor Augen. Zu diesem Zweck hatte er bereits 1438 in Straßburg zusammen mit anderen das Unternehmen »Aventur und Kunst« gegründet und begonnen, mit Typenguss und beweglichen Lettern zu experimentieren.

Mit seiner Idee traf Gutenberg einen Nerv seiner Zeit: Die Menschen der Renaissance wollten immer mehr lesen; sie gierten nach Büchern. Doch deren Produktion durch Abschreiben war eine sehr zeitaufwendige Angelegenheit. Selbst schnelle und erfahrene Schreiber brauchten mehrere Jahre, um ein einziges Exemplar der Bibel zu erstellen. Genau an diesem »Buch der Bücher« wollte Gutenberg sein neues Verfahren als Erstes ausprobieren.

EINE BLAUPAUSE FÜR ALLE

In mehrfacher Hinsicht gelang es Gutenberg, in den Jahren zwischen 1445 und 1450 etwas ganz Neues zu entwickeln: Er goss die Drucklettern einzeln, sodass diese beweglich und austauschbar waren. Er entwickelte zudem die für die Wein- und Papierherstellung gebräuchlichen Spindelpressen zu einer Druckerpresse weiter. Dabei musste er das technische Problem lösen, den über die Spindel ausgeübten Druck sehr gleichmäßig auf die gesamte Druckplatte zu verteilen. Schließlich entwickelte Gutenberg als Druckerschwärze eine neue, verbesserte Mischung aus Leinölfirnis, Ruß und Eiweiß (z. B. Eichengalle), die mit Lederballen auf die fertig gesetzte Seite aufgetragen wurde. Anders als die bis dahin übliche dünnflüssige Druckfarbe für den Holztafeldruck war die neue Farbmischung zäh genug, um auf den Lettern zu haften, ohne auf dem Papier zu verschmieren. Weil sie schnell auf dem Papier trocknete, konnten Vorder- und Rückseite eines Bogens zügig bedruckt werden.

Entscheidend war die Herstellung der einzelnen Buchstaben: Jedes einzelne Zeichen wurde in mühsamer Arbeit seitenverkehrt aus einem kleinen Metallblock herausgearbeitet. Diese sogenannte »Patrize« wurde in weiches Kupfer eingeschlagen;

die so entstandene Vertiefung, die Matrize, diente als (seitenrichtiges) Negativ, mit dem dann mithilfe des Handgießinstruments Abdrücke (die Typen) gegossen werden konnten.

Auch das Handgießinstrument war eine Erfindung Gutenbergs: In diesen etwa kinderfaustgroßen Apparat wurde die Matrize eingespannt. So entstand die Hohlform, in die das flüssige Metall für die Lettern eingegossen werden konnte. Für die Typen verwendete Gutenberg eine Legierung, die hauptsächlich aus Blei bestand, aber auch Zinn, Antimon, Kupfer und Eisen enthielt. Der große Vorteil dieses Verfahrens: Mit ihm ließen sich aus einer einzigen Patrize bzw. einer Gussform (Matrize) beliebig viele, in Größe und Form genormte Lettern herstellen.

1448 war Gutenberg mit seiner Produktion einzelner beweglicher Lettern so weit, dass er in die Produktion gehen konnte – das war sieben Jahre vor dem Rechtsstreit mit seinem Investor Johannes Fust. Heute würde man sagen, dass Gutenberg eine »Beta-Version« seines Produktes fertig hatte. Das Projekt »Werk der Bücher« hatte zum Ziel, die gesamte lateinische Bibel in einer bisher unerreichten Schönheit und Gleichmäßigkeit zu produzieren. Gutenberg druckte 180 Exemplare der heute weltberühmten »Gutenberg-Bibel«, auch »B 42« genannt – die Zahl 42 bezieht sich dabei auf die Anzahl der gedruckten Zeilen pro Seite.

Die Bibelproduktion erwies sich trotz des Erfindungsreichtums Gutenbergs und seiner technischen und handwerklichen Fähigkeiten als Mammutaufgabe. Jede Bibel hatte 1282 Seiten – Gutenberg brauchte um die 51.000 Papierbögen, Pergament aus den Häuten von 5000 Tieren und Hunderttausende Handgriffe, bis die Auflage von 180 Exemplaren (150 Exemplare auf Papier, 30 Exemplare auf Pergament) komplett war. Dies gelang ihm in der Rekordzeit von gut zwei Jahren und zu nur einem Viertel der Kosten, die handschriftlich hergestellte Bibeln erzeugt hätten. Trotzdem erfüllten die gedruckten Bibeln in kommerzieller Hinsicht nicht die Erwartungen der Geldgeber, zu groß waren die Investitionen gewesen. Die Ästhetik der Bände dagegen war ein durchschlagender Erfolg: Der Text sei von »höchst sauberer und korrekter Schrift« verfasst, schwärmte etwa der zeitgenössische Geistliche und Gelehrte Silvio Piccolomini, der spätere Papst Pius II.

Nach der Trennung von Gutenberg arbeitete Johannes Fust zusammen mit Peter Schöffer in der von Gutenberg gegründeten Druckerei. So entstanden zwei Druckwerkstätten in Mainz. Bald kamen weitere Druckereien hinzu, die, weil es noch keinen Patentschutz gab, von den bereits gemachten Erfahrungen profitieren konnten. In rasendem Tempo verbreitete sich die Buchdruckerkunst in ganz Europa. Die Geschwindigkeit, mit der dies geschah, wurde erst wieder im späten 20. Jahrhundert von einer anderen medientechnologischen Neuerung erreicht: dem Internet.

Fünfzig Jahre nach Gutenbergs Erfindung gab es in 350 Städten quer durch den europäischen Kontinent mindestens 1000 Druckereien. Zwischen 1450 und 1500 veröffentlichten sie um die 30.000 Titel mit einer geschätzten Gesamtauflage von neun Millionen Bänden.

DIE DEMOKRATISIERUNG DES WISSENS

Nach der Ausbildung der menschlichen Sprache vor ca. 50.000 Jahren und der Erfindung komplexer Schriftsysteme vor ca. 5000 Jahren löste Johannes Gutenbergs Erfindung eine dritte Medienrevolution aus. (Die Digitalisierung und das Internet werden als die vierte Medienrevolution der Menschheitsgeschichte angesehen.) Durch den Buchdruck konnten erstmals Texte und damit Ideen schnell und immer kostengünstiger verbreitet werden. Dass Bücher und ihr Inhalt von einem teuren Luxusartikel zu einem Massenartikel wurden, ist eine der Grundlagen unserer heutigen Wissens- und Kommunikationsgesellschaft.

Der Buchdruck spielte eine maßgebliche Rolle in der Verbreitung der Ideen des Humanismus: Durch das neue Medium wurden die Autoren der Antike einem breiten Leserkreis zugänglich. Aber auch neue Ideen konnten sich so schnell wie nie zuvor verbreiten. Ohne Gutenberg hätte es die fünfzig Jahre später einsetzende Reformation wohl kaum gegeben. Martin Luther hatte sofort die Bedeutung des Buchdrucks für die Bekanntmachung seiner Thesen erkannt; er nannte ihn »ein

Geschenk Gottes«.[66] Luthers deutsche Übersetzung der Bibel wurde bis zu seinem Tod 1546 mehr als eine halbe Million Mal gedruckt.

Es ist eine Ironie der Geschichte, dass eines der ersten Massenprodukte, die mit Gutenbergs Erfindung ab 1454/55 hergestellt wurden, ein Druckerzeugnis war, das zu jener Zeit ganz neu den Markt eroberte: Ablassbriefe. Sie wären eigentlich ein idealer Artikel für den sogenannten »Einblattdruck« gewesen: Es gab nur eine Seite und einen festen Text mit wenigen Lücken, in die später handschriftlich Name, Datum und Unterschrift eingesetzt wurden. Aber auch mit der neuen Druckerpresse konnte man innerhalb kurzer Zeit Tausende von Exemplaren drucken. Das erfolgreichste dieser »Formulare«, mit dem sich zahlungswillige Bürger von ihren Sünden freikaufen konnten, hatte eine Auflage von 190.000 Stück.

Auch die Kunde von der Entdeckung des neuen Kontinentes auf der anderen Seite des Atlantiks – fünfzig Jahre nach Gutenbergs Erfindung – konnte sich durch den Buchdruck schnell verbreiten. Amerigo Vespuccis Reisebereicht *Mundus Novus* samt ausführlicher Beschreibungen angeblich zügelloser Sexualität und Kannibalismus der Ureinwohner wurde als Flugschrift in mehreren Sprachen gedruckt und fand innerhalb kürzester Zeit in ganz Europa weite Verbreitung.

Schnell übte der Buchdruck auch seine Wirkung auf das alltägliche Leben der Menschen aus. Es begann sich zu lohnen, lesen und schreiben zu lernen. Schon bald waren dies sogar Fähigkeiten, die man beherrschen musste, um sich in der Welt behaupten zu können – ähnlich geht es uns heute mit der Fähigkeit, mit Computerprogrammen zu arbeiten und Handys zu bedienen. Der Alphabetisierungsgrad der Bevölkerung, der zu Gutenbergs Zeit noch im unteren Prozentbereich gelegen hatte, stieg schnell an. Um 1600 entstanden die ersten regelmäßig erscheinenden Zeitungen.[67]

Durch den Buchdruck konnte Wissen erstmals massenhaft verbreitet, konnten Nachrichten und Meinungen frei von Kontrolle durch Kirche und Obrigkeit weitergegeben werden. Gutenbergs Erfindung wurde damit zu einer wesentlichen Triebkraft für die großen gesellschaftlichen Umwälzungen der kommenden Jahrzehnte und Jahrhunderte in Europa: die weitere Entwicklung der Renaissance, die Reformation im 16., die wissenschaftliche Revolution im 17. sowie das Zeitalter der Aufklärung im 18. Jahrhundert.

Der Aufklärungsphilosoph und Wissenschaftler Georg Lichtenberg schrieb in seinen berühmten aphoristischen *Sudelbüchern*:

>»Mehr als das Gold hat das Blei die Welt verändert und mehr als das Blei in der Flinte das Blei im Setzkasten.«[68]

Auch Goethe war sich der Bedeutung der Erfindung Gutenbergs bewusst; er soll Mitte Juli 1820 in einem Gespräch mit Johann Christian Lobe gesagt haben:

>»Die Buchdruckerkunst ist ein Faktor, von dem ein zweiter Teil der Welt- und Kunstgeschichte datiert, welcher von dem ersten ganz verschieden ist.«

DER BUCHDRUCK UND DIE WISSENSCHAFTEN

Nicht zuletzt trug der Buchdruck entscheidend zur Entfaltung der Wissenschaften bei. Denn was für politische, religiöse und künstlerische Gedanken gilt, gilt genauso für den Austausch wissenschaftlicher Ideen: Johannes Kepler und Galileo Galilei haben sich nie persönlich getroffen, sie führten aber eine mehrjährige Korrespondenz, in der sie ihre Ideen und Beobachtungen austauschten. Sie hätten kaum Notiz voneinander genommen, wären ihre jeweiligen Theorien nicht gedruckt und in Umlauf gebracht worden. Isaac Newton seinerseits hätte seine Gravitationstheorie nicht aufstellen können, ohne Kepler und Galilei gelesen zu haben. Albert Einstein wiederum konnte seine Relativitätstheorie nur auf der Grundlage der Werke James Clerk Maxwells formulieren. Und Francis Crick und James Watson entdeckten den Aufbau der DNA, als sie von den nahezu zeitgleich entstandenen Ergebnissen Linus Paulings erfahren hatten.

Natürlich hatte es schon vor dem Buchdruck den Austausch von Ideen auch über Generationen und Jahrhunderte hinweg gegeben, doch der Buchdruck intensivierte und beschleunigte den Transfer von Wissen um das Hundert- und Tausendfache. Er wirkte wie Öl auf einem rostigen alten Gleitlager, das dann rund und geschmeidig laufen kann. Johannes Kepler formulierte 150 Jahre nach Einführung des Buchdrucks:

> »Nach der Geburt der Typographie wurden Bücher zum Gemeingut, von nun an warf sich überall in Europa alles auf das Studium der Literatur, nun wurden so viele Universitäten gegründet, entstanden plötzlich so viele Gelehrte, dass bald diejenigen, die die Barbarei beibehalten wollten, alles Ansehen verloren.«[69]

Wie wichtig der Buchdruck für die Entwicklung der Wissenschaften war, zeigt sich auch durch den Vergleich mit dem islamischen Kulturraum. Laut religiösem Dogma durfte der Koran explizit nur in arabischer Sprache und Schrift wiedergegeben und nur mit einem aus einem speziellen Schilf geschnitzten Schreibrohr vervielfältigt werden. Ab 1485 galt im gesamten Osmanischen Reich ein Buchdruckverbot, das erst 1727 durch Sultan Ahmed III. mit Einschränkungen wieder aufgehoben wurde. Das Drucken religiöser Schriften blieb weiterhin untersagt; säkulare Werke mussten auf Arabisch bzw. Osmanisch (Türkisch) publiziert werden. Im historischen Buchdruckverbot innerhalb des Osmanischen Reiches sehen Historiker einen wichtigen Grund für die wissenschaftliche und technologische Rückständigkeit der islamischen Welt.

Der Buchdruck hatte noch einen weiteren Effekt auf die wissenschaftliche Welt: Dass er eine »deutsche Erfindung« war, stärkte das Selbstbewusstsein der Menschen in der Mitte Europas. Die deutsche Sprache gewann an Bedeutung, und die traditionelle Gelehrtensprache Latein, bis dahin das exklusive Medium der Wissensvermittlung, trat immer mehr in den Hintergrund. Es war der Beginn einer Entwicklung, die schließlich dazu führte, dass im 18. Jahrhundert das Deutsche das Lateinische im akademischen und intellektuellen Austausch ablöste.

EINE NEUE FORM DES WIRTSCHAFTENS

Dass Gutenberg nicht nur der Erfinder des Buchdrucks, sondern auch der Vorreiter einer neuen Wirtschaftsform war, wurde lange Zeit übersehen. Sein Metier war sehr kapitalintensiv, denn er musste erfolglose Testreihen finanzieren, Maschinen anschaffen, Rohstoffe kaufen und Spezialisten wie Setzer bezahlen. Als kapitalistisch agierender Unternehmer setzte Gutenberg seine Geschäftsidee mit Unternehmensbeteiligungen und Risikoanleihen um. Die Geschäftspartnerschaften, die er dafür einging, würde man heute als *early stage venture capital*, sein Geschäft als Start-up bezeichnen. All dies war nur möglich durch ein sich entwickelndes Wirtschaftssystem, in dem das Geld nicht mehr nur Tauschmedium war, sondern auch eine weitere, neue Funktion erhielt: als Kapital, das investiert wird, um eine Rendite zu erwirtschaften. Verbunden mit seiner Geschäftstüchtigkeit gelang es Gutenberg immer wieder, Geldgeber davon zu überzeugen, in seine riskanten und kapitalintensiven Projekte zu investieren. Und mithilfe seiner klaren Visionen managte er ein recht komplexes Unternehmen, das eher eine industrielle Manufaktur war als ein kleiner Handwerksbetrieb.

So war Gutenberg eher ein Handwerker, Unternehmer und Frühkapitalist und dabei von sehr realen ökonomischen Motiven geleitet denn ein Wissenschaftler, der mit neuen Theorien über die Natur die Welt veränderte. Doch besaß er zwei für Wissenschaftler typische Eigenschaften: Leidenschaft für Präzision und Ausdauer in der Umsetzung. Beides half ihm maßgeblich, seine Vision zu verwirklichen. Doch sein Wille zur Präzision war gleichzeitig der Grund für Gutenbergs wirtschaftlichen Ruin. Um vollkommene Drucke mit lebendigem Schriftbild zu erhalten, hatte er für jeden Buchstaben mehrere Varianten angefertigt, insgesamt waren es 290 Zeichenvorlagen. Nur so gelang es ihm, die besten mittelalterlichen Handschriften sogar noch zu übertreffen. Doch die neue Technologie rentierte sich nur bei industrieller Massenproduktion. Wenn der Setzer erst überlegen musste: »Welchen der zur Verfügung stehenden Buchstaben ›e‹ nehme ich denn hier?«, kostete das Zeit. Gutenberg selbst erkannte die Notwendigkeit der ökonomischen Skalierbarkeit seiner

Erfindung: Er musste große und damit auf den Einzeldruck bezogen preiswerte Auflagen erreichen. Schnell wurde Gutenberg klar, dass er für die Herstellung alltäglicher Drucke nicht mit vielen Varianten eines einzigen Buchstabens arbeiten konnte.

Mit dem Buchdruck entwickelte sich in Windeseile ein ganz neuer wirtschaftlicher Sektor, der sich der Verbreitung von Informationen widmete: das Verlagswesen. Bereits ab den 1460er-Jahren wurde die (von Johannes Fust mitbegründete) Frankfurter Buchmesse, die Messe der Verleger, zu einer festen Größe in der Kulturlandschaft Deutschlands. »Verleger« stellten aber nicht nur Bücher und Flugschriften her, sondern auch Textilien. Auch in dieser Branche entwickelten sich dezentralisierte Produktionsformen. Die von den sogenannten »Verlegten« in Heimarbeit hergestellten Textilien wurden vom Verleger, der mit Lohn und Rohstoffen in Vorlage gegangen war, zentral vermarktet. (»Verlag« leitet sich von »Vorlage« ab.) Die wohl prominentesten Verleger in der Textilbranche waren die Fugger aus Augsburg.

Im von Gutenberg erfundenen Buchdruck sehen wir eines der ersten Beispiele dafür, dass die Vermählung von technologischer Innovation mit kapitalistischem Unternehmertum eine ungeheure ökonomische Produktivität und Kreativität zur Entfaltung bringt. Diese Dynamik wurde zum maßgeblichen Treiber dafür, dass Europa die wirtschaftliche, politische, militärische und kulturelle Führung in der Welt erlangen konnte.

2 Der Weg zum ewigen Leben – Von der Quacksalberei zur modernen Medizin und Biologie

In der von Joanne K. Rowling geschaffenen magischen Harry-Potter-Welt sammeln viele Schülerinnen und Schüler in Hogwarts sogenannte »Schokofrosch-Karten«, die aus einer Sammelreihe berühmter Hexen und Zauberer bestehen. Eine von ihnen zeigt Theophrastus Bombastus von Hohenheim. Dessen Büste ziert auch das siebte Stockwerk von Hogwarts. Was viele Leser überraschen mag: Den Mann mit dem für heutige Ohren unglaublichen Namen hat es wirklich gegeben!

Auch der Geburtsort des Theophrastus Bombastus von Hohenheim scheint in den Bereich der Legenden zu gehören. Theophrastus wurde nämlich gleich neben der sogenannten »Teufelsbrücke« geboren, die in der Nähe des schweizerischen Ortes Einsiedeln über einen Gebirgsfluss führt. Das war vermutlich im Jahr 1493. Von Hohenheim war Naturforscher, Alchemist, Lebenskünstler, Mystiker und – unter seinem latinisierten Namen »Paracelsus« – eine der bekanntesten, aber auch umstrittensten Figuren der Medizingeschichte.

So wie für alle Wissensgebiete lässt sich auch an der Entwicklung von Medizin und Biologie die Bedeutung der vier Tugenden des rationalen wissenschaftlichen Denkens zeigen, und es offenbart sich, was die Menschheit erreicht, wenn sie Dogmen hinter sich lässt, sich auf eigene Beobachtungen stützt, das große Ganze systematisch ins Auge fasst und ihr Wissen mithilfe der Technologie zum Wohl der Menschen einsetzt.

Der Arzt Paracelsus steht für den Schritt, althergebrachte Lehrmeinungen auf ihre Tauglichkeit zu überprüfen. Der zwanzig Jahre ältere Kopernikus hatte das veraltete Weltbild des Ptolemäus gestürzt und den Weg frei gemacht für neue Erkenntnisse. Paracelsus wollte dasselbe für das Fachgebiet der Heilkunde erreichen. Hier waren es die Dogmen des Galenos von Pergamon, auch »Galen« genannt, die 1400 Jahre lang die Medizin geprägt und jeden Fortschritt verhindert hatten.

Galenos von Pergamon (129–200 oder 216 n. Chr.),
röm. Arzt und Philosoph.

Doch insbesondere sollten sich mit den Entwicklungen auf dem Gebiet der Medizin die wohl dramatischsten Verbesserungen der menschlichen Existenzbedingungen einstellen: ein gesundes und langes Leben.

DER ARZT MIT DEM GROSSEN EGO

Galen war ein aus dem griechischen Kleinasien stammender Arzt, der im 2. Jahrhundert n. Chr. wirkte. Fast alle Ärzte des römischen Weltreiches waren damals Griechen. Wer aus einem anderen Land stammte und als Arzt ernst genommen werden wollte, musste sich als Grieche ausgeben, um Patienten zu finden. Galen sammelte seine Erfahrungen u. a. in seiner Heimatstadt als Arzt für Gladiatoren. Mit ungefähr 31 Jahren kam er nach Rom, wo er sich mit der dort etablierten Ärzteschaft anlegte. Ohne jede Hemmung zog er über jeden her, der nicht seiner Meinung war. Fünf Jahre später verließ Galen unter ungeklärten Umständen fluchtartig die Stadt und kehrte zurück nach Pergamon. Doch schon drei Jahre später wurde er von Kaiser Marc Aurel wieder nach Rom geholt. Galen wurde Leibarzt von dessen Sohn, dem späteren Kaiser Commodus, und starb hoch betagt und offenbar hoch geachtet.

Galen hinterließ eine schier unübersehbare Fülle an Schriften. Eines seiner zentralen Themen war die Lehre von den

Körpersäften. Den menschlichen Organen teilte er jeweils eines der vier Elemente und einen bestimmten Körpersaft zu:

* Herz – Luft – Blut
* Gehirn – Wasser – Schleim
* Leber – Feuer – gelbe Galle
* Milz – Erde – schwarze Galle

Nach Galen war es Aufgabe des Arztes, dafür zu sorgen, dass im Patienten diese Körpersäfte und die entsprechenden Zustände warm/kalt und feucht/trocken je nach Jahreszeit, Lebensalter und anderen Parametern ausgeglichen sind. Weil der Zugriff auf Schleim und Galle am lebenden Patienten kaum möglich war, war der Aderlass das wichtigste Mittel, die Säfte wieder ins Gleichgewicht zu bringen. Bis weit in die Neuzeit hinein bestimmte Galens Lehre die europäische Medizin. Noch 1799 starb der amerikanische Präsident George Washington an einem traditionellen Aderlass. Am Morgen seines Todestages klagte Washington über eine schmerzhafte Halsentzündung. Weil seine drei Ärzte es nicht wagten, bei ihrem berühmten Patienten neue Methoden anzuwenden, und lieber »bewährte« Therapien ansetzten, hatten sie Washington bis zum Abend insgesamt knapp zwei Liter Blut abgenommen und ihn so buchstäblich zu Tode kuriert.

Obwohl Galen ein fleißiger Anatom gewesen war und ihm als Gladiatoren-Arzt die Wundbehandlung nicht fremd gewesen sein kann, spielten chirurgische Eingriffe in seinem Werk kaum eine Rolle. Auch die Frauenheilkunde war so gut wie ausgespart. So kam es, dass beide Fachrichtungen das gesamte Mittelalter hindurch weitgehend ignoriert wurden. Die manuelle Alltagsarbeit wie Wundbehandlung, Operationen und Geburtshilfe war den weniger angesehenen Handwerkschirurgen, Wundheilern, Badern, Scherern und Hebammen überlassen. Die gelehrten Mediziner beschränkten sich darauf, die Texte von Galen und anderen Autoritäten zu studieren und zu zitieren. Teils waren ihnen operative Tätigkeiten sogar ausdrücklich verboten.

Paracelsus (1493/1494–1541),
schweiz. Arzt und Alchemist.

EIN KAMPF GEGEN WINDMÜHLEN

Zurück zu Paracelsus. Dass es zahlreiche Unstimmigkeiten und Widersprüche zwischen den Tatsachen und den Aussagen in Galens Lehrbüchern gab, war zu seinen Lebzeiten längst bekannt. Jedoch hatte keine der anerkannten Kapazitäten es bisher gewagt, die Autorität des antiken Meisters zu untergraben. Paracelsus war wohl der erste Europäer, der Galens Lehren öffentlich in Zweifel zog.

Es ist nicht ganz klar, wie Paracelsus an sein medizinisches Wissen kam. Bekannt ist, dass er mit sechzehn Jahren ein Studium der Medizin an der Universität Basel aufnahm. Bald darauf begab er sich auf eine längere Wanderschaft. Er erlangte den Grad eines Baccalaureus der Medizin, vermutlich an der Universität Wien, und dann wohl auch den Doktortitel an der Universität in Ferrara, einem der bedeutendsten akademischen Zentren der damaligen europäischen Medizin.

Doch das Hochschulstudium war für Paracelsus eine einzige Ernüchterung. Außer medizinischer Theorie, die sich fast ausschließlich auf die Lehren Galens stützte, lernte er nicht viel. Dabei interessierte ihn die Praxis viel mehr als das Wälzen alter

Folianten. So begann Paracelsus, bei Badern und Scherern, in Klöstern, bei Kräuterfrauen, Zigeunern und Hebammen praktische Erfahrungen zu sammeln. 1527 erhielt er die Approbation als Arzt in Basel und damit auch die Berechtigung, an der medizinischen Fakultät zu lehren. Entgegen den Gepflogenheiten hielt er seine Vorlesungen auf Deutsch statt auf Latein. Jeder konnte zuhören und verstehen, was er sagte. Paracelsus kritisierte die Ärzte- und Apothekerschaft, ohne dabei ein Blatt vor den Mund zu nehmen. »Die Patienten sind Ihr Lehrbuch, das Krankenbett ist Ihr Arbeitszimmer!«, rief er seinen konsternierten, akademischen Kollegen zu. Seine legendären Erfolge stießen auf den Hass der Ärzteschaft. Auch mit Aussprüchen wie dem folgenden machte sich Paracelsus keine Freunde:

> »Wer weiß es denn nicht, dass die meisten Ärzte heutiger Zeit zum größten Schaden der Kranken in übelster Weise danebengegriffen haben, da sie allzu sklavisch am Worte des Hippokrates, Galenos und Avicenna und anderen geklebt haben.«

Um sich einem drohenden Gerichtsverfahren zu entziehen, floh Paracelsus 1528 ins nahe Elsass. Ab diesem Zeitpunkt führte er ein ruheloses Wanderleben als Wunderheiler und Laienprediger. Strenge Rationalität war nicht seine Sache, dazu war er noch zu sehr dem Glauben an Okkultismus, Alchemie und Magie verhaftet. Doch er bekannte sich klar zur Aufgabe des Arztes, seine Patienten genau zu beobachten und auch die Wirkung der verschriebenen Medizin festzuhalten. So mehrte er sein Wissen Tag für Tag.

U. a. lebte Paracelsus in Kärnten, wo Minenarbeiter Eisen, Gold, Silber und v. a. Blei aus den Bergen holten. Wahrscheinlich erkannte er an den hier herrschenden Arbeitsbedingungen in feucht-heißer Umgebung voller Stäube und giftiger Substanzen, dass Krankheiten keine Bestrafung böser Geister oder die Folge innerer Ungleichgewichte der Körpersäfte darstellen, sondern vielmehr durch das Einatmen von Partikeln aus der Luft oder durch Hautkontakt mit giftigen Stoffen ausgelöst werden. Seine Auffassung, dass die meisten Krankheiten externe Ursachen haben und mit einfachsten chemischen Mitteln – also Arzneien – behandelbar sind, widersprach grundlegend der antiken Vorstellung. Oft wurde Paracelsus vorgeworfen, dass er seinen Patienten Gift verabreichen würde. Doch er war sich sicher:

> »All Ding' sind Gift und nichts ohn' Gift; allein die Dosis macht, dass ein Ding kein Gift ist.«

Mit den Jahren wurde sein Kreuzzug gegen das antike Glaubenssystem Galens immer rücksichtsloser und seine Angriffe gegen das, was er als »Schulmedizin« bezeichnete, immer heftiger und polemischer. Bald bezeichneten seine Zeitgenossen Paracelsus als den »Luther der Medizin« – was nicht unbedingt als Ehrentitel gemeint war. Aus Verbitterung über die Ärzteschaft, die sich geschlossen gegen seine Neuerungen wandte, wurde er derb und persönlich. Er schreckte sogar nicht davor zurück, die Bücher Galens und weiterer Ärzte öffentlich zu verbrennen.

Paracelsus hätte gerne die Medizin revolutioniert, doch sein unsteter Lebenswandel und die teils herablassende, teils cholerische Art, mit der er seine Gegenspieler behandelte, schadeten seiner Sache. Einsam, verarmt und trunksüchtig starb er 1541 mit nur 48 Jahren.

DER KOPERNIKUS DER MEDIZIN

Paracelsus blieb eine Fußnote in der Medizingeschichte. Der Revolutionär, der in der Medizin tatsächlich alles »umdrehen« sollte, war der zwanzig Jahre jüngere belgische Arzt und Anatom Andries Witting van Wesel. Der wurde im Jahr 1514 in Brüssel geboren; entsprechend der Mode seiner Zeit latinisierte er seinen Namen später zu Andreas Vesalius. Er ließ sich in Paris, dann in Padua, der Medizinschule mit dem damals höchsten Prestige in Europa, zum Arzt ausbilden, wo er schließlich auch selbst lehrte.

Im Jahr 1541 führte Vesalius anatomische Untersuchungen an Affen und anderen Tieren durch. Dabei machte er einige merkwürdige Entdeckungen: Bestimmte anatomische Merkmale, die Galen für den menschlichen Körper sehr ausführlich beschrieb, finden sich Vesalius' Erfahrung nach gar nicht beim

Menschen, dafür aber bei gewissen Tierarten. Beispielsweise stellte Galen die Leber als fünflappig dar, und genauso wiederholten es über Jahrhunderte die studierten Mediziner. Doch die menschliche Leber besteht definitiv und jederzeit nachprüfbar aus nur zwei Lappen, wie Vesalius nachwies. Weiter soll die menschliche Gebärmutter nach Galen zipfelig in zwei getrennte Bereiche auslaufen, im Mittelalter wurde sie deshalb als »gehörnt« bezeichnet. Doch diese Form kommt nur bei primitiveren Primatenarten vor; beim Menschen ist die Gebärmutter ein einziger Raum, in dem der Fötus heranwächst. Und: Manche Körperteile, die der Mensch zweifellos besitzt, erwähnt Galen überhaupt nicht, beispielsweise den Blinddarm. Vesalius entdeckte nun, dass bestimmte Affenarten keinen Blinddarm haben.

Dem jungen Vesalius fiel es wie Schuppen von den Augen: Galen, der fast eineinhalb Jahrtausende als absolute Autorität in allen Fragen der Medizin gegolten hatte, hatte seine anatomischen Studien nicht an Menschen, sondern an Affen durchgeführt! Alles, was die Ärzte seit der Antike über den menschlichen Körper zu wissen glaubten, bezog sich auf Affen und also nicht auf den Menschen.

Tatsächlich war es zu Galens Zeiten streng verboten gewesen, menschliche Körper zu sezieren. Vesalius dagegen konnte ganz offiziell seine anatomischen Studien am menschlichen Körper durchführen: Er durfte die Leichen aller in Padua Hingerichteten sezieren. Zwei Jahre später, im Alter von nun 29 Jahren, publizierte Vesalius seine Erkenntnisse in einem sorgfältig ausgestatteten Lehrbuch mit etwa 200, zum Teil ganzseitigen Illustrationen: *De humani Corporis Fabrica* (»Über die Struktur des menschlichen Körpers«).

Die Parallelität der Entwicklungsschritte, die Physik und Astronomie einerseits und die Medizin andererseits aufweisen, ist unübersehbar:

* Für die genannten Fachrichtungen gilt, dass nur ein geringer Teil des antiken Wissens den literarischen Kahlschlag beim Übergang vom Altertum zum christlichen Mittelalter überlebte. Kaum eine griechische und nur wenige lateini-

Andreas Vesalius (1514–1564),
fläm. Arzt und Anatom.

sche medizinische Schriften wurden in Europa durch die
Jahrhunderte überliefert. Im arabischen Kulturraum dagegen überlebten viele Schriften. Das Wissen wurde übernommen und erweitert. Beispielsweise waren die von arabischen
Ärzten betriebenen Krankenhäuser im 9. Jahrhundert auf
einem Stand, der im Westen erst 1000 Jahre später erreicht
wurde. Der bekannteste arabische Arzt war ein Zeitgenosse
Alhazens: Der Perser Ibn Sina, in Europa unter seinem lateinischen Namen »Avicenna« bekannt, lebte im frühen
11. Jahrhundert. Der Weltbestseller »Der Medicus« von
Noah Gordon setzt dem als »Prinz der Mediziner« verehrten
Ibn Sina ein modernes Denkmal. Seit dem 12. Jahrhundert
gehörte Avicennas medizinisches Sammelwerk *Kanon der
Medizin* an den meisten mittelalterlichen europäischen Universitäten zu den medizinischen Standardtexten. Es wurde
noch bis in die Mitte des 17. Jahrhunderts verwendet.
- Vereinzelt brachten Kreuzfahrer im 11. Jahrhundert medizinisches Wissen ins Abendland zurück. Im 12. und 13. Jahrhundert wurde der Strom breiter, über das maurische
Spanien beeinflusste arabische Medizin die Ärzte in West-

und Mitteleuropa. Später wurden über Italien und die dortigen Handelskontakte nach Konstantinopel die originalen antiken Texte wieder zugänglich. Das wiedergewonnene Wissen wurde in Europa nahezu kritiklos aufgenommen.

- Die zentralen Dogmen blieben über Jahrhunderte unangetastet: Auf dem Feld der Physik war es das geozentrische Weltbild des Ptolemäus, auf dem Feld der Medizin die Vier-Säfte-Lehre Galens. Obwohl die Unstimmigkeiten offensichtlich waren, folgten europäische Gelehrte ergeben den Werken der antiken Autoritäten.

- Der Bruch mit den Dogmen vollzog sich ebenfalls parallel: Das Werk des Vesalius erschien exakt im gleichen Jahr wie das *De revolutionibus* des Nikolaus Kopernikus. Damit wurde das Jahr 1543 nicht nur für die Astronomie, sondern auch für die Medizin zum historischen Wendepunkt.

DIE WEGE DES BLUTES

Wie Kopernikus konnte auch Vesalius die alten Lehren nicht von heute auf morgen umstürzen. Die Fachwelt nahm sein Werk zunächst mit großer Skepsis auf. Um zu einem realistischen Verständnis der Funktionsweise des menschlichen Körpers zu gelangen, fehlte noch die breite Akzeptanz für experimentelle und empirische Methoden. Vesalius hatte in der Anatomie für frischen Wind gesorgt. Ihm folgten viele weitere Gelehrte, die mehr über den Menschen und seine Funktionsweise wissen wollten. Sie wollten die Rätsel lösen, wie die verschiedenen Körperorgane zusammenarbeiten und wie der Austausch zwischen ihnen stattfindet. V. a. interessierte es sie, wie im Körper das Blut fließt und welche Rolle das Herz dabei spielt.

Wie in der Physik kamen die zentralen neuen Ideen und Forschungen aus England. Der Arzt und Anatom William Harvey wurde im Jahr 1578, 14 Jahre nach dem Tod von Vesalius, in Folkestone geboren. Wie viele junge Mediziner zog es ihn nach Padua, wo Vesalius gelehrt hatte. Hier arbeitete zu Harveys Zeiten auch Galileo Galilei. Harveys Lehrer war Hieronymus Fabricius, ein anerkannter Forscher, der die Klappen der Venen entdeckt, ihre Funktion jedoch nicht erkannt hatte.

William Harvey (1578–1657),
engl. Arzt und Anatom.

Obwohl die Mediziner bereits zwischen Venen und Arterien unterschieden, war ihnen nicht klar, warum es überhaupt zweierlei Blutbahnen im Körper gibt. Die meisten Ärzte folgten noch der Auffassung Galens, dass es zwei völlig unterschiedliche Arten von Blut gibt: Die eine Blutsorte sollte der Leber entspringen und den Körper mit »animalistischen« Kräften versorgen, während die andere aus dem Herzen kommen und »vitalistische« Kräfte wie Wärme und Bewegung hervorbringen sollte. Beide Typen sollten fortlaufend produziert und – sobald sie den Körper durchströmt hatten – wieder abgebaut werden.

Anlässlich des Unfalls eines Freundes in Padua erkannte Harvey, dass das Blut in Venen und Arterien verschiedenartig fließt: Als Augenzeuge beobachtete er, dass das Blut in pumpenden Schüben aus der Wunde austrat. Dies unterschied sich deutlich von der konstanten Blutung aus einer verletzten Vene. Auch der leichte farbliche Unterschied von hellrotem arteriellem und etwas dunklerem venösem Blut war leicht zu erkennen. Trotzdem erschienen die beiden Blutarten Harvey als zu ähnlich, als

257

dass es sich um zwei anders geartete Flüssigkeiten handeln könnte. Auch bemerkte er bei Eigenversuchen keinen Unterschied im Geschmack. Er gelangte zu der Überzeugung, dass es im Körper nur eine einzige Sorte Blut gibt.

Nach seinem Studium in Italien kehrte Harvey nach England zurück, wo er später zum Leibarzt von König Charles I. ernannt wurde. (Dass er Elizabeth Browne, die Tochter des Leibarztes von Königin Elizabeth I, geheiratet hatte, war Harveys Karriere sicher nicht abträglich.) In seinem Heimatland führte Harvey seine Untersuchungen zum menschlichen Blut fort. Sein Zeitgenosse Galilei stützte sich in der Physik auf wissenschaftliche Methodik und rigorosen Faktenbezug. Genauso hielt es auch Harvey mit seinen medizinischen Forschungen: Er verließ sich lieber auf seine eigenen Beobachtungen als auf die herrschenden Lehrmeinungen, sezierte unzählige Menschen und Tiere und führte Experimente u. a. an sich selbst, seinem Vater und seiner Schwester durch.

Seine Studien zur Pumpleistung des Herzens führten Harvey zu der Erkenntnis, dass das Herz ein Muskel ist, der das Blut durch den Körper pumpt. Für Galen war das Herz ein Organ, das mit einer inneren Flamme den Wärmehaushalt regelt. Schon Leonardo da Vinci hatte das Herz als Druckpumpe gesehen, doch den Schritt zum Blutkreislauf hatte er nicht gemacht. Harvey wusste auch, dass das Blut vom Herzen in die Arterien gepumpt wird, niemals in die Venen.

Seine Berechnung der Pumpleistung des Herzens ist die erste bedeutende Anwendung der Mathematik auf dem Gebiet der Biologie: Harvey kalkulierte, dass das Herz in einer Stunde so viel Blut pumpt, wie es dem dreifachen Gewicht des Menschen entspricht. Nach Galen müssten diese Blutmengen permanent neu produziert und abgebaut werden – unmöglich! Dieses einfache mathematische Argument überzeugte Harvey, dass Blut innerhalb unseres Körpers in einem Kreislauf fließen muss.

Schließlich postulierte Harvey, dass es einen Blutkreislauf gibt. Blut in den Venen fließt zum Herzen hin, wogegen das Blut der Arterien vom Herzen weg gepumpt wird. Allerdings gab es ein bedeutendes Problem: An irgendeiner Stelle im Körper

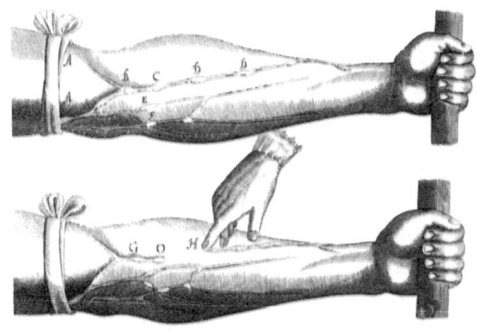

William Harvey (1578–1657)
erforschte die Fließbewegung des Blutes.

musste sich der Kreislauf schließen. Harvey vermutete, dass dies in der Lunge geschieht, wo winzig kleine Blutgefäße in der Lunge, sogenannte »Kapillaren«, diese Aufgabe übernehmen. Da ihm noch kein Mikroskop mit ausreichender Auflösung zur Verfügung stand, um solche Kapillaren sichtbar werden zu lassen, blieb er den Beweis für seine Theorie schuldig.

Harvey agierte klüger als Paracelsus. Um seine Kollegen nicht vor den Kopf zu stoßen, baute er ihnen Brücken, über die sie gehen konnten: Er argumentierte u. a., dass sich der menschliche Körper seit dem Altertum wohl verändert habe. Trotzdem wurden seine Theorien zuerst noch weithin verlacht. Harveys Gegner verspotteten ihn und seine Anhänger als *circulatores*, dies ein Begriff, der seinerzeit für Hausierer vorgesehen war.

Vier Jahre nach Harveys Tod im Jahr 1657 konnte der Italiener Marcello Malpighi in einer Reihe von mikroskopischen Studien an Fledermäusen und Fröschen nachweisen, dass in der Lunge tatsächlich Verbindungen zwischen winzigen arteriellen und venösen Adern existieren, die für das bloße Auge unsichtbar sind. Nun erst fanden die klaren und überzeugenden Argumente Harveys für einen Blutkreislauf breite Anerkennung.

EINE NEUE WELT ZEIGT SICH

Seit Menschengedenken hatte die Erforschung des menschlichen Körpers und der Pflanzen- und Tierwelt ausschließlich medizinischen Zwecken gedient, der Krankenpflege, therapeutischen Anwendungen und der Verwendung von Heilkräutern. Ab dem 16. Jahrhundert etablierte sich eine wissenschaftliche Disziplin, die über rein medizinische Fragestellungen hinausging und sich zum Ziel setzte, ganz allgemein die Funktionsweise der Lebewesen zu erkennen. Im gleichen Geiste wie die Astronomen bei ihrer Erforschung der Planetenbewegungen setzten die Forscher innerhalb dieser zunächst noch namenlosen Wissenschaft alles daran, den »göttlichen Plan des Lebens« zu begreifen. Von einer Beherrschung der Natur war noch nicht die Rede. So entstand die »Wissenschaft vom Leben«, die Biologie.

Was das Fernrohr für die Astronomie war, wurde für die Biologie das Mikroskop. Es wurde Mitte des 17. Jahrhunderts erfunden. Die ersten Mikroskope waren eigentlich einfache Lupen mit besonders geringer Brennweite. Kurz darauf entstand die Kombination aus zwei Linsensystemen: Objektiv und Okular. So wie mit dem Teleskop sahen die Naturforscher auch mit diesem neuen Instrument Strukturen, die noch kein menschliches Auge zuvor wahrgenommen hatte, dieses Mal allerdings im mikroskopisch Kleinen. Winzigste Insekten erschienen mit einem Male groß wie Monster, und Pfützenwasser erwies sich als Heimat unzähliger Kleinstlebewesen. So wie Galileo Galilei mit seinem selbstgebauten Teleskop die ersten bedeutenden Entdeckungen am Himmel machte, stieß Marcello Malpighi mit seinen Mikroskopen in die Welt kleinster Dinge und Lebewesen vor. Er entdeckte nicht nur die Blutgefäß-Kapillaren in der Lunge, sondern führte auch eine enorme Anzahl mikroskopischer Untersuchungen an pflanzlichen und tierischen Körpern durch.

Die meisten Forscher richteten das neue Instrument, für dessen Herstellung sie zumeist noch selbst sorgen mussten, auf eine besondere Art von Tieren, deren Fülle an unterschiedlichen Merkmalen man bislang mit dem bloßen Auge nicht hatte erkennen können: Insekten. Man entdeckte dabei eine atemberaubende Vielfalt neuer Arten.

Die drei bedeutendsten Insektenforscher des 17. Jahrhunderts waren die Holländer Jan Swammerdam und Antoni van Leeuwenhoek sowie der Engländer Robert Hooke. Insbesondere die Beiträge van Leeuwenhoeks, des unangefochtenen Meisters in der Herstellung von Mikroskopen, führten maßgeblich zum Verständnis dafür, wie Krankheiten entstehen. Er erkannte u. a. Bakterien im Wasser und im menschlichen Speichel, beschrieb Form und Struktur der roten Blutkörperchen sowie die Entwicklung befruchteter Eizellen.

Die Forschungen dieser ersten neuzeitlichen Biologen schufen einen ganz neuen Blick auf die Natur – frei von den religiösen Vorurteilen der antiken und mittelalterlichen Lehren. Dabei unterließen die Forscher es zunächst noch, wissenschaftliche Theorien und Gesetzmäßigkeiten für das Leben auf der Erde zu entwickeln. Doch wurden ihre Beobachtungen und Erforschungen zur Grundlage der modernen Biologie, die rund 150 Jahre später mit der Theorie der Evolution des Lebens auf der Erde eine weitere Revolution in der menschlichen Naturanschauung hervorbringen sollte.

DAS GROSSE GANZE IM BLICK

Im späten 17. Jahrhundert vermehrte sich das Wissen über die Natur geradezu explosionsartig. Auf zahlreichen Expeditionen entdeckten die Naturforscher immer neue Tier- und Pflanzenarten. Hatte Aristoteles rund 500 verschiedene Spezies beschrieben, so kannte man zu Beginn des 17. Jahrhunderts bereits ungefähr 6000, gegen Ende des Jahrhunderts waren es rund 12.000. (Heute schätzen Biologen, dass es in der Tier- und Pflanzenwelt ungefähr zehn Millionen Spezies gibt.) Dank der »neuen Medien«, dem Buchdruck, verbreiteten sich Berichte darüber rasend schnell.

Doch hatten die Naturforscher zu jener Zeit noch kein Konzept, wie sie die wachsende Zahl von Arten ordnen und klassifizieren könnten: In welchem Zusammenhang stehen die verschiedenen Tier- und Pflanzenarten? Lassen sie sich in verschiedene Gruppen einteilen? Ein Ordnungsschema für alles Lebendige zu finden, wurde das brennendste Problem des jungen Faches der Biologie.

Ein Landsmann und Zeitgenosse Newtons und Harveys, Nehemiah Grew, hatte sich dem Studium der Pflanzen verschrieben. Er stellte das erste Programm zu ihrer systematischen wissenschaftlichen Erforschung auf und wurde damit zum Begründer der neuen Wissenschaft der Botanik. Dabei fand er u. a. heraus, dass die Blüten und Pollen der Pflanzen den Sexualorganen und Spermien in der tierischen Welt entsprechen.

Einen weiteren wichtigen Schritt zur Einteilung der Tier- und Pflanzenwelt machte der englische Naturforscher John Ray. Für ihn stand fest, dass jeder Organismus seinen festen und unveränderlichen Platz in der von Gott geschaffenen Hierarchie des Lebendigen besitzt. Nur: Wie sah diese Hierarchie aus? Ray reiste durch England und Europa und erfasste alle Tiere und Pflanzen, die ihm begegneten. Angesichts der sich ihm darbietenden großen Vielfalt entwickelte er das Konzept der »Spezies«: Eine Spezies bezeichnet eine Gruppe von Organismen, die untereinander gemeinsamen Nachwuchs zeugen können.

Mit diesem Konzept gelang Ray zwar noch keine komplette und umfassende Klassifikation aller Pflanzen und Tiere, doch seine Einsichten bereiteten den Weg für den schwedischen Biologen Carl von Linné, der, zwei Jahre nach Rays Tod 1707 geboren, dann im 18. Jahrhundert das Problem einer Klassifikation der Spezies lösen konnte.

Im 17. Jahrhundert gingen fast alle Forscher noch davon aus, dass die Arten schon immer so existierten, wie sie auftraten. Doch einige Naturkundler begannen sich zu fragen, wie und zu welchem Zweck die ungeheure Vielfalt in der Tier- und Pflanzenwelt entstanden war. Dabei verwirrte sie ein weiteres Phänomen: Als die Wissenschaftler begannen, sich auch für Fossilien zu interessieren, fanden immer mehr Versteinerungen ihren Weg in die Labore. Wie sollten diese steinernen Zeugnisse eingeordnet werden?

Bereits antike Gelehrte hatten erkannt, dass es sich bei diesen vereinzelt entdeckten Mustern um steinerne Abdrücke ehemals lebendiger Tiere und Pflanzen handelte. Sie hatten auch sehr genau gesehen, dass die Lebewesen sich von den ihnen bekannten Tieren und Pflanzen unterschieden (aus den Fossil-

Carl von Linné (1707–1778),
schwed. Botaniker.

funden von Dinosauriern entstanden wahrscheinlich die zahlreichen Mythen um Drachen und andere Fabelwesen). Dies wiederum musste bedeuten, dass sich die auf der Erde lebenden Arten im Laufe der Zeit verändert hatten.

Ray und seine Zeitgenossen hingen noch zu sehr an der Idee der unveränderlichen göttlichen Schöpfung; weiterführende Überlegungen zu evolutionären Veränderungen stellten sie nicht an. Fossilien blieben für sie ein ungelöstes Rätsel. Erst im 18. Jahrhundert entwickelten die Forscher anhand neuer Erkenntnisse zum geologischen Alter der Erde die Idee, dass sich die Natur und mit ihr das Leben mit der Zeit verändert haben könnten.

UNERMESSLICHES MENSCHLICHES WOHL
Auf dem Feld der Physik war es die Entdeckung der Naturgesetze, die später die technologische Umsetzung des Wissens ermöglichte. Erst als die Gesetze der Mechanik bekannt und verstanden waren, konnten Menschen Dampfmaschinen und Eisenbahnen bauen. Und erst als ihnen die Zusammenhänge von elektrischen und magnetischen Feldern, Widerständen, Leit-

fähigkeiten und Spannung klar geworden waren, konnten sie die Elektrizität auch nutzen.

Was die Naturgesetze auf dem Feld der Physik sind, war die Systematisierung des Lebendigen auf dem Feld der Biologie. Als die Menschen gelernt hatten, die wesentlichen Eigenschaften und die Funktionsweise des Lebens zu beschreiben und zu kategorisieren, war der Weg frei, das Leben auch zu verstehen. In beiden Fällen – Physik und Biologie – geht es darum, das Beobachtete in einen größeren Zusammenhang einzuordnen und so buchstäblich zu bewältigen. Dank der Biologie haben wir die Physiologie und Funktionsweise des menschlichen Körpers verstanden. Ohne die Erkenntnisse der Biologie wäre der medizinische Fortschritt nicht möglich gewesen.

Tatsächlich gibt es wohl kaum eine wissenschaftliche Disziplin, deren Auswirkungen auf die menschliche Lebensqualität bedeutender waren als die Medizin ab dem späten 18. Jahrhundert. Von der Antike bis ins frühe 19. Jahrhundert betrug die durchschnittliche Lebenserwartung eines neugeborenen Kindes zwischen 35 und 40 Jahren. Erst seit 1850 steigt die Lebenserwartung kontinuierlich an und hat bis heute einen mehr als doppelt so hohen Wert erreicht. Verantwortlich dafür sind die im 18. Jahrhundert einsetzenden Fortschritte in der Diagnose und Therapie vieler Krankheiten sowie ein immer tieferes wissenschaftliches Verständnis der Funktionsweise des menschlichen Körpers.

Nachdem van Leeuwenhoek die Bakterien entdeckt hatte, konnten diese mit der Zeit als Krankheitserreger identifiziert werden – ein erster Schritt im wissenschaftlichen und damit wirksamen Kampf gegen Seuchen. Die Gelehrten begannen auch, den Einfluss von Hygiene und Ernährung auf die Lebensqualität und -dauer der Menschen zu verstehen. Die zunehmenden Erkenntnisse zur Physiologie des menschlichen Stoffwechsels, des Nervensystems, des Herz-Kreislauf-Systems, der Verdauung, der Hormone usw. machten den Weg frei für effiziente Therapien. Durch spezielle Medikamente wie Antibiotika wurde es möglich, Krankheiten zu heilen, die Jahrtausende lang tödliche Geißeln der Menschheit waren. Pocken und Pest sind nahezu ausgerottet, Cholera, Typhus und Malaria können sehr gut medikamentös behandelt werden. Impfungen bewahren Menschen davor, an früher schwerwiegenden oder gar tödlichen Krankheiten wie Tollwut, Masern, Röteln und Keuchhusten zu erkranken. Neue Erkenntnisse über unsere Gene und ihre Funktionsweise sowie neue biotechnologische Werkzeuge wie CRISPR feuern die Dynamik des medizinischen Fortschritts auch heute noch weiter an. Der menschlichen Kreativität sind kaum Grenzen gesetzt. Sogar der Sieg über den Krebs ist denkbar geworden. Forscher sprechen sogar schon von der Umkehrung des Alterungsprozesses.

An all diesen medizinischen Fortschritten ist direkt ablesbar, welch unvorstellbares Maß an menschlichem Wohl die Naturwissenschaften dem Menschen bieten können. Genau dies ist die vierte wissenschaftliche Tugend: Anwendung von Wissen zum Wohlergehen aller Menschen.

3 Von der Wissens- zur Weltmacht – Die Beherrschung des Risikos als Treiber des Fortschritts

James Watt war äußerst geschickt im Umgang mit Instrumenten und Maschinen. Die Professoren der Glasgower Universität beauftragten den jungen Mann daher mit dem Bau und der Ausbesserung ihrer Apparaturen, die sie für ihre astronomischen Beobachtungen und physikalischen Experimente brauchten. Eines Tages, im Winter 1763 oder 1764, bekam Watt den Auftrag, eine Newcomen-Dampfmaschine wieder zum Laufen zu bringen. Diese von Thomas Newcomen erfundenen Maschinen wurden schon fünfzig Jahre in Kohlebergwerken eingesetzt, wo sie eindringendes Wasser aus den Gängen pumpten. Doch mit den Maschinen gab es Probleme: Sie arbeiteten nur unzuverlässig und hatten einen Wirkungsgrad von weniger als 20 Prozent. Für den Einsatz in Kohlegruben eigneten sie sich trotzdem – es gab ja genug Brennmaterial vor Ort.

Watt wollte die Maschine verbessern. Doch es fehlten ihm die Mittel, seine Pläne umzusetzen. Bald hatte er sich über beide Ohren verschuldet. Schließlich kam er mit einem Geldgeber in Kontakt: Der Grubenbesitzer John Roebuck ging das Risiko ein, den Tüftler Watt gegen eine Beteiligung an den erhofften späteren Einkünften finanziell zu unterstützen. Jetzt konnte Watt seine systematischen Versuchsreihen fortsetzen. 1769 wurde ein erstes Patent angemeldet. Doch auch die von Watt konstruierte Dampfmaschine lief nicht zufriedenstellend. John Roebuck ging pleite, seine Anteile fielen an den Unternehmer Matthew Boulton. 1776, zwölf Jahre, nachdem James Watt zum ersten Mal an der Newcomen-Maschine herumgeschraubt hatte, ging die neue Dampfmaschine in Betrieb. Und es dauerte weitere zehn Jahre, bis die Firma Boulton & Watt Gewinn machte.

Die Partnerschaft von James Watt und John Roebuck – und später Matthew Boulton – ist ein Paradebeispiel für das erfolgreiche Zusammenspiel von Wissenschaftlern bzw. Erfindern und finanzstarken Investoren. Dass James Watt nicht sein Leben

James Watt (1736–1819),
engl. Ingenieur, beobachtet als Kind einen dampfenden Teekessel.

lang als kleiner Angestellter Instrumente reparieren musste, hatte er allein der Unterstützung von zwei fortschrittsgläubigen und risikofreudigen Unternehmern zu verdanken. Den Finanziers bot das aus Neugier und Experimenten geborene Wissen die Chance auf hohe Gewinne. Diese Dynamik ging aber auch weit über die persönliche Ebene hinaus. Wenn Wissenschaftler und Investoren an einem Strang ziehen, wird die Umsetzung von Wissenschaft in Technologie möglich – und damit die Entwicklung einer Gesellschaft in Richtung besseres Leben und Wohlstand. Im Fall der von James Watt erfundenen Dampfmaschine bestand der Mehrwert darin, dass sie unzählige Menschen umgehend von gnadenloser Plackerei befreite.

Im Nachhinein sieht alles so einfach aus! Als Kind soll James Watt bemerkt haben, wie heißer Dampf aus einem Teekessel aufsteigt. Die Idee, eine mit Dampfkraft angetriebene Maschine zu bauen, ließ ihn fortan nicht mehr los. Als Erwachsener setzte

Watt seine Idee dann um – und die industrielle Revolution konnte beginnen. Doch bis Watts Erfindung ihren Siegeszug antreten konnte, vergingen über zwanzig Jahre voller Enttäuschungen und Misserfolge. Ohne finanziellen Rückhalt hätte James Watt seine Erfindung niemals zur Reife bringen können.

Und nun kommt das Überraschende: Erst als sich ab etwa 1650 das rationale Denken in der Wissenschaft durchgesetzt hatte, entwickelte sich auch der Typus des gewinnorientierten Unternehmers, der das für den technologischen Fortschritt benötigte Risikokapital zur Verfügung stellt – ein frühes Beispiel dafür waren die Geldgeber Johannes Gutenbergs gewesen. So wurde es möglich, dass Wissenschaftler und Kapitalgeber gemeinsam die Welt veränderten.

DER EHEMALS VERACHTETE BERUFSSTAND

Griechen und Römer der Antike hatten kein Verständnis für Menschen, die Gewinne machen wollten. Aristoteles führte in seiner Schrift *Oikonomika*[70] aus, dass das Ziel eines Unternehmens und Haushaltes eine ausgeglichene Bilanz sein muss – Überschüsse waren genauso zu vermeiden wie Defizite. Gesellschaftlich angesehene Menschen beschäftigten sich nicht mit Handel und Buchführung, diese Arbeiten wurden fast ausschließlich von Sklaven und niederen Angestellten ausgeführt. Natürlich gab es in Griechenland und Rom reiche Händler, doch soziale Anerkennung blieb Militärs, Politikern, Glaubenshütern und in Ausnahmefällen Philosophen vorbehalten.

Auch später durften unternehmerisch denkende Menschen nicht auf gesellschaftlichen Aufstieg hoffen. Im europäischen Mittelalter hatten neben dem Adel v. a. diejenigen Zugang zu Macht und Reichtum, die in der Kirche hohe Stellungen erreicht hatten. Unternehmer im heutigen Sinne, also Menschen, die sich auf gutes Wirtschaften verstehen, waren meist einfache Mönche in Klöstern und Ritterorden. Ihr kommerzieller Erfolg sicherte zwar den Fortbestand ihrer Gemeinschaft, doch eine besondere Wertschätzung erfuhren sie dafür nicht.

Erst ab dem späten Mittelalter änderte sich die gesellschaftliche Stellung der Unternehmer. In Italien wurde die moderne doppelte Buchführung entwickelt, und es entstanden die ersten modernen Banken. Bau- und Handwerksmeister, Grubenbesitzer und Händler, Kaufleute und Finanziers wurden zu wichtigen Pfeilern der Gesellschaft. Trotzdem dauerte es bis zum frühen 18. Jahrhundert, bis der französische Ökonom Richard Cantillon auf den Punkt brachte, was das Unternehmertum im Kern ausmacht: Ein Unternehmer ist jemand, der wegen der Aussicht auf Gewinn mit Waren handelt, auch wenn die Möglichkeit eines Verlusts besteht. Die elementare Fähigkeit eines erfolgreichen Unternehmers ist damit die rationale Abwägung der bestehenden Unsicherheit. So wie das rationale Denken die moderne Wissenschaft hervorbrachte, veränderte es zur selben Zeit auch die Wahrnehmung und Einschätzung von Risiken.

VOM SCHICKSAL ZUR CHANCE

Seit jeher glaubten die Menschen, dass die Zukunft durch göttlichen Willen vorherbestimmt ist. In allen Kulturen versuchten religiöse Würdenträger, Sterndeuter und Seher, die vermeintlichen Regeln der Götter zu ergründen und deren Absichten – und damit die zukünftigen Ereignisse – vorherzusagen. Seinem Schicksal konnte der Mensch so zwar nicht entkommen, aber er wollte doch wenigstens wissen, woran er war.

Als sich die Europäer im Zuge der wissenschaftlichen Revolution vom Glauben an eine das menschliche Schicksal bestimmende göttliche Hand abwendeten, brachte das eine ganz neue Einstellung zur Zukunft mit sich. Die war nun nicht mehr von einer höheren Macht oder der Planetenkonstellation festgelegt, sondern unbestimmt und offen. Damit war klar, dass der Mensch durch seine individuellen Entscheidungen Einfluss auf kommende Zeiten nehmen konnte. Der Finanzmarkthistoriker Peter Bernstein, dessen Buch *Against the Gods* eine sehr lesenswerte Geschichte des Risikos und dessen Management ist, beschreibt die neue Haltung der Menschen wie folgt:

> »Wie Prometheus lehnten sie sich gegen die Götter auf und suchten in der Dunkelheit nach Licht, das die Zukunft von einem Feind zu einer Chance werden ließ.«[71]

Zukunft wurde nicht nur für den Einzelnen, sondern auch für ganze Gesellschaften zur Chance und zur Herausforderung gleichermaßen. Aus dem Gefühl, auf göttliche Gnade angewiesen zu sein, wurde die Gewissheit, dass aktive Entscheidungen zur allgemeinen Verbesserung des menschlichen Daseins führen können. Die Erkenntnis, dass Menschen in einem gewissen Maße ihr Schicksal selbst bestimmen können, setzte auch eine weitere Dynamik in Gang: Mutige und fortschrittsgläubige Menschen begannen, bewusst und kalkuliert Risiken einzugehen. Das Wort »Risiko« stammt aus dem früh-italienischen *risicare*, das »wagen« bedeutet. Wer etwas riskiert, trifft nach Berücksichtigung der bekannten Einflussfaktoren und der möglichen Konsequenzen eine freie Entscheidung.

Natürlich wurden schon immer Chancen und Gefahren gegeneinander abgewogen, doch bisher war es eine Mischung aus persönlichem Mut und Bauchgefühl gewesen, die darüber bestimmte, ob jemand ein Wagnis einging oder nicht. Ab der Renaissance änderte sich das grundlegend: Nun wurde der Glaube daran, dass das Schicksal eines Menschen allein in göttlicher Hand liegt, durch die Erkenntnis ersetzt, dass man sein Glück aktiv beeinflussen kann. Das Risiko wurde zunehmend rational erfasst: Was genau riskiere ich? Welchen Gewinn könnte ich erzielen? Welche Faktoren lassen sich beeinflussen? Was sind die Ungewissheiten und die Wahrscheinlichkeiten ihres Eintretens? Risikoeinschätzungen wurden zu einem zentralen Teil rationaler menschlicher Erwägungen.

Nachfolgend einige Beispiele:

- Mitte des 15. Jahrhunderts war Johannes Gutenberg einer der ersten Erfinder, die ihr geschäftliches Schicksal in die eigene Hand nahmen. Für die Chance auf geschäftliche Erfolge war Gutenberg bereit, sich zu verschulden und Geschäftspartner mit ins Boot zu nehmen. Für ihn hatte sich der hohe persönliche Einsatz nicht gelohnt, er starb mittellos und unbekannt.
- 1487 lieh Jakob Fugger dem verschwenderischen Herzog Sigmund von Tirol Geld. Kein anderer Finanzier wollte die-

ses Wagnis eingehen, denn das von Sigmund angegriffene Venedig war auf dem Sprung, sich sein Herzogtum einzuverleiben. Wider Erwarten blieb Sigmund Herr über sein Land, und Fugger wurde mit den Schürfrechten für die reichen Tiroler Silberminen belohnt. Einige Zeit später gelang Jakob Fugger der nächste Coup: Er investierte in ungarische Kupferminen, als alle Welt davon überzeugt war, dass die Türken das Land überrennen würden. Doch die Invasion blieb aus, und Fugger besaß nun ein Monopol auf Silber und Kupfer. Einer der Gründe für den Erfolg Jakob Fuggers war, dass er einen eigenen Nachrichtendienst unterhielt und deshalb über oft entscheidende Informationen verfügte, die zu einem Wissensvorsprung vor seinen Konkurrenten führte.

- Als Kolumbus 1492 nach Westen segelte, um nach Indien zu gelangen, ging er bewusst das Risiko ein, mit seiner Mannschaft auf offener See zu verhungern, zu verdursten oder Schiffbruch zu erleiden. Mit leeren Händen zurückzukehren, wäre sein Ruin gewesen. Er konnte auch nicht ausschließen, dass sich der italienische Gelehrte Paolo Toscanelli irrte, als er die Entfernung zwischen Lissabon und China mit nur 6500 Seemeilen berechnet hatte. Nicht nur, weil im Erfolgsfall immense Reichtümer winkten, sondern auch, weil er die Berechnungen Toscanellis für realistisch hielt, ging Kolumbus das Wagnis ein. Heute wissen wir, dass sich Toscanelli grob verschätzt hatte, doch zu Kolumbus' Glück befindet sich zwischen Europa und China noch der amerikanische Doppelkontinent – Kolumbus überlebte die Reise und wurde Gouverneur der Neuen Welt.

- Italienische, spanische, holländische und englische Kaufleute investierten im 16. Jahrhundert viel Geld, um Handelsschiffe auf der Suche nach Gewürzen, Keramik und Edelmetallen um die Welt segeln zu lassen. Ihre Schiffe befanden sich jetzt nicht mehr in Gottes Hand, vielmehr ließ sich ihr Schicksal durch Risikoüberlegungen abwägen.

Der Mut, bewusst Risiken einzugehen, führte vielfach zu Entdeckungen und beschleunigte spürbar – wie das Beispiel von

James Watt und Matthew Boulton zeigt – die Umsetzung von Wissen in Technologie. Ohne diesen unternehmerischen Mut hätte die Menschheit kaum Schritte in Richtung Wohlstand machen können.

Der beste Indikator für Wirtschaftswachstum und Wohlstandsentwicklung ist die wirtschaftliche Schöpfungskraft pro Kopf. In den Jahrhunderten von der Zeitenwende bis etwa 1700 n. Chr. blieb dieser Wert nahezu gleich – mehr als einen Tag lang auf dem Feld zu schuften oder sein Handwerk auszuüben, dies konnte ein Mensch nicht leisten. Doch dank der technologischen Neuerungen begann etwa ab dem Jahr 1700 eine überexponenzielle Wachstumskurve. Denn es macht einen großen Unterschied, ob ein Bauer einen Tag per Hand ein Feld bearbeitet oder ob er das mit einem Traktor macht und er so den Ertrag erzeugt, für den früher 100 Schnitter nötig waren.

Der technologische Fortschritt in den Ländern Europas und Nordamerikas führte dazu, dass das westliche Pro-Kopf-Wirtschaftswachstum dasjenige in China und Indien bald um ein Vielfaches übertraf und die Schere zwischen West und Ost immer weiter auseinanderging. Im Fernen Osten fand dagegen auch zwischen 1700 und 1970 kaum eine Wohlstandsmehrung statt; die Lebensbedingungen der Menschen blieben nahezu gleich. Erst in den letzten fünfzig Jahren steigt auch in China und Indien der Wohlstand dramatisch an.

MARLENE DIETRICHS BEINE

Das neue Denken über die Wirksamkeit des eigenen Handelns und die damit verbundene bewusste Risikobereitschaft wurde bald durch ein wertvolles mathematisches Werkzeug ergänzt: die Wahrscheinlichkeitsrechnung.

Die ersten Grundlagen von Wahrscheinlichkeitstheorie und Statistik entwickelte der italienische Arzt Girolamo Cardano anhand seiner Beobachtungen beim Karten- und Würfelspiel. Dank seiner Erkenntnisse konnte er sich auch in Zeiten finanzieller Engpässe mit Glücksspiel über Wasser halten. Sein *Buch der Glücksspiele* wurde erst 1663 veröffentlicht. Zu dieser Zeit hatten sich die französischen Mathematiker Blaise Pascal und

Pierre de Fermat längst ebenfalls vom Würfel- und Kartenspiel inspirieren lassen und Berechnungen ausgearbeitet, mit denen sie immer besser Risiken und Wahrscheinlichkeiten mathematisch erfassen konnten. Dass am Anfang der Wahrscheinlichkeitsrechnung das Glücksspiel stand, zeigt u. a. das französische Wort für »zufällig«: Es heißt *aléatoire* – *alea* ist das lateinische Wort für »Würfel«. In der Musik spricht man von Aleatorik, wenn in die Komposition Zufälligkeiten eingebaut werden.

Doch der neue Zweig der Mathematik konnte viel mehr, als den Zufall am Spieltisch berechenbar zu machen. Ab dem 17. Jahrhundert entwickelten die Mathematiker immer bessere Formeln, mit denen sich die Eintrittswahrscheinlichkeiten komplexer Geschehnisse voraussagen und Risiken kalkulieren ließen: Beispielsweise hängt der Profit eines Investments in Waren, die über lange Wege transportiert werden müssen, nicht nur von Einkaufs- und Verkaufspreis ab; Informationen wie Wetter, Transportschäden, das voraussichtliche Angebot der Konkurrenz, ein sich eventuell veränderndes Konsumverhalten der Käufer, mögliche Preisänderungen usw. müssen ebenfalls abgewogen und die jeweiligen Wahrscheinlichkeiten gegeneinandergestellt werden.

Das Rechnen mit Wahrscheinlichkeiten führte u. a. dazu, dass heute fast alles versichert werden kann – der Beitrag orientiert sich dabei an der Eintrittswahrscheinlichkeit des Versicherungsfalls. In den 1930er-Jahren berechneten Versicherungsmathematiker beispielsweise, welche Beiträge Marlene Dietrich zahlen musste, damit ihre Beine mit der für damalige Verhältnisse ungeheuren Summe von 1,7 Millionen Mark versichert waren. Für eine Versicherung, die im ziemlich unwahrscheinlichen Fall einer Entführung durch Außerirdische (und anschließender Rückkehr) 10 Millionen Dollar auszahlt, wäre jährlich ein Beitrag von 1 Dollar fällig.

Je mehr bestimmende Faktoren bekannt sind und berücksichtigt werden, desto genauer können Wahrscheinlichkeiten und voraussichtlicher Gewinn systematisch beschrieben und berechnet werden. Für Unternehmer, Kaufleute und Versicherungen, aber auch für Regierungen wurde die möglichst genaue

Kalkulation von Risiken zu einem wesentlichen Erfolgsfaktor. Aus diesem Grund gehörten von Anfang an – also seit mittlerweile etwa 450 Jahren – Datenerhebung und -verarbeitung wesentlich zu Wahrscheinlichkeitsrechnung und Risikobestimmung.

Wie wahrscheinlich ist es beispielsweise, dass ein fünfzigjähriger Mann in England im nächsten Jahr stirbt? Um dies abzuschätzen, wird aus den englischen Sterbestatistiken der letzten Jahre und Jahrzehnte die durchschnittliche jährliche Zahl der Todesfälle aller Fünfzigjährigen ermittelt und durch die durchschnittliche Anzahl der lebenden Fünfzigjährigen dividiert. Genau diese Arbeit leistete der Engländer John Graunt, der seine Daten erstmals 1662 veröffentlichte. Durch systematische Auswertung der Einträge in Kirchenregistern verschaffte er sich einen Überblick über die Altersstruktur der Londoner Bevölkerung. Ihm gelangen später auch weitere neue Erkenntnisse, u. a.: dass sich die Sterblichkeit bestimmter Bevölkerungsgruppen unterscheidet, dass in London die Sterblichkeit höher als auf dem Land ist und dass an der Pest 1666 etwa 25 Prozent mehr Einwohner Londons gestorben sind als ursprünglich angenommen.

Je genauer die Daten sind, desto genauer fallen Zukunftsprognosen aus. Und je genauer Unternehmer ihre Risiken berechnen können, desto erfolgreicher können sie dazu beitragen, dass aus Wissenschaft Technologie wird. Der oben bereits erwähnte Peter Bernstein beschreibt die mathematische Erfassung des Risikos als einen der bedeutendsten Stimulatoren des gesellschaftlichen Wandels in der Moderne.

Einige der für die Wahrscheinlichkeitsrechnung notwendigen mathematischen Grundlagen waren in anderen Kulturkreisen längst bekannt gewesen. Das sogenannte »Pascal'sche Dreieck«, das sich auch für die Berechnung von Wahrscheinlichkeiten verwenden lässt, wurde schon 600 Jahre vor Blaise Pascal von den Persern al-Karadschi und Omar Chayyām beschrieben. Deshalb heißt es im heutigen Iran »Chayyām-Dreieck«. Nahezu zeitgleich wurde es auch in Indien und China erwähnt. Doch alle Schritte, die über diese Basis hinausgingen und zur Entwicklung

Blaise Pascal (1623–1662),
frz. Theologe, Mathematiker und Physiker.

der modernen Wahrscheinlichkeitstheorie führten, waren eine rein europäische Angelegenheit. Auch dies ist ein Grund, warum Europa letzten Endes seine schärfsten Konkurrenten, China, Indien und die arabische Welt, technologisch und wirtschaftlich überholte.

DIE ENGLISCHE ART DES WIRTSCHAFTENS

Die modernen Wissenschaften, die Wahrscheinlichkeitsrechnung und risikoorientierte Unternehmer, sie befruchteten sich gegenseitig und waren maßgebliche Treiber des wirtschaftlichen und gesellschaftlichen Innovationsschubs, der ab 1700 in England einsetzte.

1767 erfand der Weber James Hargreaves die *Spinning Jenny*, eine mit Muskelkraft angetriebene Spinnmaschine für Baumwollfasern. Während auf einem normalen Spinnrad jeweils ein Baumwollfaden gesponnen wurde, lieferte die *Spinning Jenny* die Fäden für viele Dutzend Spindeln gleichzeitig. Die Tuchfabrikanten mussten eine unternehmerische Risikoabwägung durchführen: Entweder würden sie mit hoher Wahrscheinlichkeit bankrottgehen, weil die indische Konkurrenz den englischen Markt mit billigen Baumwollstoffen überschwemmte, oder sie müssten in neue Technologien wie die *Spinning Jenny* investieren, in der Hoffnung, dass die neuen Technologien auch wirklich das hielten, was sie versprachen, und sie auf dem Markt wieder mithalten könnten. Die englischen Fabrikanten entschieden sich für die neue Technologie. Diese unternehmerische Entscheidung wurde zur Initialzündung der industriellen Revolution in England.

Anfangs wurde die *Spinning Jenny* noch durch menschliche Muskelkraft angetrieben. Doch schon bald ersetzten zunächst das Wasserrad und kurz darauf die Dampfmaschine den Menschen als Antriebsquelle. Die mit den neuen Maschinen wesentlich effizientere Verarbeitung der Baumwolle führte zu sehr hohen Gewinnmargen für ihre Produzenten. Deren Risiko hatte sich also ausgezahlt. Die Herstellung und der Export von Baumwollstoffen wurden zu einem der wichtigsten Wirtschaftszweige in England: 1760 wurden in England etwa 1300 Tonnen Baumwolle verarbeitet; 1860 waren es 190.000 Tonnen.

Die Textilindustrie hatte gezeigt, dass sich Arbeitsabläufe mit Erfolg mechanisieren lassen. Weitere Industriezweige folgten. Anfang des 19. Jahrhunderts führte der Bau von Eisenbahnstrecken zu einer umwälzenden Effizienzsteigerung im Transportwesen. Auch hier waren es die Unternehmer, die die neue Technologie buchstäblich auf die Schiene brachten. Ab den 1820er-Jahren entstanden in Europa und Nordamerika Dutzende konkurrierender Bahngesellschaften. Zu einem weiteren bedeutenden Industriesektor wurde die Eisen- und Stahlerzeugung. 1713 war in England die Verkokung von Kohle zu Koks, der höhere Brenntemperaturen erzeugt, entwickelt worden. Mit Koks als Brennstoff und Reduktionsmittel wurde die Eisen- und Stahlproduktion möglich.

Immer mehr Kapital benötigten die englischen Unternehmer, um die Ideen der Wissenschaftler und Erfinder umzusetzen und Maschinen, Fabrikanlagen und Verkehrsinfrastruktur zu finanzieren. Um die Investitionssummen auf mehrere Gesellschafter zu verteilen und das Risiko zu streuen, entstanden sogenannte »Kapitalgesellschaften«; heute heißen sie Aktienge-sellschaften, GmbHs oder Kommanditgesellschaften. Eine ande-re Form der Finanzierung war das Schuldenmachen. Auch die Banken verschuldeten sich, um den Unternehmern das benötig-te Geld zur Verfügung stellen zu können. Sie emittierten Schuld-verschreibungen, um ihre eigene Finanzierung sicherzustellen – aus diesen »Banknoten« entwickelte sich eine neue Form von Zahlungsmittel: Papiergeld. So fand eine immer breitere Kapital-bildung statt, die den Kreislauf von technischer Innovation, Kapitalinvestition und Rendite sukzessive vorantrieb.

Die industrielle Revolution, die in England begonnen hatte, breitete sich mit einiger Verzögerung auch in Kontinentaleuropa aus. Es gab jedoch einen Unterschied: Während in England und Nordamerika private Interessen Vorrang hatten, Forscher und Ingenieure also eng mit Geschäftsleuten und Kapitelgebern zu-sammenarbeiteten, war es im restlichen Europa maßgeblich der Staat, der die Wissenschaft und das Ingenieurwesen vorantrieb. Hier diente die Technologie – z. B. eine schnellere Kommunika-tion durch den Telegrafen – zu einem großen Teil den Interessen des Militärs und der Verwaltung. U. a. entstand eine Kriegsma-schinerie, die im 20. Jahrhundert Europa in den Abgrund stoßen sollte.

Und noch eine Abweichung vom englischen Vorbild gab es: Die Weltmächte des 16. und der ersten Hälfte des 17. Jahrhun-derts, Spanien und Portugal, blieben in der Entwicklung außen vor. Eine industrielle Revolution fand hier nur in einer sehr ab-geschwächten Form statt. Das viele Gold aus Südamerika erwies sich für die iberischen Gesellschaften letztlich als Fluch. Denn es hatte zur Folge, dass die feudalen Strukturen in Südwest-europa sehr viel länger fortbestanden als in den nördlichen Nachbarländern. Weder entwickelte sich eine kapitalschaffende Form der Wirtschaft noch verzeichneten die Gesellschaften einen spürbaren technologischen oder gesellschaftlichen Fort-schritt. Bis weit ins 20. Jahrhundert hinein blieben Spanien und Portugal das Armenhaus Europas.

ALS AUS ZUKUNFTSGLAUBE GIER WURDE

Das in England geborene Wirtschaftssystem, das später als »Kapitalismus« bezeichnet wurde, ermöglichte eine bis dahin ungeahnte ökonomische Produktivität und wirtschaftliche Schaffenskraft. Im 19. Jahrhundert erlaubte die Massenproduktion eine 100-fach schnellere Herstellung von Waren als noch 100 Jahre zuvor. Erste Weltkonzerne entstanden, aber auch ein nie zuvor gekanntes Wirtschaftswachstum mit einem beispiellosen materiellen Wohlstand.

Der wirtschaftliche Erfolg hatte auch negative Seiten. Matthew Boulton, James Watts Geschäftspartner, war ein Menschenfreund gewesen. Seine Arbeiter bekamen guten Lohn, Kinderarbeit war tabu, die Werkhallen waren hell und luftig. Boulton hatte für seine Arbeiter sogar eine Sozialversicherung eingeführt. Doch schon die nächste Generation, Watt Junior und Boulton Junior, hatte ganz andere Prioritäten: Indem sie minimale Löhne zahlten, erhöhten sie ihre Rendite. Auch andere Unternehmer setzten auf maximalen Gewinn auf Kosten ihrer Arbeiter. Für noch mehr Profit sorgten die kräftigen Überschüsse aus dem florierenden Handel mit Übersee. Leidtragende waren die verelendende Arbeiterschaft und die ausgebeuteten Kolonien.

In Summe wurden Europa und sein geistiger Ableger Nordamerika durch die Verbündung von wissenschaftlichen Ideen und Kapitalgebern zur wirtschaftlichen, sozialen, politischen, technologischen und militärischen Supermacht. Erst im späten 20. und noch mehr im frühen 21. Jahrhundert begann sich diese Dominanz aufzulösen. Um Europa ein- und überholen zu können, müssen die Gesellschaften anderer Kontinente allerdings erst denselben Weg der wissenschaftlichen und technologischen Entwicklung gehen, wie Europa dies nach der wissenschaftlichen Revolution ab 1750 getan hatte.

4 Absturz in die Bedeutungslosigkeit – Warum China und Indien ihre Vormachtstellung verloren

1923 war in China ein Jahr der Entscheidung. Monatelang fand unter den Intellektuellen des Landes eine erbitterte Debatte über kulturelle Reformen statt. Die Kernfragen lauteten: Soll China weiter auf die traditionelle, konfuzianisch geprägte Lebens- und Naturauffassung setzen? Oder soll es sich zum rationalistischen wissenschaftlichen Denken und damit zur westlich geprägten Sicht auf die Welt bekennen? Gab es für das Land vielleicht einen ganz eigenen Weg in die Moderne? Fast alle gebildeten Chinesen der damaligen Zeit beteiligten sich an dieser Weichenstellung für kommende Zeiten.

Die Auseinandersetzung über die kulturelle Zukunft des Landes war eines der bedeutendsten politischen und philosophischen Ereignisse in der Geschichte Chinas. Allen war klar: Hier wird über die Zukunft des riesigen Reiches und seiner Einwohner entschieden. China hatte sich jahrhundertelang zu Recht gerühmt, allen anderen Kulturen geistig, wirtschaftlich und militärisch überlegen zu sein. Doch auch die patriotischsten Teilnehmer der Diskussion konnten nicht die Augen davor verschließen, dass das Reich der Mitte längst zum Spielball westlicher Machtinteressen geworden war. 1842 hatte England den ersten Opiumkrieg gewonnen, der für China desaströse Friedensvertrag bestimmte, u. a. dass Hongkong als Kronkolonie an England abgetreten werden musste. Die chinesische Wirtschaft lag am Boden, Millionen Chinesen verhungerten. Kurz darauf hatte eine Rebellion zum zweiten Opiumkrieg geführt, der nur eine erneute vernichtende Niederlage und weitere erzwungene Zugeständnisse der chinesischen Regierung an den Westen zur Folge hatte.

All dies war 1923 noch in schmerzlicher Erinnerung. Das gelähmte gesellschaftliche Leben in China brauchte offensichtlich eine Frischekur. Doch wie sollte Chinas Weg in die Moderne aussehen?

EIN NEUSTART MIT FOLGEN

Der prominenteste Vertreter des konservativen Lagers war der Philosoph und spätere Vorsitzende der Chinesischen Sozialdemokratischen Partei, Zhang Junmai. Er hatte eine Zeit lang in Berlin studiert und den Westen aus eigener Erfahrung erlebt. Für ihn war die westliche Wissenschaft nur eine Form des Aberglaubens. Zhang war überzeugt, dass Wissenschaft nicht die essenziellen Fragen des Lebens beantworten kann. Um den wissenschaftlichen und technologischen Manipulationen der materiellen Welt etwas entgegenzusetzen, sollten seiner Meinung nach die positiven Elemente der chinesischen Philosophie und Weltsicht erhalten und kultiviert werden. Dafür entwickelte er aus einer Kombination klassischer chinesischer Denktraditionen und eigener Anschauungen[72] eine Lebensphilosophie (*rénshēngguān*) mit folgenden Grundzügen:

- Unsere Wahrnehmungen werden hauptsächlich durch subjektive Erfahrungen geprägt.
- Verantwortlich für die sehr individuelle Sicht auf die Welt ist der freie und jeweils einzigartige Wille des einzelnen Menschen.
- Das Denken des Menschen repräsentiert seine Spiritualität und strebt die Vereinigung der »unfassbaren« Dinge an, also Ethik, Ästhetik, Religion usw.

Zhangs Lebensphilosophie steht im klaren Gegensatz zu der rationalen, objektiven Erfassung der Welt und des Menschen durch die Wissenschaften.

Die progressiven Denker Chinas glaubten nämlich an die universelle Gültigkeit der Wissenschaft. Der prominenteste unter ihnen war der in Großbritannien ausgebildete Geologe Ding Wenjiang. Er und seine Mitstreiter waren sicher, dass das rationale Denken die einzig zuverlässige Art und Weise darstellt, das Leben und die Welt zu verstehen. Ding meinte, dass die Wissenschaft nicht nur die physische Welt erfahrbar macht, sondern auch subjektive Begriffe wie Schönheit oder Liebe früher oder später einer wissenschaftlichen Erklärung zugänglich sein würden. Sein Ideal der Bildung entsprach ebenfalls westlichen Vorstellungen:

> »Wissenschaft ist das beste verfügbare Instrument für Bildung, da sie der täglichen Suche nach Wahrheit, einer konstanten Bereitschaft, Vorurteile zu hinterfragen, entspricht. Sie gibt dem Schüler nicht nur die Fähigkeit, nach Wahrheit zu suchen, sondern sie erfüllt ihn geradezu mit einer wahren Liebe zur Wahrheit.«[73]

Ding Wenjiang wollte die wissenschaftliche Sichtweise und Methodik in China radikal durchsetzen. Er sah die metaphysische Tradition Chinas als größtes Hindernis für die notwendige Modernisierung seines Landes. Der Westen könne sich ein paar wenige »metaphysische Geisterflieger« wie Nietzsche leisten, sagte er, da dort der Glaube an die Wissenschaften seit Langem die Basis allen Denkens sei. In China dagegen müsse sich die rationale wissenschaftliche Einstellung erst noch etablieren. Man könne sich also keinen einzigen Quertreiber erlauben und müsse die traditionelle chinesische Denkweise vollständig ausmerzen.

In einem Punkt war Ding Wenjiang allerdings derselben Meinung wie Zhang Junmai: Von der Gier und dem Materialismus der amerikanischen und europäischen Industriellen, die damals die chinesische Wirtschaft beherrschten, hielt er nichts. Er war der Überzeugung, dass nur in der Wissenschaft bewanderte Menschen politische Macht übernehmen sollten.

Das Ergebnis der Debatte von 1923 war eindeutig: Die große Mehrheit der intellektuellen Elite Chinas stand auf der Seite Ding Wenjiangs. China sollte die westliche wissenschaftliche Denkweise annehmen. Die Lehrpläne der Schulen und Universitäten wurden entsprechend geändert; wissenschaftliche und technologische Fächer erhielten massiven Zulauf. Die Macht dieser Entscheidung spüren wir noch heute: Mit der Unterbrechung in Form von Maos Kulturrevolution, in der Ideologie und Dogmatik zur Hochform aufliefen, erreichte die politische und technologische Bedeutung Chinas innerhalb weniger Jahrzehnte europäische Standards – und macht sich seit Kurzem daran, diese wieder zu übertreffen.

PRAXIS OHNE THEORIE

Wie kam es zu der vorübergehenden Bedeutungslosigkeit Chinas, die das Land zum Spielball europäischer Interessen gemacht hatte?

Noch im frühen 16. Jahrhundert waren der Wohlstand und die Lebensqualität in Ostasien weit höher als in Europa gewesen. Ihren hohen Bedarf an Luxusgütern wie Seide und Porzellan konnten die Europäer nur in Asien decken. In China dagegen gab es kaum Nachfrage nach europäischen Waren – der Westen hatte dem Osten nicht viel zu bieten. Es fand also kein Warentausch statt, vielmehr mussten die chinesischen Waren mit harter Münze gekauft werden. So kam es, dass fast die gesamte Gold- und Silbermenge, die die Spanier und Portugiesen in der Neuen Welt erbeuteten, letzten Endes in China (und Indien) landete.

Auch das Wissen der Chinesen war dem des Westens weit überlegen. Francis Bacon nannte um 1600 vier große Erfindungen, die in Europa den Übergang vom Mittelalter zur Moderne ermöglicht hatten: das Schießpulver, den magnetischen Kompass, das Papier, die Druckmaschine. Alle vier Erfindungen stammten in ihrer Urform aus China und wurden erst gegen Ende des Mittelalters, teils 1000 Jahre nach ihrer Entwicklung im Fernen Osten, in Europa bekannt. Bacons Liste ließe sich noch erweitern, z. B. um die Kunst der Metallbearbeitung. Bereits im 4. Jahrhundert n. Chr. erzeugten Chinesen in Brennöfen so hohe Temperaturen, dass sie Gusseisen herstellen konnten. Nur 200 Jahre später entwickelten sie sogar ein Verfahren zur Stahlherstellung. Im Westen dagegen konnte Stahl erst ab 1846 produziert werden.

All diese Technologien wurden in Europa nicht etwa unabhängig von chinesischen Einflüssen entwickelt. Der britische Wissenschaftshistoriker Joseph Needham beschreibt in seinem Werk *Wissenschaft und Zivilisation in China*[74], wie das Wissen nach und nach ins Abendland diffundierte. Aber warum hatte nicht China die weltweite Führerschaft übernommen? Diese Frage wird in der historischen Forschung als die »Needham-Frage« bezeichnet. In Needhams eigenen Worten lautet sie:

»Warum hat die moderne Wissenschaft (...) zur Zeit von Galilei ihren rasanten Aufstieg nur im Westen genommen und sich in der chinesischen oder indischen Zivilisation nicht entwickelt?«[75]

Die Antwort auf diese Frage lautet, dass die chinesische Kultur zwar über einen großen und den Europäern lange Zeit weit überlegenen Wissensschatz verfügte, aber eben über keine Wissenschaft, die dieses Wissen in ein Weltbild integrieren wollte und konnte. So wurde beispielsweise die Astronomie in China mit dem Ziel betrieben, genauere Kalender zu erhalten. Die Erkenntnisse blieben getrennt von theoretischen Überlegungen und auch weitgehend frei von abstrakten Konzepten wie z. B. geometrischen Vorstellungen. Es blieb bei Beobachtungen.

Weil die Frage »Warum ist das so?« nicht gestellt wurde, kam man den grundlegenden Zusammenhängen nicht auf die Spur. Um 1300 erreichte die chinesische Astronomie ihren Höhepunkt in der Präzision, mit der Mond- und Planetenpositionen bestimmt wurden. Doch weil der theoretische Unterbau fehlte, erreichten die Vorhersagen der chinesischen Astronomen lange Zeit noch nicht einmal die Genauigkeit, die Ptolemäus schon im Altertum erreicht hatte.

Diese Ignoranz gegenüber universellen Zusammenhängen hatte auch schon die antike römische Kultur ausgezeichnet. Den Römern gelangen großartige ingenieurtechnische Leistungen; auch bei der Optimierung wirtschaftlicher, verwaltungstechnischer und nicht zuletzt militärischer Prozesse vollbrachten sie wahre Wunder. Doch die Frage nach allgemeinen Naturgesetzen war ihnen fremd.

EIN MANN IN SICHEREN VERHÄLTNISSEN

Während in Europa noch mittelalterliche Finsternis herrschte, wirkte in China einer der bedeutendsten Wissenschaftler dieses Landes: Shen Kuo lebte von 1031 bis 1095 und war damit ein später Zeitgenosse des arabischen Gelehrten Alhazen. Er war ein typischer Vertreter der chinesischen Art und Weise, Wissen anzusammeln. Es ging ihm um vielfältiges und direkt anwendbares technisches Wissen; abstrakte Kenntnisse über die Natur interessierten ihn nicht.

Shen Kuo entdeckte, dass der magnetische Norden nicht genau nordwärts ausgerichtet ist. Die Kenntnis dieser sogenannten »magnetischen Deklination« ist insbesondere für die Navigation auf See von enormer praktischer Bedeutung. Die Präzision seiner Positionsbestimmungen von Mond und Planeten wurde in Europa erst im 16. Jahrhundert durch Tycho Brahe übertroffen.

Shen Kuo erkannte auch, wie sich durch das Zusammenspiel von Erosion, fließendem Wasser und Ablagerung von Schlamm Land bildet. In einem Land, in dem regelmäßig plötzliche Änderungen von Flussverläufen stattfanden, war dies eine wichtige Erkenntnis. Der sedimentreiche Gelbe Fluss wurde aus gutem Grund auch »Chinas Schmerz« genannt. Und: Wohl unabhängig von den Arbeiten Alhazens, die einige Jahre zuvor entstanden waren, beschrieb Shen Kuo die Lochkamera.

Shen Kuo war ein Universalgelehrter, doch ein Freigeist wie Leonardo da Vinci oder Alhazen, ein Unternehmer wie Johannes Gutenberg oder ein akademischer Wissenschaftler wie Galileo Galilei war er nicht. An Shen Kuo zeigen sich die drei tiefgreifenden Unterschiede in der Lebenswelt chinesischer Gelehrter und der Lebenswelt ihrer späteren europäischen »Pendants«:

1. Shen Kuo war ein Bürokrat durch und durch.

China wurde von einem gewaltigen, streng hierarchisch gegliederten Beamtenapparat beherrscht. Fast alle Gelehrte waren im Staatsdienst; außerhalb der Bürokratie gab es keine nennenswerte intellektuelle Elite. Beamte genossen, solange sie loyal blieben, den zuverlässigen Schutz des Staates und lebenslange finanzielle Sicherheit. Damit fehlte in der Regel der Anreiz, weiteren Interessen nachzugehen oder neue Kenntnisse zu erwerben. Wer über sein Tagespensum hinaus noch intellektuelle Impulse verspürte, versuchte sich eher an der hoch angesehenen Dichtkunst. Chinesische Beamte waren auch kaum kreativ oder neugierig. Das lag an dem strengen Auswahlverfahren für diejenigen, die Teil dieser gesellschaftlichen Oberschicht werden

Shen Kuo (1031–1095),
chin. Universalgelehrter.

wollten. In mehrtägigen Examina, den sogenannten *kējǔ*, wurde hauptsächlich die Kenntnis der *Vier Bücher* und der *Fünf Klassiker* des Konfuzianismus abgefragt. Um zu bestehen, mussten die Kandidaten in harten Jahren des Studiums über 400.000 Zeichen lange Texte auswendig lernen. Die Beamtenkaste bestand also aus Menschen, die sich v. a. durch Fleiß und Konformismus hervorgetan hatten und weit weniger durch Innovationslust und Einfallsreichtum. Dass ein Beamter beobachten, experimentieren oder gar bestehendes Wissen hinterfragen wollte, kam so gut wie nicht vor. Ausnahmetalente wie Shen Kuo waren isoliert, es gab kaum jemanden, mit dem sie sich hätten austauschen können.

Im antiken Griechenland hatten Gelehrte noch in einem ganz anderen Umfeld gelebt. Ihre individuelle Motivation war hoch, denn sie mussten Anhänger rekrutieren und Gegner im Disput widerlegen. Auch der ständige Austausch untereinander förderte den Wettbewerb der individuellen Denkweisen. Dieselben Bedingungen galten auch für die europäischen Wissenschaftler ab dem späten Mittelalter, als sich der Griff der Kirche nach 1000 Jahren intellektueller Stagnation lockerte. Aus dem

Wettstreit der Ideen gingen zahlreiche politische, wirtschaftliche und technologisch-militärische Innovationen hervor. Es entstand der Beruf des freien Wissenschaftlers, dessen finanzielle Existenz zwar meist ungesichert war, der aber seinen Ideen frei und aus innerem Antrieb nachging.

Zum gesellschaftlichen Klima in Europa gehörte auch, dass die neuen Entdeckungen in Übersee großen Reichtum für all jene versprachen, die offen für Abenteuer und neue Ideen waren. Auch außerhalb der wissenschaftlichen Welt war es für die Talentiertesten und Ehrgeizigsten von Vorteil, bewährtes Wissen infrage zu stellen und mutig neue Wege zu beschreiten. Während in China die konventionellen Beamtenprüfungen weit über 1000 Jahre lang die geistige Elite auf Linie brachte, schuf in Europa ein gewisses Maß an Unordnung und intellektuellem Chaos den Raum für die Entwicklung großer neuer Ideen.

2.   Shen Kuo lebte in einem politisch stabilen Land.

Genauso konservativ und unbeweglich wie der chinesische Beamtenapparat war auch das gesamte Land. Die Dynastien lösten zwar einander ab, teilweise nach blutigen Auseinandersetzungen, doch das Herrschafts- und Gesellschaftssystem an sich blieb unangetastet. Mit Ausnahme der Anfang des 13. Jahrhunderts beginnenden Angriffe durch die Mongolen und ihrer bis 1368 andauernden Herrschaft gab es auch keine Bedrohungen von außen. Als im 17. Jahrhundert die Mandschu die Macht übernahmen, änderte sich die Art der Staatsführung nicht. Die ständigen Überfälle japanischer Piraten im Osten waren ein Ärgernis, aber keine Gefahr für den Staat. Die gesellschaftlichen Strukturen in China blieben also bis ins 19. Jahrhundert nahezu unverändert. In all diesen Jahrhunderten ist China nie auseinandergebrochen. Der Preis der Stabilität war intellektuelle und wissenschaftliche Stagnation. China hatte einen hohen Grad an staatlicher und sozialer Ordnung erreicht, in der Veränderungen, Vorschläge für Verbesserungen und neue Ideen nicht gefragt waren.

Während China über viele Jahrhunderte ein politischer, wirtschaftlicher und kultureller Monolith war, zeigte sich Europa als ein bunter Flickenteppich, der ständig Farben und Muster wechselte. In schneller Abfolge sorgten Kriege, Epidemien, Revolutionen und wirtschaftliche Krisen für Umwälzungen und existenzielle Krisen. Sie sorgten für viel menschliches Leid, aber auch für geistige Mobilität und innovations- und wettbewerbsfreudige Gesellschaften.

3.   Shen Kuo unterschied nicht zwischen Geist und Körper.
Im Westen hatten bereits die antiken griechischen Philosophen die Welt in zwei strikt voneinander getrennte Sphären aufgeteilt. Auch für die Pioniere der wissenschaftlichen Revolution, Galileo Galilei, Isaac Newton und viele andere mehr, war diese Trennung selbstverständlich. Descartes nannte die weltliche Sphäre *res extensa* und die geistige Sphäre, also die innere Welt unserer Wahrnehmungen und unseres Denkens, *res cogitans*: Das Ich des Beobachters gehört der inneren Sphäre an und existiert getrennt von der äußeren Welt, der *res extensa*. Das erkennende Subjekt und das zu erkennende Objekt sind klar separiert.

Warum ist diese Trennung von Geist und Körper, von Subjekt und Objekt für den wissenschaftlichen Fortschritt so bedeutend? In unserem Kulturraum gehen wir ganz selbstverständlich davon aus, dass es einerseits uns als Beobachter gibt und dass andererseits um uns herum eine Außenwelt existiert. Es ist, als würden wir uns einfach aus der Welt herausnehmen. Auch wenn die europäische Philosophie diese Dualität von Materie und Geist immer wieder infrage stellte, sind wir doch noch gewohnt, zwischen uns und unserer Umwelt eine scharfe Trennlinie zu setzen – hier bin ich, und da bist du. Genau deshalb konnten die frühneuzeitlichen Wissenschaftler das, was sie umgab, so gut beschreiben. Das chinesische Denken dagegen kannte keine vergleichbare Trennung von »Ich« und »die Welt«. Ihm fehlte damit die notwendige Distanz für die Entwicklung einer rationalen, objektiven Betrachtung der Natur.

Die typisch europäische Trennung von Geist und Materie hatte noch eine weitere Konsequenz für die Entstehung der Wissenschaften: Die Trennung in innere und äußere Welt führte zur Auffassung, dass unsere Beobachtung keinen Einfluss auf die Welt da draußen hat. Damit ist der Weg frei für den Gedanken, dass es von uns unabhängige, ewig gültige Naturgesetze gibt. Die fernöstliche Philosophie geht von völlig anderen Grundlagen aus. Es wird nicht so stark zwischen Geist und Materie, subjektiven Erfahrungen und objektivem Geschehen unterschieden. Polare Gegensätze sind zwar bekannt, doch diese gehen zuletzt in einer Einheit auf. So wie sich die Gegensätze des Yin und Yang zu einem Ganzen ergänzen, stehen alle Dinge in der Welt letztendlich in Harmonie zueinander. Licht und Schatten werden nicht als Gegensätze aufgefasst, sondern als Erscheinungen derselben Ursache. Auf Basis der Weltanschauung, dass alles mit allem verwoben ist – auch das »Ich« und »die Welt« – war chinesischen Gelehrten die Vorstellung fester, unverrückbarer Naturgesetze fremd. Dass es objektives Wissen geben soll, ohne dass automatisch eine auf den Menschen bezogene moralische oder ästhetische Bedeutung mit ihm verbunden ist, wird im traditionellen chinesischen Denken als geradezu grotesk angesehen.

Nach der Zugehörigkeit der chinesischen Gelehrten zur existenzsichernden Beamtenkaste, der relativ stabilen Staatsform Chinas über viele Generationen und der Weltanschauung, die den chinesischen Gelehrten weniger zum externen, scharfen Beobachter machte, sondern mehr zum Teil eines Ganzen, in dem das Ich und die Welt miteinander verschwammen, gab es noch einen weiteren fundamentalen Unterschied zwischen dem östlichen und westlichen Verständnis von Wissenschaft: ihre Mathematik.

WIE DIE »SINNFREIE« MATHEMATIK DIE WELT EROBERTE
Die moderne Wissenschaft entstand durch Beobachtung, experimentelle Forschung und die anschließende mathematische Formulierung von Naturgesetzen. Erst als die Menschen die mathematischen Beschreibungen beherrschten, konnten sie die Tragkraft einer Brücke berechnen, Materialeigenschaften bestimmen, neuartige Waffen erfinden. Dies war die Voraussetzung für den Siegeszug einer Technologie, die die Lebensbedingungen der Menschen wesentlich verbesserte – und Völker, die über diese Fähigkeiten nicht verfügten, unterwarf.

Euklid (325–265 v. Chr.),
Mathematiker aus Alexandria.

Den Anfang in Europa hatten die Gelehrten des antiken
Griechenland gemacht. Ihre Mathematik ist einzigartig. Keine
andere Kultur hat die Mathematik als eine systematische, rein
theoretische Disziplin hervorgebracht. Dem größten antiken
griechischen Mathematiker, Euklid, ging es um abstrakte mathematische Zusammenhänge an sich. Aus reiner Lust am
Wissen machte er sich z. B. Gedanken über die Geometrie auf
Kugeloberflächen. Seine mathematischen Erkenntnisse waren
sozusagen »interessefrei«. Einer Anekdote zufolge soll er einem
seiner Schüler, der ihn nach dem Zweck eines mathematischen
Lehrsatzes gefragt hatte, Geld in die Hand gedrückt haben.
Denn Euklids Meinung nach musste jemand, der sich für den
Nutzen von Wissen interessierte, sehr arm sein.

Die reine Mathematik der Griechen wurde zur Grundlage
der exakten Naturbeschreibung. Nur mithilfe dieser Mathematik konnte Kepler die Planetenbahnen beschreiben und nachvollziehen. Erst als wir verstanden, wie die Natur »funktioniert«,
war der Weg frei für die unzähligen praktischen technologischen
Anwendungen, die das Leben der Menschen so sehr verbessern
und erleichtern. Die Mathematik der Griechen, die explizit nicht

die Beherrschung der Natur zum Ziel hatte, führte 2000 Jahre später genau dazu: Der Mensch begann, die Natur zu beherrschen.

Und wie stand es in China um die Mathematik? Bis ins 16. Jahrhundert n. Chr. hinein entwickelte sie sich weitgehend unbeeinflusst durch andere Kulturkreise. Und sie sah völlig anders aus als im Westen. In Europa hatte die Mathematik zwei Funktionen: das Berechnen und Lösen praktischer Probleme (Messen, Steuern, Konstruieren usw.) und die Erfassung der Naturgesetze.

Grob gesagt haben sich die Chinesen nur für die erste Funktion der Mathematik interessiert. Auf diesem Feld waren sie teils weit effizienter als die Europäer. Die klassischen chinesischen Werke, wie z. B. die *Neun Bücher arithmetischer Rechnung* von ca. 200 v. Chr., gehen pragmatisch von bestimmten, hauptsächlich die Staatsführung betreffenden Problemen wie Kalenderberechnungen, Landvermessungen und Steuerzahlungen aus. Zu diesem Zweck wurden bereits früh effiziente Methoden in der Arithmetik entwickelt. Auch algebraische Gleichungen und negative Zahlen waren bekannt. Antike chinesische Mathematiker verstanden sich auf das Lösen quadratischer und kubischer Gleichungen. Mit einer Methode, die in Europa erst im 19. Jahrhundert entdeckt wurde, konnten sie sogar einige höhergradige Gleichungen lösen. Sie beherrschten zudem lineare Gleichungssysteme, also die Bestimmung von mehreren Unbekannten in einer Reihe von Gleichungen; im Westen übertraf erst Carl Friedrich Gauss im 19. Jahrhundert den Kenntnisstand der Chinesen auf diesem Gebiet. Und: Über 1000 Jahre lang verfügten die Chinesen über eine genauere Näherung der Zahl *pi* als die Europäer.

Doch anders als die europäischen Gelehrten strebten die Chinesen nicht nach strengen mathematischen Beweisen im heutigen Sinn. Der Satz des Pythagoras war zwar als »Gougu-Theorem« bekannt, doch es kümmerte niemanden, wie dieser Zusammenhang herzuleiten und zu beweisen war. Die chinesischen Mathematiker hatten zwar Formeln gefunden, aber kaum die Begründungen für sie. So erklärt sich, dass klassische chinesische Mathematikbücher weitestgehend aus Listen alltäglicher,

Albert Einstein (1879–1955),
deut. Physiker.

mathematischer Probleme und vorgeschlagenen Lösungen be-
stehen, griechische Schriften und die der späteren europäischen
Mathematiker hingegen aus Theorien und Versuchen, diese
Theorien mathematisch zu beweisen.

Ende des 16. Jahrhunderts brachten Jesuiten die abendländische Mathematik nach China. Sie befanden die chinesische
Mathematik als prinzipienlos und oberflächlich. Das wohl einflussreichste Buch der abendländischen Mathematik, die *Elemente* von Euklid, wurde 1607 ins Chinesische übersetzt. Es
weckte schnell das Interesse der chinesischen Mathematiker an
der euklidischen Geometrie; die einheimische mathematische
Entwicklung in China brach fast vollständig zusammen. Von
nun an näherte sich die chinesische Mathematik der europäischen an; doch den Vorsprung der Europäer in der Kunst des
Schlussfolgerns war immens.

Albert Einstein beschrieb die Rolle der Mathematik für die
Entwicklung der Völker 1953 in einem Brief an einen Freund
wie folgt:

»Die Entwicklung der westlichen Naturwissenschaft beruht auf zwei
großen Errungenschaften: auf der Erfindung des formal-logischen
Systems in der euklidischen Geometrie durch die griechischen Philosophen und auf der Entdeckung der Renaissance, dass kausale Beziehungen durch systematische Experimente aufgedeckt werden können. Meiner Meinung nach sollte man nicht darüber erstaunt sein,
dass die chinesischen Gelehrten diese Schritte nicht unternommen
haben. Das wirklich Erstaunliche ist, dass diese Entdeckungen überhaupt gemacht worden sind.«[76]

Nach Einstein war es also weniger ein Defizit der chinesischen
Denker, dass sie die wissenschaftliche Methode nicht hervor-
gebracht haben, sondern eher ein Glücksfall der europäischen
Kultur, dass dies überhaupt geschah. Die »sinnfreie« griechische
Mathematik war die Voraussetzung für das moderne wissen-
schaftliche Denken.

DAS ENDE DES INDISCHEN HÖHENFLUGES

Neben China gab es zwei weitere Kulturräume, hinter denen
Europa im Mittelalter hinterherhinkte. Sowohl die arabische als
auch die indische Astronomie, Medizin und Mathematik waren
den westlichen Wissenschaften weit überlegen. Von den Wissenschaften im arabischen Kulturraum war bereits die Rede – daher
nachfolgend ein Blick auf die wissenschaftliche Welt Indiens.

Nach neueren historischen Forschungen lässt sich die Entwicklung der antiken griechischen Philosophie kaum von der
indischen trennen. Von 600 bis 200 v. Chr. entstanden auf dem
Subkontinent Gedanken zur Natur, die denen im frühen Griechenland erstaunlich ähnlich waren. In den indischen Veden und
Upanischaden erkennbare Elemente der Philosophie gleichen
denen der Vorsokratiker ziemlich. Bei Themen wie Einheit und
Vielheit, Naturerklärungen, Atom- und Elementenlehre, Skep-
tizismus und Reinkarnation haben sich, wie Historiker immer
besser verstehen, das griechische und das indische Denken gegenseitig bedeutend beeinflusst[77]. Auch wenn die genauen Lebens-
stationen von so bedeutenden antiken Denkern wie Demokrit
und Pythagoras im Dunkel liegen, gehen Historiker heute davon

aus, dass die beiden mit hoher Wahrscheinlichkeit direkten Kontakt zur indischen Kultur besaßen. Für spätere Philosophen wie Pyrrhon von Elis oder Sextus Empiricus ist dies historisch belegt.

Auf dem Gebiet der Mathematik war Indien lange Zeit führend. Die Araber verdankten einen großen Teil ihrer mathematischen Errungenschaften den Indern. Über den Transfer durch arabische Gelehrte profitierte zuletzt auch Europa von der indischen Mathematik. Am bekanntesten ist die Einführung der Zahl Null. Sie ermöglichte in Arabien und später auch in Europa das Dezimalsystem, welches das Rechnen stark vereinfachte. Zahlen konnten nun problemlos addiert, subtrahiert, multipliziert und dividiert werden. Mit dem aus Buchstaben bestehenden Rechensystem der Römer waren die Rechenoperationen sehr umständlich gewesen. Die jeweiligen Namen für das indische Dezimalsystem zeichnen seinen Weg von Indien über Arabien nach Europa nach: Die Araber bezeichnen die Mathematik auch als *hindisat*, als »die indische Kunst«. In der westlichen Welt wird das auf den Ziffern von 0 bis 9 basierende Zahlensystem noch heute System der »arabischen Zahlen« genannt.

Die Errungenschaften der indischen Mathematik gingen weit über das Zahlensystem hinaus. So beschrieb beispielsweise der große Mathematiker Bhāskara im 12. Jahrhundert bereits einige Prinzipen der Infinitesimalrechnung, die Newton und Leibniz um mehr als ein halbes Jahrtausend vorausgingen. Und der große islamische Mathematiker Al-Chwarizmi hatte wohl ausgiebige Kontakte zu indischen Mathematikern, von denen er Inspirationen zur Entwicklung der Algebra erhielt.

Die Wurzeln der indischen und europäischen Kultur weisen viele Übereinstimmungen auf. Warum entwickelten sie sich dann so unterschiedlich? Zum großen Teil liegt das an der kriegerischen Geschichte des Subkontinents. Zwar wurde auch Europa unaufhörlich durch Kriege erschüttert, doch alle streitenden Parteien hatten dieselbe griechisch-christliche, kulturelle Wurzel. Herrscher kamen und gingen, aber die Denkweise blieb durch die Jahrhunderte dieselbe. Indien dagegen wurde gleich mehrmals durch muslimische Völker erobert, die den Menschen ihre kulturelle Prägung aufdrückten.

1199 machten Muslime die indische Stadt Nalanda und ihre gewaltige buddhistische Universität dem Erdboden gleich. Noch heute ist Nalanda eine Ruinenstadt. Auch die buddhistischen Lehrstätten in Odantapuri und Vikramashila fielen der Eroberung zum Opfer. In den folgenden Jahren wurden viele buddhistische und hinduistische Klöster und Tempel zerstört, große Teile der Sanskrit-Literatur gingen verloren. 1206 wurde das muslimische Sultanat von Delhi gegründet, zeitweise brachte es fast den gesamten indischen Subkontinent unter seine Kontrolle. Die traditionelle, den Wissenschaften zugewandte indische Kultur und Philosophie wurden von der nun wissenschaftsfeindlichen islamischen Kultur überformt. Ab 1526 wurde das Sultanat von Delhi vom ebenfalls muslimischen Mogulreich abgelöst. Es beherrschte drei Jahrhunderte den indischen Subkontinent.

Insgesamt dominierte in Indien über 600 Jahre lang ein religiöser und wissenschaftsfeindlicher Fundamentalismus, der den Reichtum der indischen Kulturen und auch die indische Wissenschaft fast vollständig vernichtete. Der Hinduismus, der kaum Berührungspunkte mit wissenschaftlichem Denken hatte, konnte sich im Süden des Landes z. T. erhalten. Doch dem Buddhismus hatten die Eroberer Indiens den Todesstoß versetzt – bis heute gibt es im Land Buddhas kaum mehr Buddhisten.

Es ist wohl kein Zufall, dass die Eroberer gerade Nalanda, das Herz des indischen Buddhismus, so rigoros zerstörten. Für die indische Wissenschaft war das ein vernichtender Schlag. Denn der extrem erfahrungsbezogene Buddhismus steht bis heute der wissenschaftlichen Denkweise vergleichsweise nahe. Das Ziel der Buddhisten ist es, die Natur des eigenen Geistes zu erkennen. Zwei der vier wissenschaftlichen Tugenden waren ihnen im Wesentlichen bekannt: zum einen die Abwesenheit von Dogmatik – der Buddhismus kennt keine Götter; zum anderen der Wunsch, durch eigene Beobachtung Erkenntnisse zu gewinnen – den Buddhisten ging es allerdings weniger um die Außenwelt, als vielmehr darum, den eigenen Geist in allen Facetten zu erforschen. Der Buddha sagte, dass ein jeder seine eigenen Untersuchungen anstellen und Erfahrungen machen solle, bevor er sich den buddhistischen Lehren verpflichte.

Weil der in weiten Teilen muslimische Norden Indiens und auch der eher hinduistisch geprägte Süden wissenschaftlich keine Fortschritte machten, begann Europa ab dem späten 15. Jahrhundert, das Land intellektuell und wissenschaftlich zu überholen. Ab dem 19. Jahrhundert hatte Indien dem Abendland ökonomisch, technisch, militärisch und wissenschaftlich nichts mehr entgegenzusetzen. 1858 wurde Indien zu einer britischen Kolonie – wieder bestimmten Fremde über die Geschicke Indiens. Westliches Denken und westliche Wissenschaften wurden mit der indischen Bevölkerung nicht geteilt.

Bis heute rührt die Abfolge von Fremdherrschaften am Nerv indischer Identität. Mit Ausnahme des Buddhismus blieben die indischen Religionen erhalten oder konnten sich wieder erneuern, doch die indische rationale Naturphilosophie war verloren. Deshalb fand das Land lange Zeit nicht den Anschluss an die europäische und nordamerikanische Wissenschaft. Die Bilanz indischer Wissenschaftler in den letzten 100 Jahren ist ernüchternd: In dieser Zeit gab es gerade einmal vier vom Subkontinent stammende Nobelpreisträger für Physik, Chemie und Medizin. Drei von ihnen waren US-Staatsbürger, als sie den Preis erhielten. Nur der Physiker C. V. Raman blieb zeit seines Lebens in Indien. Und auch wenn Indien mit Srinivasa Ramanujan einen der berühmtesten Mathematiker des 20. Jahrhunderts stellt (der seinerseits seine mathematischen Arbeiten größtenteils in England verfasste), so teilte die indische Mathematik doch insgesamt das Schicksal ihres chinesischen Pendants.

Heute holt Indien den Rückstand rasant auf: Wie China investiert das Land stark in Naturwissenschaften und technologische Forschung und wird, wenn es dieses Tempo beibehält, schon bald wieder zu den führenden Wissenschaftsnationen der Welt gehören. Die vom Islam geprägten Länder dagegen verharren weiter in ihrer den Wissenschaften abgewandten Haltung. Reiche Ölstaaten sind zwar unter großem Druck gezwungen, auf technologischen Fortschritt zu setzen und holen sich Wissenschaftler und Ingenieure ins Land. Doch nennenswerte eigene Impulse für Wissenschaft und Technologie gehen von diesen Ländern gegenwärtig nicht aus.

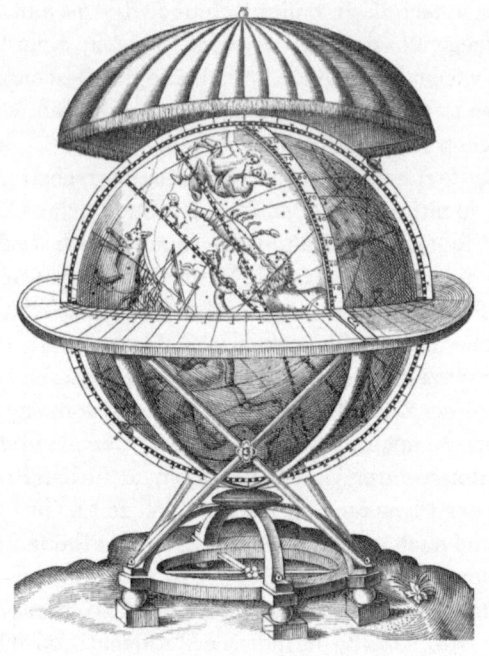

Himmelsglobus aus Tycho Brahes
Astronomiae Instauratae Mechanica
(»Die Neuere Astronomische Instrumentenlehre«),
1598.

ZUSAMMENFASSUNG UND AUSBLICK

1 Die vier Tugenden wissenschaftlich-rationalen Denkens – Wesenszüge und Entstehungsbedingungen

In den vorangegangenen vier Teilen des Buches wurde aufgezeigt, wie Europa als erster Kulturraum das wissenschaftlich-rationale Denken »erfand«, das die westliche Welt letztlich zur wirtschaftlichen und politischen Vormachtstellung führte. Die Voraussetzung für diesen Siegeszug war die Entwicklung von vier wesentlichen Tugenden – sie sind Basis und Bedingung für wissenschaftliches Denken.

- **DIE ABKEHR VON DOGMEN.**
  Mit einer kompromisslos offenen Einstellung zum eigenen Wissen können zwei Menschen, die nicht dieselbe Auffassung vertreten, das Für und Wider der Argumente abwägen und so der Wahrheit einen Schritt näherkommen. Die Offenheit betrifft auch die Tatsache, dass jederzeit neue Fakten auf den Tisch kommen können, die uns dazu zwingen, unsere Auffassungen zu überdenken.

- **DAS VERTRAUEN IN DIE EIGENEN WAHRNEHMUNGEN.**
  Diese Tugend ist eng an die Entdeckung der Individualität gekoppelt. Erst als wir begannen, uns aus dem Machtbereich der Dogmen zu befreien, konnten wir als »Ich« neugierig sein und vorgegebene Wahrheiten hinterfragen.

- **DAS VERTRAUEN IN DIE UNBESTECHLICHE MATHEMATIK.**
  Die Mathematik ist die Sprache der Natur, also aller physikalischen Phänomene, die wir beobachten, und ihrer Gesetze. Solange wir uns daran halten, dass Zwei plus Zwei immer Vier ergibt, haben wir eine Basis der Verständigung.

- **DIE UMSETZUNG VON WISSEN IN TECHNOLOGIE.**
  Die Entwicklung und Verankerung der vorangegangenen drei Tugenden hat viele Jahrhunderte gedauert. Viele Irrungen mussten durchgestanden, viele Hemmnisse überwunden werden. Auch in der vierten Tugend sind wir schon sehr weit gekommen – heutige Lebensumstände in der westlich geprägten Welt sind geradezu paradiesisch im Vergleich zu denen, die vor wenigen Generationen noch geherrscht haben. Doch Technologien wurden und werden immer noch auch dazu verwendet, Mensch und Umwelt massiv zu schaden. Ob unter dem Strich bisher ein Plus oder ein Minus herausgekommen ist, darüber lässt sich streiten. Doch sollten wir uns einig sein im Bemühen, in Zukunft Technologie zum Wohle aller Menschen einzusetzen.

Der Vergleich mit anderen Kulturkreisen zeigt, dass die Entfaltung der vier Tugenden in Europa und damit die Entstehung der modernen Wissenschaften nur möglich war, weil hier eine einmalige Kombination aus kulturellen, ökonomischen und gesellschaftlichen Gegebenheiten aufeinandertraf.

Die folgenden sieben Punkte fassen die Geschehnisse noch einmal zusammen:

- **DIE WIEDERENTDECKUNG DES ANTIKEN GRIECHISCHEN WISSENS.**
  Tausend Jahre lang beherrschte die Dogmatik der christlichen Kirche das Denken der Menschen. Erst ab dem späten 14. Jahrhundert interessierten sich die Gelehrten Europas für die Gedanken auch jener antiken Denker, die nicht in die gewohnten Denkschemata passten. Humanisten wie Poggio Bracciolini stöberten in Klosterbibliotheken nach alten ver-

schollenen Schriften klassischer Autoren wie Cicero, Lukrez oder Vitruv. So kam das im Vergleich zum christlich-mittel-alterlichen Verständnis wesentlich rationalere und sich auf eigene Wahrnehmungen stützende Denken der Antike wie-der zum Vorschein. Der Sinn für Abstraktion der antiken Philosophen und ihre Suche nach den ersten Ursprüngen des Seins sind bedeutende Vorläufer des modernen systema-tischen wissenschaftlichen Denkens. Dazu kommt das Erbe der antik-griechischen Mathematik mit ihrem einzigartigen Abstraktionsgrad.

• **DER WISSENS-TRANSFER AUS DEM OSTRÖMISCHEN UND ARABISCHEN KULTURRAUM.**
Als Europa noch in Dogmatik erstarrt war, erzielten arabi-sche Gelehrte bedeutende Fortschritte in den damals be-kannten Wissenschaften. Die Gelehrten hatten auch Zugang zu griechischen Originalschriften, die im christlich geprägten Europa vernichtet worden waren. Nicht zuletzt die Kreuz-züge ermöglichten ein erstes Abfließen von arabischem Wissen nach Europa. Ab dem 12. Jahrhundert lasen europä-ische Gelehrte erstmals wieder griechische Originale, die nicht durch die Interpretationen von Kirchenvätern wie Augustinus übertüncht worden waren. Die Folge war ein bedeutender Schub in der Kunst des rationalen Denkens.

Der Niedergang des byzantinischen Reichs ab dem frü-hen 15. Jahrhundert verstärkte diesen Effekt. Unzählige in der griechischen Denktradition stehende Gelehrte strömten nach Westeuropa. Die Flüchtlinge hatten nicht nur die grie-chische Sprache und damit die Möglichkeit im Gepäck, die antiken Klassiker in der Originalversion zu lesen, sondern auch weitere bis dahin in Europa unbekannte Manuskripte. Zudem hatten die byzantinischen Gelehrten in intensivem Kontakt mit der islamischen Kultur gestanden und brachten weiteres Wissen aus diesem Teil der Welt mit. Der Zuzug erreichte seinen Höhepunkt, als 1453 Konstantinopel an die Türken fiel. In der heutigen Geschichtsschreibung markiert dieses Ereignis das Ende des Mittelalters. Ein weiteres Mal sprang die Anzahl der zur Verfügung stehenden Werke griechischer und arabischer Autoren sprunghaft an, als vierzig Jahre später mit der Eroberung von Granada die Sarazenen endgültig von der iberischen Halbinsel vertrieben wurden und viele Schriften in die Hände christlicher Eroberer fielen.

- **DIE KIRCHE VERLIERT AN DEUTUNGSHOHEIT.**
In der Zeit des großen Schismas, als bis zu drei Päpste gleichzeitig um den Stuhl Petri stritten, beschleunigte sich der Niedergang der kirchlichen Autorität rasant. Universitäten lösten die Kloster- und Domschulen ab und untergruben das Deutungsmonopol der Kirche in theologischen und philosophischen Fragen. Auch die Pest von 1347 ließ die Menschen zunehmend an den Heilslehren der Kirchen zweifeln. Nach dem Siegeszug der Reformation gab es keine Rückkehr mehr zu einer absoluten religiösen Orthodoxie in Europa. Auch wenn die Kirche Menschen wie Galileo Galilei, die ihrer Dogmatik nicht folgten, noch gnadenlos verfolgen konnte, wurde ihre politische und intellektuelle Kraft immer schwächer.

- **DIE ENTDECKUNG DER NEUEN WELT.**
Der Fall der Stadt Konstantinopel im Jahr 1453 hatte zur Folge, dass Europäer neue Handelswege nach Indien suchten. 1492 entdeckte Christopher Kolumbus Amerika. Dass die antiken Autoritäten von der Existenz dieses riesigen Doppelkontinents nichts gewusst hatten, steigerte die Skepsis der Renaissance-Gelehrten am tradierten Wissen und stärkte ihren Willen, sich auf eigene Beobachtungen zu verlassen.

- **DAS ERSTARKEN DES BÜRGERTUMS.**
Nicht nur Pestepidemien, Hungersnöte und die andauernden Kriege des 14. Jahrhunderts hatten neue Gesellschaftsstrukturen zur Folge: Denn durch den zunehmend globalisierten Handel wurden insbesondere in Florenz und Venedig, aber auch in Deutschland bürgerliche Familien vermögend und mächtig. Oft förderten Handelsdynastien gezielt den wissenschaftlichen und technologischen Fortschritt.

Es entstand die Idee einer individuellen Lebensgestaltung. Das Bürgertum wurde zu einer politischen und wirtschaftlichen Kraft, die es sich erlauben konnte, sich mehr und mehr von den dogmatischen Zwängen der Kirche zu lösen.

- **DER ZUNEHMENDE INNOVATIONSWETTBEWERB.**
  Die Aufteilung Europas in unzählige Machtbereiche verstärkte ab dem 14. und 15. Jahrhundert Konkurrenz und Wettbewerb zwischen den Herrschern. Diese erkannten die Wissenschaft als eine lohnenswerte Investition, denn die Bemühungen um wissenschaftliche Erkenntnisse und neue Technologien brachten entscheidende politische und militärische Vorteile mit sich.

- **DIE ERFINDUNG DES BUCHDRUCKS.**
  Gedanken verbreiteten sich dank des Buchdrucks um ein Vielfaches schneller als zuvor. Lesen und Verstehen waren nicht mehr die Privilegien einiger weniger; immer mehr Menschen lasen und diskutierten kritische Ideen. Der Zugriff auf bezahlbare Bücher förderte nicht nur den Austausch der Gelehrten untereinander, sondern auch das individuelle Denken. Bald galt Individualismus nicht mehr als arrogant und als Verletzung der göttlichen Ordnung, sondern wurde zum Kennzeichen europäischer Gesellschaften.

In der historischen Rückschau befinden wir uns in der angenehmen Position zu wissen, wie sich die Dinge entwickelt haben, und können leicht erkennen: Die alles durchdringende christliche Kultur trug das Erbe des antiken griechischen Denkens in sich. Es war durch die christliche Dogmatik nur vorübergehend außer Kraft gesetzt. In der Renaissance wurden die wiederentdeckten alten Schriften zum Anstoß für die wissenschaftliche Revolution. Die einzigartige Vorstellung der Griechen, dass es universelle Ordnungsprinzipien in der Natur gibt, sowie ihre nicht an einen direkten Zweck gebundene Mathematik wurden zum philosophischen Fundament der modernen Naturwissenschaften.

2 Gefahren in der Gegenwart – Der Populismus als Feind der wissenschaftlichen Tugenden

Wie steht es mit den wissenschaftlichen Tugenden heute? Es scheint alles in Ordnung zu sein.

Schon in der Schule wird uns beigebracht, Dogmen kritisch zu hinterfragen und den Dingen rational auf den Grund zu gehen. Mathematik gehört zu den Schlüsselfähigkeiten jeder Schulausbildung. An Universitäten wird großer Wert auf eine wissenschaftsmethodische Ausbildung gelegt; Tendenz – seit 300 Jahren – weiter steigend.

- Doch warum muss uns eine 16-jährige Schülerin aus Schweden daran erinnern, uns bei der Diskussion um den Klimawandel »an den Erkenntnissen der Wissenschaften zu orientieren«? Und warum hat dieser Aufruf eine so starke Gegnerschaft?
- Wie kommt es, dass finanziell bestens ausgestattete Gruppen, die den Klimawandel leugnen, einen »Sieg über die Wissenschaft« anstreben und mit aller Macht versuchen, den mühsam errungenen Weltklimavertrag auszuhebeln?
- Wie kann es sein, dass Impfgegner seit Jahrzehnten verbreiten, Kinder würden durch Impfstoffe geschädigt?
- Warum lehnen in den USA fast die Hälfte der Menschen die Evolutionstheorie ab? Auch in Deutschland liegt die Zustimmungsrate nur bei etwa 70 Prozent.

Wenn wissenschaftliche Erkenntnisse kurzerhand weggewischt werden und rationale Argumente und empirische Fakten nicht mehr zählen, ist Populismus am Werk. Denn Populismus ist mehr als nur ein bestimmter Politikstil, der sich Stimmungen in der Bevölkerung zunutze macht. Er ist auch die Frucht von Weltanschauungen und religiösen Dogmen, die nicht hinterfragt werden dürfen – mit anderen Worten: Populismus und Ideologien gehen Hand in Hand.

Im privaten Umfeld ist populistische Ignoranz ärgerlich genug. Kritisch wird es, wenn Menschen in hohen Machtpositionen öffentlich dem wissenschaftlichen Konsens widersprechen. Auch hier erleben wir immer wieder Beispiele für die Verletzung der ersten drei wissenschaftlichen Tugenden:

* In den 160 Jahren, seit Charles Darwin seine Theorie von der Entstehung der Arten formulierte, haben Wissenschaftler aus unzähligen Mosaiksteinchen ein konsistentes Bild zusammengesetzt. Trotzdem glaubt US-Vizepräsident Mike Pence nicht an die Evolutionstheorie. Er hält es für eine fundamentale Wahrheit, dass Gott Himmel, Erde und den Menschen geschaffen hat – wie es die orthodoxe kirchliche Lehre 1800 Jahre lang gepredigt hat. Es ist, als hätte es den Siegeszug der Vernunft und der Aufklärung nie gegeben.
* Die Folgen des Klimawandels sind mittlerweile für jeden sicht- und spürbar. Über seine Ursache sind sich die Klimaforscher zu 99 Prozent einig.[78] Dennoch gibt es eine große Anzahl Menschen, die »den Klimawandel ablehnen«. Wollen sie demnächst auch die Gravitationskraft »ablehnen«? Zu den Leugnern des durch Menschen verursachten Klimawandels gehört der australische Regierungschef Scott Morrison. Als Mitglied der fundamental-christlichen Pfingstbewegung bevorzugte er es, in der Feuerkrise vom Dezember 2019 für Regen zu beten, statt auf Wissenschaftler zu hören und entsprechende Maßnahmen politisch in die Wege zu leiten.
* Zweifellos ist die Relativitätstheorie (in Kombination mit der Quantenphysik) die am besten belegte Theorie in der gesamten Wissenschaft – mit ihr lassen sich mit allerhöchster Genauigkeit Voraussagen treffen. Das hält eine bestimmte Gruppierung von Hobby-Wissenschaftlern aber nicht davon ab, lautstark und allen Ernstes zu behaupten, dass Einstein unrecht hat und seine Mathematik Fehler aufweist. Nicht nur in einschlägigen Internetforen wird eine »alternative Mathematik« vorgestellt. Auch seriöse Wissenschaftsblogs werden mit völlig irren und unsinnigen Kommentaren überflutet. Es ist so, als solle bewiesen werden, dass Zwei

plus Zwei nicht Vier sein könne, sondern Drei sei. Gestandene Physiker sind ratlos, denn mit rationalen Argumenten lassen sich diese Leugner der Einstein'schen Mathematik, unter denen sich erstaunlicherweise auch Physiklehrer befinden, nicht überzeugen.

In der vierten Tugend, der Umsetzung von Wissen in Technologie zum Nutzen der Menschen, haben wir es weit gebracht. Doch vor uns liegt noch ein langer Weg, bis wir auch diese Tugend vollumfänglich umgesetzt haben. Während die positiven Effekte, die wir erzielt haben, wirklich erstaunlich sind – Hunger und Krankheiten werden effektiv bekämpft, immer mehr Menschen steht Bildung zur Verfügung, schwere Arbeit wird zunehmend von Maschinen erledigt usw. –, haben wir es immer noch nicht geschafft, die Folgen von Technologien redlich abzuschätzen und die negativen Effekte zu begrenzen. So wird Technologie z. B. immer noch gezielt zur Unterdrückung anderer Menschen eingesetzt.

Doch die ersten drei Tugenden waren bereits fester Bestandteil unseres Denkens, und wir meinten, uns auf sie verlassen zu können. Sie werden aber in letzter Zeit zunehmend unterminiert. Denn eine neue Dogmatik macht wissenschaftlichen Wahrheiten Konkurrenz. Dahinter steckt oft die Interessenpolitik einiger weniger. Einem wachsenden Anteil der Bevölkerung ist es zudem zu anstrengend, sich als Individuen mit ihren eigenen Gedanken und faktenbasierten Beobachtungen mit der Komplexität der Welt auseinanderzusetzen. Lieber bastelt man sich seine eigenen Wahrheiten zurecht. Auch drohen allzu oft Gefühle und Meinungen die unbestechliche Mathematik zu ersetzen.

Was wir heute beobachten, sind Dogmatik und Ideologie im neuen Gewand, intellektuelle Faulheit und Intuition als Surrogat für mathematische Zusammenhänge – all dies dient als Nährboden für Populismus. Dass der Populismus eine Gefahr für die Demokratie und für unsere Gesellschaft ist, wissen wir. Doch die Sache geht tiefer. Der Niedergang des rationalen Denkens bedroht auch die Wissenschaften. Wie kommt es zu diesem Versagen? Und wer oder was wird da eigentlich angegriffen?

IM FOKUS DER AGGRESSIVEN PROPAGANDA

Der wissenschaftlich-technologische Fortschritt wurde seit Isaac Newton in Europa euphorisch begrüßt. Man war sich sicher, dass die Welt immer besser werden wird und ein Paradies auf Erden erreicht werden kann. Erst ab der zweiten Hälfte des 20. Jahrhunderts mehrten sich die Zweifel an der Technologie. Die Wissenschaftler waren immer noch die unbestechlichen, rational denkenden Heilsbringer – nur fragte man sich, ob die Technologie, die aus ihrem Wissen abgeleitet wurde, wirklich immer zum Wohl der Menschheit eingesetzt wurde. Zu den vieldiskutierten Themen gehörten Kernkraft, Atomwaffen, Umweltzerstörung, Überwachungsstaat und vieles mehr. In den 1950er- und 1960er-Jahren wurde der »verrückte Wissenschaftler«, der eine gefährliche Technologie entwickelt hat, sogar zu einer Kultfigur in Literatur und Film. Diese Zweifel am Schaffen der Wissenschaftler bestanden nicht zu Unrecht; in der Implementierung der vierten Tugend war und ist ja auch heute noch viel Luft nach oben. Doch die Kritik an der Technologie ist seitdem eher weniger geworden. Wir leben in einem technikaffinen Zeitalter. Auch für Klimaskeptiker, Impfgegner und erklärte Anhänger populistischer Parteien ist Technologie ein unverzichtbarer Teil des Lebens: Sie schützen ihre Häuser mit Blitzableitern vor Gewittern, nicht durch Opfergaben an Götter. Sie benutzen GPS, schlucken Antibiotika und benutzen Computer und Internet. Mehr denn je werden technologische Errungenschaften bereitwillig angenommen.

Auch die wissenschaftliche Methode steht nicht in der Kritik. Niemand würde von sich behaupten wollen, er würde nicht rational und faktenbasiert denken und handeln. Es sind die Wissenschaftler, denen misstraut wird. Die Vorwürfe lauten etwa:

- »Die haben doch nur ihre eigenen Interessen im Sinn, lassen sich kaufen und verkaufen das Volk für dumm.«
- »Die wissen doch selber nicht Bescheid und widersprechen sich ständig.«
- »Es versteht doch kein Mensch, was die sagen.«

Das »Wissenschaftsbarometer«, publiziert von *Wissenschaft im Dialog*, einer Initiative der deutschen Wissenschaften und der Robert Bosch-Stiftung, veröffentlichte 2019 die Ergebnisse einer repräsentativen Umfrage. Acht Prozent der Deutschen gaben an, Wissenschaft und Forschung »eher nicht« oder »nicht« zu vertrauen (2017 waren es zwölf Prozent und 2018 sieben Prozent gewesen). Der Anteil der Wissenschaftsskeptiker in der Bevölkerung liegt also im Zehn-Prozent-Bereich, eher niedriger.

Fragt man allerdings nach der Vertrauenswürdigkeit der Wissenschaftler selbst, sieht die Sache ganz anders aus. Über 60 Prozent der Befragten sind der Meinung, dass der Einfluss der Wirtschaft auf die Wissenschaft »eher zu groß« oder »viel zu groß« ist. Auf europäischer Ebene ist das Bild nicht anders. So kommt eine 2010 von der Europäischen Kommission in Auftrag gegebene Meinungsumfrage zu dem Ergebnis:

»Die Europäer gehen mit großer Entschiedenheit davon aus, dass man nicht darauf vertrauen kann, dass Wissenschaftler bei kontroversen wissenschaftlichen und technischen Problemen die Wahrheit sagen, weil sie zunehmend von den Fördermitteln der Industrie abhängig sind.«[78]

Das bedeutet: Im Wesentlichen vertrauen Menschen der Wissenschaft, unterstellen aber den Wissenschaftlern Eigennutz und Interessenskonflikte. Das hat 1990 bereits Karl Popper so gesehen:

»Ich bin ein begeisterter Anhänger der Wissenschaft. Physik und Biologie sind für mich großartige Wissenschaften, und ich halte die meisten Physiker und Biologen für sehr gescheit und gewissenhaft. Aber: Sie stehen unter Druck. Diesen Druck gibt es erst seit dem Zweiten Weltkrieg, seitdem so viel Geld für die Wissenschaft ausgegeben wird.«[80]

NUR DIE EIGENEN INTERESSEN IM SINN?

Schauen wir uns den ersten Vorwurf an, dem Wissenschaftler ausgesetzt sind: »Die Wissenschaftler sind bezahlt!« Er erweist sich bei näherer Betrachtung als eine Banalität: Auch Forscher müssen Geld für ihren Lebensunterhalt verdienen, sie sind also immer »bezahlt«. Die Frage ist: Wer bezahlt sie?

Dass die meisten Forschungsbetriebe hierzulande staatliche Einrichtungen sind, hat sich für unsere Gesellschaft als sehr hilfreich erwiesen. Politik hat die Aufgabe, die Bedürfnisse der Bevölkerung zu definieren und Steuergelder entsprechend anzuwenden. Kontrolliert wird sie in Demokratien durch die Bevölkerung selbst. Was uns blüht, wenn ein totalitärer Staat den wissenschaftlichen und technologischen Fortschritt steuert, zeigt das Beispiel China, wo digitale Technologien zur Überwachung und Unterdrückung der Bevölkerung eingesetzt werden. Doch auch in Demokratien kann ein unkontrollierter Staat, z. B. in militärischen Geheimprojekten, Unheilvolles entwickeln, wie das Beispiel des amerikanischen Atombombenprogramms im Zweiten Weltkrieg, das »Manhattan Projekt«, gezeigt hat. Transparenz und öffentliche Kontrolle der Wissenschaft – und entsprechend die stattliche Bezahlung der Wissenschaftler – sind also sehr wichtig.

Das Zusammenwirken von Unternehmergeist und wissenschaftlicher Kreativität hat in den letzten 200 Jahren eine enorme Wohlstandsvermehrung ausgelöst – aber auch massive soziale Ungleichgewichte zur Folge gehabt. Eisen- und Stahlbarone haben zwar einen gewaltigen Mehrwert erzeugt, sich aber auch auf Kosten einer verelendenden Arbeiterschaft und bereits damals ohne Rücksicht auf die Umwelt oder die Notwendigkeit von Sicherheitsvorkehrungen bereichert. In ihrem Gewinnstreben übergehen Unternehmer immer wieder ethische Richtlinien oder gar geltendes Recht, auch und gerade wenn es um den Einsatz und die Kommerzialisierung ihrer Produkte und Technologien geht. Wissenschaftler sind an solchem Vorgehen nicht selten beteiligt, sei es mit Gefälligkeitsgutachten oder aufgrund fehlender Transparenz gegenüber der Öffentlichkeit. Heute sind es u. a. die Technologie-Investoren, deren rücksichtslose Renditegier uns beschäftigen sollte. Gesellschaftliche Sprengkraft hat aber nicht nur die Akkumulation finanzieller Mittel durch einige wenige Unternehmen oder Personen. Auch die Ideologie der

Silicon-Valley-Transhumanisten, die den Menschen selbst verändern wollen – z. B. durch Implantation von Mikrochips oder
durch Eingriffe in die Genetik –, erfordert staatliche Regulation.

Zum rationalen Denken gehört auch das Hinschauen. Wie
gehen wir mit möglichen Eigeninteressen und Interessenkon-
flikten der einzelnen Wissenschaftler um? Es gibt Fälle, in denen
einzelne Wissenschaftler »auftraggeberfreundliche« Ergebnisse
lieferten oder sogar bewusst wissenschaftliche Ergebnisse fälsch-
ten, um persönliche Vorteile zu erlangen. Beispiele sind etwa
Studien von Pharmafirmen zur Wirksamkeit von Medikamen-
ten, von Tabakkonzernen zur Unbedenklichkeit des Rauchens,
von Energieforschern zum Nutzen der Kernkraft oder dem geringen Einfluss der Kohleverbrennung auf unsere Umwelt oder
von Banken, die mit entsprechenden Auftragsstudien und
Stiftungsprofessuren versuchen, die Risiken in der globalen Ka-
pitalmarktarchitektur herunterzuspielen. Solche Fälle werden
von Populisten als Beleg dafür verwendet, dass der Wissenschaft
insgesamt nicht zu glauben ist. Doch wegen einzelner Fälle den
Wissenschaftlern grundsätzlich das Vertrauen zu entziehen, entspricht einem klassischen Kategorienfehler.

DAS MISSVERSTÄNDNIS VON DER WISSENSCHAFTLICHEN WAHRHEIT

Nun zum zweiten Vorwurf: »Wissenschaftler wissen selbst nicht
Bescheid und widersprechen sich ständig.« Tatsächlich sind wissenschaftliche Wahrheiten keine Dogmen, sondern stehen ständig auf dem Prüfstand. Je nach Faktenlage können sie jederzeit
verworfen und neu formuliert werden. Wie schon Galileo Galilei
erkannte, liegt gerade in dieser ständigen Erneuerung die große
Stärke der Wissenschaften. Schritt für Schritt nähern wir uns
einer immer genaueren Beschreibung der Welt.

Dass jede wissenschaftliche Erkenntnis unter Wissenschaftlern immer auch angezweifelt und kontrovers diskutiert werden
kann, sorgt bei Laien für Verunsicherung. Manche Politiker nehmen die Diskussionen zum Anlass, die Hände in den Schoß zu
legen, wenn es um wichtige wissenschaftliche Erkenntnisse wie
beispielsweise den Klimawandel geht: »Schaut, die Wissenschaft-

ler sind sich ja selbst nicht einig! Woher sollen wir dann wissen, was zu tun ist?« Hierbei handelt es sich um einen weiteren Kategorienfehler: Die Tatsache, dass sich einzelne Wissenschaftler irren können und wissenschaftliche Theorien nie »die endgültige Wahrheit« wiedergeben, stellt nicht die Wissenschaft als Methode infrage.

Was Populisten ebenfalls in die Hände spielt: Wissenschaftler gehen heute nicht mehr davon aus, dass es überhaupt letzte Wahrheiten gibt:

- Die moderne Physik musste sich Anfang des 20. Jahrhunderts von Newtons Vorstellung eines absoluten Raums bzw. einer absoluten Zeit verabschieden. Einsteins Relativitätstheorie ersetzte die Auffassung von absoluten Gewissheiten durch die relationale Raum-Zeit. Hier kommt der »gesunde Menschenverstand« – die Denkbasis der Populisten – nicht mehr mit. Nur noch gute Mathematiker vermögen der Einstein'schen Logik zu folgen.
- Noch einschneidender war die Erkenntnis, dass im Mikrokosmos ganz andere Gesetze als in unserem Makrokosmos gelten. So kann ein Quantenobjekt z.B. gleichzeitig Welle und Teilchen sein. Die Wissenschaftler mussten lernen, mit komplementären Wahrheiten zu leben, also: nicht A oder B ist wahr, sondern A und B können beide gleichzeitig wahr sein.
- Der endgültige Todesstoß für den philosophischen Anspruch auf absolute Wahrheiten war der neue Objektbegriff in der Quantenphysik: Physiker gehen davon aus, dass es im Mikrokosmos keine realen und unabhängig existierenden Objekte, keine objektive Realität und damit auch keine absolute Sicherheit im Wissen gibt.

Es ist paradox: Je mehr Wissen wir erlangten, desto weniger durften wir darauf hoffen, dass es eine letzte Wahrheit gibt. Der Preis für unseren Wissenszuwachs ist also hoch – wir haben nun nichts mehr, woran wir uns festhalten können. In einem über drei Jahrhunderte laufenden Prozess hat sich die Menschheit

Schritt für Schritt all ihrer mühsam aufgebauten Gewissheiten beraubt:

* Mit Kopernikus verloren wir unsere Zentralstellung im Universum.
* Darwin zeigte uns, dass wir nicht im Zentrum der Schöpfung stehen, sondern vielmehr Ergebnis eines Prozesses sind, den Tiere und Pflanzen gleichermaßen durchlaufen.
* Freud zufolge sind wir noch nicht einmal Herr im eigenen Haus unseres Geistes, dem Raum unserer subjektiven Empfindungen und Gedanken.
* Zuletzt sagten uns Relativitäts- und Quantentheorie, dass es keinerlei reale und unabhängig existierende Objekte gibt.

Uns ist die absolute und ewige Wahrheit abhandengekommen. Das ist auch gut so, denn so funktioniert die Welt nun mal nicht. Umso wichtiger sind die wissenschaftlichen Wahrheiten, denn sie helfen uns, uns in unserer Welt zurechtzufinden.

Es gibt also zwei Wahrheiten: die der Wissenschaftler, der sie sich mühsam nähern, ohne sie jemals ganz erreichen zu können, und die der Populisten, die sie sich fest, unverrückbar und einfach zu verstehen wünschen. Der Unterschied liegt auch in der Motivation der Beteiligten: Wissenschaftler wollen in einer Welt voller Unsicherheiten ihr Wissen vergrößern – uneingeschränkt, intellektuell aufrichtig, rational und methodisch. Dazu stehen ihnen die mächtigen Tugenden der Wissenschaften zur Verfügung. Den Populisten dagegen geht es nicht um Wissensvermehrung, sondern um Glaubensbestätigung. Sie setzen klare, unumstößliche und oft auch einfache Wahrheiten voraus. Was nicht »ihrer Wahrheit« entspricht, wird mit Mitteln der Macht bekämpft. Argumente und Fakten zählen nicht.

Der Wahrheitsbegriff der Populisten ist buchstäblich ein Rückschritt ins frühe Mittelalter, als Wissen dem Zweck diente, einen bestimmten Glauben zu bestätigen, und die von geistigen Führern propagierten Wahrheiten buchstäblich nachgebetet wurden.

KEEP IT SIMPLE – DANN DARF'S RUHIG AUCH ABSURD SEIN!

Der dritte Vorwurf an die Wissenschaftler lautet: »Das versteht doch kein Mensch, was die sagen.« Die steigende Komplexität wissenschaftlicher Aussagen spielen heutigen Populisten und Vereinfachern in die Hände. Eindeutige Wahrheiten, leicht zu verstehende spirituelle Grundlagen und unverrückbare Prinzipien sind offenbar wichtig für uns, damit wir uns in der Welt zurechtfinden. Das Vakuum, das der Verlust alter Gewissheiten hinterlässt, erzeugt Verunsicherung. So kommt es, dass für einen wachsenden Anteil unserer Gesellschaft ein Fluchtweg in die Vereinfachung führt. *Keep it simple*, so könnte das Motto aller Populisten lauten. Wenn die Erklärung der Welt nur einfach genug ist, dann darf sie ruhig auch absurd sein.

So mancher Laie, der sich mit Mathematikern und Physikern messen will und beispielsweise an der komplexen Mathematik der Relativitätstheorie oder Quantenphysik scheitert, behauptet lieber, dass Einstein und seine Kollegen unrecht hatten, als mangelnde Fähigkeiten zuzugeben. Oder: Für jene, die dem Populismus auf den Leim gehen, sind Sprüche wie *Make America Great Again* und »Es gibt keinen menschenverursachten Klimawandel« attraktiver, als die Diskussion über komplexe internationale Handelsbeziehungen oder nicht-lineare globale Effekte durch die Klima-Erwärmung zu verfolgen.

Der Erfolg der Populisten beruht auf einer verzerrenden Simplifizierung gesellschaftlicher und wissenschaftlicher Zusammenhänge. Wissenschaft ist das genaue Gegenteil. Sie ist offen und lebt vom Zweifel und der Skepsis derjenigen, die bestehende Theorien hinterfragen. Aber sie ist auch messerscharf in ihrer Ablehnung von Unsinn und rechthaberischem Wahn. Ihre Methodik erlaubt es nicht, ohne Faktenbasis allem zu widersprechen, was zu komplex erscheint oder nicht ins Weltbild passt. Vielmehr bedarf es großer intellektueller Disziplin, sich auf ihre kritische Methode einzulassen und sich dem so fruchtbaren wie scharfen Diskurs auf dem Weg zur Wahrheit zu stellen. Dazu gehört auch eine kritische Distanz zum eigenen Wissen. Genau dieses wissenschaftlich-rationale Denken ist das, was Populisten entweder intellektuell nicht schaffen oder was sie vermeiden, weil es nicht ihren Zielen dient. In beiden Fällen ist ihre Antwort aggressive Propaganda, die sich gegen diejenigen richtet, die den Tatsachen zu ihrem Recht verhelfen wollen.

Der Populismus in der Politik stellt unsere Demokratie auf den Prüfstand. Doch der Populismus gegen die Wissenschaft hat noch mehr Sprengkraft. Die wachsende Skepsis gegenüber Wissenschaftlern und wissenschaftlichen Einsichten ist brandgefährlich. Denn in einem Umfeld, in dem Wissenschaft offen diskreditiert wird, ist eine Lösung der Probleme unserer heutigen Zeit nicht möglich. Überbevölkerung, Klimawandel, die Versorgung der Menschen mit Nahrungsmitteln, Trinkwasser und Energie und nicht zuletzt die Bedrohung unseres Mensch-Seins durch Gentechnologie, künstliche Intelligenz und virtuelle Realitätstechnologien warten auf ihre Lösung.[81] Das schafft nicht der Populismus, sondern allein das wissenschaftlich-rationale Denken.

Laien müssen so wie Wissenschaftler lernen, auf intellektuelle Disziplin und Redlichkeit zu setzen. Die wissenschaftlichen Tugenden sind sehr mächtige Werkzeuge, die zukünftigen Herausforderungen zu meistern. Dass uns das gelingt, wird über das Überleben unserer Art entscheiden.

ANHANG

Literaturauswahl

Abaelard, Peter (1981), *Sic et non (Ja und Nein)*, Neuausgabe, Minerva, Frankfurt a. M.

Aristoteles (1970), *Metaphysik*, Reclam, Stuttgart

Bacon, Francis (1620), *Novum Organum Scientiarum*, engl. Übersetzung: T. Fowler et al., Clarendon Press, Oxford (1878)

Bayes, T., (1908) *Versuch zur Lösung eines Problems der Wahrscheinlichkeitsrechnung*, Verlag von Wilhelm Engelmann, Leipzig

Bernstein, P. (1997), *Against the Gods. The remarkable Story of Risk*, John Wiley & Sons, New York

Butterfield, Herbert, *»The Origin of Modern Science«*, The Free Press, Revised edition (1997), Erstausgabe 1957

Cohen, Floris (2010), *Die zweite Erschaffung der Welt*, Campus, Frankfurt a. M.

de Padova, Thomas (2009), *Das Weltgeheimnis. Kepler, Galilei und die Vermessung des Himmels,* Piper, München

de Padova, Thomas (2013), *Leibniz, Newton und die Erfindung der Zeit,* Piper, München

Descartes, René (1670), *Meditationes de prima philosophia*, hrsg. von Andreas Schmidt, Sammlung Philosophie, Vandenhoeck & Ruprecht, Göttingen, 2011

Feynman, Richard (2005), *The Pleasure of Finding Things Out,* Basic Books, New York, Revised edition

Flasch, Kurt (2009), *Kampfplätze der Philosophie. Große Kontroversen von Augustin bis Voltaire,* 2. Aufl., Klostermann, Frankfurt a. M.

Flashar, Hellmut (2013), *Aristoteles. Lehrer des Abendlandes,* C. H. Beck Verlag, München

Galilei, Galileo (1638), *Il Saggiatore*, Rom (deutsch: *Unterredungen und mathematische Demonstrationen über zwei neue Wissenszweige, die Mechanik und die Fallgesetze betreffend,* Engelmann, Leipzig, 1890)

Giesecke, Michael (1998), *Der Buchdruck in der frühen Neuzeit. Eine historische Fallstudie über die Durchsetzung neuer Informations- und Kommunikationstechnologien,* Suhrkamp, Berlin

Greenblatt, Stephen (2011), *Die Wende. Wie die Renaissance begann,* Siedler, München

Höffe, Otfried (2007), *Immanuel Kant,* C. H. Beck, München

Jaeger, Lars (2015), *Die Naturwissenschaften. Eine Biographie,* Springer, Heidelberg

Jaeger, Lars (2016), *Wissenschaft und Spiritualität. Universum, Leben, Geist. Zwei Wege zu den großen Geheimnissen,* Springer, Heidelberg

Jaeger Lars (2017), *Supermacht Wissenschaft. Unsere Zukunft zwischen Himmel und Hölle,* Gütersloher Verlagshaus, Gütersloh

Jaeger, Lars (2019), *Die zweite Quantenrevolution. Vom Spuk im Mikrokosmos zu neuen Supertechnologien,* Springer, Heidelberg

Jaeger Lars (2019), *Mehr Zukunft wagen. Wie wir alle vom Fortschritt profitieren,* Gütersloher Verlagshaus, Gütersloh

Jost Jürgen (2019), *Leibniz und die moderne Naturwissenschaft,* Springer, Heidelberg

Juncker, Thomas (2004), *Geschichte der Biologie,* C.H. Beck, München

Kant, Immanuel (1784), *Was ist Aufklärung,* Hartknoch, Riga, Ausgabe der Königlich Preußischen Akademie der Wissenschaften, Berlin 1902

Kepler, Johannes (1938), *Weltharmonik,* Oldenburg, München (orig. *Harmonices Mundi,* 1619)

Lay, Rupert (1981), *Die Ketzer. Von Roger Bacon bis Teilhard,* Georg Müller Verlag, München

Lindberg, David C. (2007), *The Beginnings of Western Science,* University of Chicago Press, Chicago (deutsche Ausgabe 2000: *Die Anfänge des abendländischen Wissens,* dtv, München)

Lucretius, Titus Lucretius Carus (1927), *Von der Natur der Dinge,* Übersetzung von K. L. von Knebel, hrsg. von Prof. Dr. Otto Guthling, 2., berichtigte Aufl., (Römische Klassiker in Reclams Universal-Bibliothek Nr. 4257–59), Verlag Philipp Reclam jun., Leipzig

Mai, Klaus Rüdiger (2016), *Gutenberg. Der Mann, der die Welt veränderte,* Propyläen Verlag, Berlin

Mansfeld, Jaap (1983), *Die Vorsokratiker,* Reclam, Stuttgart

McEvilley, T. (2002), *The Shape of Ancient Thought,* Allworth Press, New York

Morus, Thomas (1516), *De optimo rei publicae statu deque nova insula Utopia (Vom besten Zustand des Staates und der neuen Insel Utopia),* CreateSpace Independent Publishing Platform (2018)

Needham, Joseph (1954–2008), *Science and Civilisation in China,* Cambridge University Press – bisher in 27 Bänden erschienen

Newton, Isaac (1687), *Philosophiae Naturalis Principia Mathematica,* in deutscher Übersetzung: Wolfers, J. (Hrsg.), *Mathematische Principien der Naturlehre,* R. Oppenheim, Berlin 1872; Dellian, E. (Hrsg.), *Mathematische Grundlagen der Naturphilosophie,* Meiner, Hamburg 1988

Noel, William (2008), *Der Kodex des Archimedes. Das berühmteste Palimpsest der Welt wird entschlüsselt,* C.H. Beck, München

Pinker, Steven (2018), *Aufklärung jetzt. Für Vernunft, Wissenschaft, Humanismus und Fortschritt. Eine Verteidigung,* Fischer, Berlin

Rexroth, Frank (2018), *Fröhliche Scholastik. Die wissenschaftliche Revolution des Mittelalters,* C.H. Beck, München

Ritter, Joachim, Gründer, Karlfried (1995), *Historisches Wörterbuch der Phi-*

losophie, Schwabe Verlag, Basel

Russo, Lucio (2005), *Die vergessene Revolution oder die Wiedergeburt des antiken Wissens,* Springer, Heidelberg

Saliba, G. (2007), *Islamic Science and the Making of the European Renaissance,* MIT Press, Cambridge

Sarton, S. (1965), *Das Studium der Geschichte der Naturwissenschaften,* Klostermann, Frankfurt a. M.

Schlegel, H. G. (2004), *Geschichte der Mikrobiologie,* Acta Historica Bd. 28, 2. Aufl., Wissenschaftliche Verlagsgesellschaft, Darmstadt

Schneider, I. (1988), *Isaac Newton,* C.H. Beck, München

Störig, H.J. (2007), *Kleine Weltgeschichte der Wissenschaft.* Fischer, Köln

Stukeley, W. (1752), *Memoirs of Isaac Newton's life,* Royal Society Library, London; Hier nach: Taylor & Francis Ltd. 1936

Vogel, Klaus A. (1995), *Sphaera terrae. Das mittelalterliche Bild der Erde und die kosmographische Revolution,* Dissertation, Universität Göttingen

von Weizsäcker, Carl Friedrich (1981), *Ein Blick auf Platon. Ideenlehre, Logik und Physik,* Reclam, Stuttgart

von Weizsäcker, Carl Friedrich (2004), *Große Physiker,* matrixverlag, Wiesbaden

Anmerkungen

1 Siehe auch: Lars Jaeger, *Mehr Zukunft wagen. Wie wir alle vom Fortschritt profitieren*, Gütersloher Verlagshaus, Gütersloh (2019).

2 Plutarch, *Caesar*, 9, 6–8, Reclam, Ditzingen (2014); zweiter Teil von Plutarchs Parallelbiografie über Alexander und Caesar.

3 Johannes Chrysostomos, *Discourse on Blessed Babylas, Against the Greeks and Demonstration Against the Pagans That Christ is God*, Fathers of the Church Series, Volume 73, S. 83, The Catholic University of America Press (1985).

4 Dieser Ausdruck wird leider oft falsch übersetzt als »Ich weiß, dass ich *nichts* weiß«. Im griechischen Original heißt es οἶδα οὐκ εἰδώς, wörtlich »Ich weiß als Nicht-Wissender« bzw. »Ich weiß, dass ich *nicht* weiß«.

5 Lateinisches Original: *Dubitando enim ad inquisitionem venimus, inquirendo veritatem percipimus*, Peter Abaelard, *Sic et non* (Ja und Nein), Neuausgabe, Minerva, Frankfurt (1981).

6 Richard Feynman in einem Interview 1981 mit der BBC in der Serie *Horizon* mit dem Titel *The Pleasure of Finding Things Out;* auch im gleichnamigen Buch von R. Feynman, Basic Books, New York; Revised edition (2005).

7 Kurt Flasch, *Kampfplätze der Philosophie. Große Kontroversen von Augustin bis Voltaire*, 2. Aufl., Klostermann, Frankfurt a. M. (2009).

8 Ernst Fischer, *Kunst und Koexistenz. Beitrag zu einer modernen marxistischen Ästhetik*, Rowohlt, Reinbek bei Hamburg (1966).

9 Christopher Columbus (Friedemann Berger), *Dokumente seines Lebens und seiner Reisen,* Band 1, Leipzig Verlag Sammlung Dieterich (1991).

10 Die Magnetfeldlinien der Erde verlaufen nicht in strenger Nord-Süd-Richtung, sondern in deutlichen Bögen. Grund dafür ist u. a., dass der geografische und der magnetische Nord- bzw. Südpol nicht am gleichen Ort liegen. Um die jeweilige Differenz in einem Kurs berücksichtigen zu können, gibt es Deklinationskarten, die für jeden Ort der Welt die entsprechende Abweichung angeben.

11 Im damaligen Sprachgebrauch wurden alle drei Länder zu »Indien« zusammengefasst.

12 Aristoteles, *De caelo*, Buch 2, 28 (542), Übersetzung Lars Jaeger.

13 *Divinae institutiones* 3, 24, hier zitiert nach Klaus A. Vogel, *Sphaera terrae. Das mittelalterliche Bild der Erde und die kosmographische Revolution*, Dissertation, Universität Göttingen (1995), S. 72.

14 Eine Seemeile entspricht heute 1.852 Kilometern. Ursprünglich war sie definiert als die Länge eines 1/60 Breitengrades (einer Winkelminute).

15 Ptolemäus hatte diesen Wert vom griechischen Gelehrten und in der römischen Gesellschaft sehr anerkannten Philosophen Poseidonios aus dem frühen 1. Jahrhundert v. Chr. übernommen.

16 Zitiert nach Samuel Edgerton, *The Renaissance rediscovery of the linear perspective*, Basic Books, Ann Arbor, Michigan (1975), S. 122.

17 Briefe, deren Urheberschaft nicht gesichert sind, aber Vespucci zugeschrieben werden, berichten, dass dieser schon 1497 als erster Europäer in Südamerika an Land gegangen war. Kolumbus betrat erst auf seiner vierten Reise 1502 (in Zentralamerika) das Festland der Neuen Welt.

18 Albericus Vespuccius, *Albericus Vespuccius laurentio petri francisci de medicis Salutem plurimam dicit*, Paris: F. Baligault und Jehan Lambert (1503); moderne Ausgabe: Robert Wallisch (Hrsg.): *Der Mundus Novus des Amerigo Vespucci*. Text, Übersetzung und Kommentar. 3., überarb. Aufl., Verlag der Österreichischen Akademie der Wissenschaften, Wien (2012).

19 Klaus A. Vogel, *Sphaera terrae. Das mittelalterliche Bild der Erde und die kosmographische Revolution*, Dissertation, Georg-August-Universität Göttingen (1995), verfügbar unter https://ediss.uni-goettingen.de/bitstream/handle/11858/00-1735-0000-0022-5D5F-5/vogel_re.pdf

20 Eratosthenes hatte die Länge des Schattens gemessen, den die Sonne am Tag der Sommersonnenwende in Alexandria warf. Ihm war auch die Entfernung von Alexandria zur Stadt Syene (das heutige Assuan) bekannt, die in etwa auf dem nördlichen Wendekreis liegt und daher an diesem Tag keinen Schatten warf. Unter der Annahme, dass Syene und Alexandria ungefähr auf dem gleichen Längengrad liegen (de facto liegen sie ca. 3 Grad auseinander), konnte Eratosthenes aus diesen beiden Informationen mit einer einfachen geometrischen Betrachtung den Umfang der Erde bestimmen.

21 Alexander von Humboldt, *Kosmos. Entwurf einer physischen Weltbeschreibung. Alle vier Bände*, Bd. 2, Wentworth Press, Sydney (2016), S. 338f (Erstausgabe 1845–1851); auch zitiert nach Klaus A., *Sphaera terrae. Das mittelalterliche Bild der Erde und die kosmographische Revolution*, Dissertation, Georg-August-Universität Göttingen (1995).

22 Im lateinischen Original: *Si enim fallor, sum. Nam qui non est, utique nec falli potest.* Augustinus: *Vom Gottesstaat*, 11, 26.

23 In der Philosophie spricht man auch vom »ontologischen Gottesbeweis«.

24 Siehe auch: Lars Jaeger, *Die zweite Quantenrevolution*, Springer, Heidelberg (2019).

25 So sieht das auch der Alhazen-Experte A. Mark Smith, nach dem der arabische Physiker »für die Entwicklung der künstlichen Perspektive in der italienischen Malerei der frühen Renaissance von zentraler Bedeutung« ist; siehe: A. Mark Smith, *The Latin Source of the Fourteenth-Century Italian Translation of Alhacen's De aspectibus* (Vat. Lat. 4595), Arabic Sciences and Philosophy, Cambridge University Press, 11, S. 27–43.

26 Ibn al-Haitham *Dubitationes in Ptolemaeum*; zitiert in A.I. Sabra: *The Optics of Ibn Al Haytham. Books I–III On Direct Vision*. The Warburg Institute, University of London (1989); S. 3 in den Commentaries, Übersetzung Lars Jaeger.

27 A.I. Sabra: *The Optics of Ibn Al Haytham. Books I–III On Direct Vision*. The Warburg Institute, University of London (1989); S. 5, Übersetzung Lars Jaeger.

28 In den *Dubitationes in Ptolemaeum* (»Zweifel an Ptolemäus«; arabisches Original: Al-Shukūk 'alā Batlamyūs).

29 »Verschiebbare Null« bedeutet, dass eine Null mehr eine zehnfach größere Zahl bedeutet. Fibonacci nannte dieses Verfahren *Modus indorum*, »die indische Methode«.

30 Die islamische Tradition betrachtet Algazel bis heute als *Mujaddid*, einen »Erneuerer des Glaubens«, der nach der prophetischen *Hadith*-Schrift einmal im Jahrhundert erscheint, um den Glauben der *Ummah* (»die islamische Gemeinschaft«) wiederherzustellen.

31 George Sarton, *Introduction to the History of Science II*, (1931), deutsch: *Das Studium der Geschichte der Naturwissenschaften*, Klostermann, Frankfurt a. M. (1965).

32 Deduktion (lateinisch *deductio*: »Abführen, Fortführen, Ableitung«) bedeutet, bei gegebenen Prämissen auf die logisch zwingenden Konsequenzen zu schließen.

33 In *Opus Maius*, Teil VI (»Scientia experimentalis«).

34 Für eine umfassende Darstellung der Reise Poggios siehe auch: S. Greenblatt, *Die Wende. Wie die Renaissance begann*, Siedler Verlag, München (2012).

35 »Carmina sublimis tunc sunt peritura Lucreti / exito terra cum dabit una dies«, Ovid, *Ars Amores*, 1; 15.23f.

36 Später wurden noch zwei weitere Manuskripte von *De rerum natura* aus dem 9. Jahrhundert gefunden; sie befinden sich heute in der Universität Leiden in Holland. Zur Zeit dieser Entdeckungen hatte das Werk des Lukrez dank Poggio längst seine intellektuelle Kraft entfaltet.

37 Die konservative Ansicht ist, dass Buddha von 563 bis 483 v. Chr. lebte. Neuere Forschungen sprechen von ca. 450 bis 370 v. Chr. In diesem Fall wären Buddha und Demokrit, der Lehrer Epikurs, Zeitgenossen gewesen. Aufgrund der teils frappierenden Übereinstimmungen zwischen der epikureischen Weltbetrachtung und der Lehre Buddhas untersuchen neuere Forschungen eventuelle gegenseitige Beeinflussungen der beiden Denksysteme. Siehe auch T. McEvilley, *The Shape of Ancient Thought. Comparative Studies in Greek and Indian Philosophy*, Allworth Press, New York (2001).

38 Das griechische Wort »Eutopia«, Εὐτοπεία, heißt »glücklicher Ort«.
39 A.W. Turnbull, Hg. *The Correspondence of Isaac Newton*, Cambridge (1961).
40 Voltaire, *Lettres de Memmius à Cicéron* (1771).
41 Auf dem Buch ist der Vers zu lesen: *Te Sociam Studeo Scribundis Versibus Esse, Quos Ego De Rerum Natura Pangere Conor*. (»Hilf mir, wenn ich versuche, die Natur in Verse zu fassen.«)
42 Titus Lucretius Carus, *Von der Natur der Dinge*, Buch II, Zeile 109–111. Übersetzung von K.L. von Knebel, hrsg. von Prof. Dr. Otto Guthling, 2., berichtigte Aufl. (Römische Klassiker in Reclams Universal-Bibliothek Nr. 4257–59), Verlag Philipp Reclam jun., Leipzig (1927).
43 Titus Lucretius Carus, *Von der Natur der Dinge*, Buch I, Zeile 448–452. Übersetzung von K.L. von Knebel, hrsg. von Prof. Dr. Otto Guthling, 2., berichtigte Aufl. (Römische Klassiker in Reclams Universal-Bibliothek Nr. 4257–59), Verlag Philipp Reclam jun., Leipzig (1927).
44 Lukrez, *De rerum natura*, I. Die Prinzipien, Mahnung an Memmius, S. 40–41; übersetzt von H. Diels, Aufbau Berlin (1957).
45 Zitiert nach: Rupert Lay, *Die Ketzer. Von Roger Bacon bis Teilhard*, Georg Müller Verlag (1981), S. 33.
46 Hier zeigt sich Francis Bacon als Vorläufer von Immanuel Kant und dessen Transzendentalphilosophie.
47 Hier greift Francis Bacon auf den Kritischen Rationalismus Karl Poppers aus dem 20. Jahrhundert vor.
48 Francis Bacon, *Novum Organum Scientiarum* (»Neues Werkzeug der Wissenschaften«), 2. Teil. 95. Abschnitt.
49 Erstmals wird von »Naturgesetzen im 17. Jahrhundert in den Werken von Robert Boyle und Robert Hooke sowie bei René Descartes gesprochen. Gemeint sind empirisch beobachtbare Regelmäßigkeiten.
50 Übersetzung Lars Jaeger; im Original: »*Statuuntque latiores terminos scientiae Dei quam potestatis, vel potius eius partis potestatis Dei (nam et ipsa scientia potestas est) qua scit, quam eius qua movet et agit: ut praesciat quaedam otiose, quae non praedestinet et praeordinet.*« Anmerkung: Das lateinische Wort »scientia« kann als »Wissen«, aber auch als »Wissenschaft« übersetzt werden. In der englischen Auflage spricht Bacon von »knowledge«.
51 Übersetzung Lars Jaeger; im Original: »*Scientia et potentia humana in idem coincidunt, quia ignoratio causae destituit effectum.*«
52 Übersetzung Lars Jaeger; im Original: »*Natura enim non nisi parendo voncitur; et quod in contemplatione instar causae est, et in operatione instar regulae est.*«

53 Übersetzung aus dem Englischen: »...*we are thrall unto her in necessity; but if we would be led by her in invention, we should command her in action.*« Aus: Francis Bacon, *In Praise of Knowledge* (1592).

54 Übersetzung Lars Jaeger; im Original: »*Natura rerum magis se prodit per vexationes artis quam in libertate propria.*«

55 Siehe dazu auch. W. Noel, *Der Kodex des Archimedes: Das berühmteste Palimpsest der Welt wird entschlüsselt*, C. H. Beck (2008).

56 Der Abstand Sonne – Erde im Nordhalbkugelwinter (das sogenannte »Perihel«) ist etwas geringer als im Sommer (das »Aphel«). Mit ihrer geringen Exzentrizität beträgt der Unterschied zwischen Perihel und Aphel der Erdbahn nur ca. 1,67 Prozent. Doch auch dieser macht sich deutlich bemerkbar, u. a. darin, dass die Erde eine ungleichförmige Bahngeschwindigkeit hat. Sie hält sich daher in der Sonnenferne des Aphels länger auf als in der Sonnennähe des Perihels, sodass Frühling und Sommer mehr Tage haben als Herbst und Winter (aus diesem Grund hat der Februar in unserem Kalender nur 28 bzw. 29 Tage).

57 Wer sich heute über eine derartige Erklärung amüsiert, sollte bedenken, dass die Astrophysiker unserer Zeit zur Erklärung ihrer kosmologischen Beobachtungen postulieren müssen, dass unser Universum größtenteils aus nicht beobachtbarer »Dunkler Materie« und »Dunkler Energie« besteht, deren Eigenschaften sie nicht weiter spezifizieren können.

58 Wie sehr die arabischen Astronomen die Astronomie beeinflussten, zeigt schon der lateinische Titel des Hauptwerks des Ptolemäus: *Almagest*. Er ist eine Verballhornung des arabischen Wortes *al-magisti*, das »Die große Synthese« bedeutet und eine Übersetzung des heute weitgehend unbekannten Originaltitels *Syntaxis mathematica* ist.

59 Der Planet Merkur erweist sich in seiner Beschreibung als besonders schwierig, da die Abweichung seiner Bahn von einem Kreis am größten ist. Die Bahn des Mondes zu berechnen, ist sogar noch komplizierter, da dieser in besonderem Maße der Anziehungskraft von Erde, Sonne und allen übrigen Planeten ausgesetzt ist.

60 Es handelte sich um das sogenannte »Urdi-Lemma« und die mathematisch beweisbare Existenz von sogenannten »Tusi-Paaren«. Letztere sind Punkte auf einem Kreis, der sich auf einem doppelt so großen Kreis in dessen Inneren abrollt. Das Besondere dieser speziellen Konstruktion ist: Jeder Punkt des Bogens des kleinen Kreises bewegt sich mit dieser Konstruktion auf einem Durchmesser des großen Kreises, womit sich eine Rotationsbewegung in eine periodische geradlinige Bewegung transformieren lässt und umgekehrt. Diese Mathematik wird heute übrigens auch für die Berechnung der Mechanik eines Kolbenmotors angewendet.

61 Als man gelernt hatte, ein Vakuum herzustellen (ein Jahr nach Galileis Tod), konnte man zeigen, dass sich alle Körper tatsächlich exakt gemäß Galileis Gesetz verhalten.

62 1936 wurde ein Großteil der alchemistischen Handschriften Isaac Newtons aus seinem Nachlass bei Sotheby's versteigert. Die meisten Stücke ersteigerte der Wirtschaftswissenschaftler John Maynard Keynes.

63 Den Lucasischen Lehrstuhl gibt es noch heute. Die bedeutendsten Mathematiker der Welt hatten ihn nach Newton inne, darunter Paul Dirac, ein Pionier der Quantenphysik, und Stephen Hawking.

64 Der Name des elterlichen Hofes »Gensfleisch« war »Gutenberg«. Diesen Namen nahm Johannes Gensfleisch erst lange nach seiner Geburt an, nach dem Brauch, den eigenen Geburtsnamen mit dem Namen des jeweiligen Familienhofes zu ergänzen oder sogar komplett durch diesen zu ersetzen.

65 Die Historiker sind sich nicht einig darin, in welchen finanziellen Umständen Gutenberg gestorben ist. Tatsächlich ist nicht einmal sein exaktes Todesdatum bekannt.

66 Luther schrieb: »Der Buchdruck ist das letzte Geschenk (Gottes). Durch den Buchdruck nämlich sollte nach Gottes Wille der ganzen Erde die Sache der wahren Religion im Vergehen der Welt bekannt und in alle Sprachen ausgegossen werden. Er ist gewiss die letzte, unauslöschliche Flamme der Welt.« Zitiert nach Michael Giesecke, *Der Buchdruck in der frühen Neuzeit. Eine historische Fallstudie über die Durchsetzung neuer Informations- und Kommunikationstechnologien*, Suhrkamp, Berlin (1998), S. 162.

67 »Zeitung« bedeutet im Mittelhochdeutschen einfach »Nachricht«; das Wort »Presse« findet seinen Ursprung im Herstellungsverfahren von Zeitungen. In der Frühen Neuzeit stand der Begriff »Zeitung« auch für Einblattdrucke. Die erste (noch als einmalige Ausgabe erschienene) Zeitung stammt aus dem Jahr 1524; sie warnt nach der Beobachtung einer seltenen Sternenkonstellation vor einer kommenden Sintflut.

68 Georg Lichtenberg, *Sudelbücher*, hrsg. von F. H. Mautner, Insel Taschenbuch, Frankfurt a. M.(1984).

69 Zitiert nach Michael Giesecke, *Der Buchdruck in der frühen Neuzeit. Eine historische Fallstudie über die Durchsetzung neuer Informations- und Kommunikationstechnologien*, Suhrkamp, Berlin (1998).

70 Das griechische Wort Οἰκονομικά, von dem sich unser Wort »Ökonomie« herleitet, bedeutet wörtlich »Haushaltsführung«.

71 Peter L. Bernstein, *Against the Gods. The remarkable Story of Risk*, John Wiley & Sons, New York (1997); Zitat aus der Einleitung, Übersetzung Lars Jaeger.

72 Darin wurde Junmai stark von westlichen Denkbewegungen geprägt: In seiner Philosophie offenbart sich eine Nähe zur Philosophie des deutschen Idealismus, wie er von Rudolf Euckens weiterentwickelt worden ist, den er in Berlin ausgiebig studiert und mit dem er 1922 das Buch *Das Lebensproblem in China und in Europa* geschrieben hatte, sowie zur Lebensphilosophie Henri Bergsons.

73 Ding Wenjiang, *Hsuan-hsueh yii k'o Hsueh (Metaphysik und Wissenschaft)*, KHYJSK, S. 150, Übersetzung aus dem Englischen: Lars Jaeger.

74 Joseph Needham, *Science and Civilisation in China* (1954–2008), Cambridge University Press – bisher in 27 Bänden erschienen.

75 Joseph Needham, *The Grand Titration. Science and Society in East and West,* Allen & Unwin, Crows Nest sowie University of Toronto, Toronto (1969). Diese Frage hat sich Needham bereits 1940 gestellt, nachdem ihn drei chinesische Studenten, die zu ihm nach Cambridge gekommen waren, zum Studium der Geschichte der chinesischen Wissenschaft inspiriert hatten.

76 Brief Albert Einsteins an John E. Switzer, 1953.

77 Einen ausführlichen und aufschlussreichen Vergleich zwischen der griechischen Philosophie und der Philosophie Indiens sowie eine Diskussion um ihre gegenseitige Beeinflussung zeichnet der Indo- und Graecologe Thomas McEvilley in *The Shape of Ancient Thought. Comparative Studies in Greek and Indian Philosophy*, New York (2002).

78 Auffassung der deutschen Bundesregierung: https://dip21.bundestag.de/dip21/btd/19/126/1912631.pdf

79 https://ec.europa.eu/commfrontoffice/publicopinion/archives/ebs/ebs_340_en.pdf, S. 19.

80 Interview mit der Zeitung DIE WELT am 29. Januar 1990 (1991 veröffentlicht Ullstein unter dem Titel *Ich weiß, daß ich nichts weiß – und kaum das*).

81 Siehe dazu auch: Lars Jaeger, *Mehr Zukunft wagen! – Wie wir alle vom Fortschritt profitieren*, Gütersloh (2019).

Personenlexikon

ABAELARD, PETER (ca. 1079–21. April 1142): Mittelalterlicher französischer Philosoph und Theologe. Der wohl bedeutendste philosophische Denker des 12. Jahrhunderts. Seine tragische Liebe zu Héloïse wurde legendär.

ALGORISMI (Muhammad ibn Musa al-Chwarizmi; ca. 780–ca. 850): Persischer Universalgelehrter, der Werke in Mathematik, Astronomie und Geografie verfasste. Gilt als Erfinder der Algebra und als bedeutendster muslimischer Mathematiker der Geschichte.

ALHAZEN (Ibn al-Haitham; ca. 965–ca. 1040): Arabischer Mathematiker, Astronom und Physiker. Gilt mit seinen bedeutenden Beiträgen zu den Prinzipien der Optik und insbesondere der visuellen Wahrnehmung als »Vater der modernen Optik«. Als Universalgelehrter schrieb er auch über Philosophie, Theologie und Medizin.

ARCHIMEDES (ca. 287–212 v. Chr.): Griechischer Mathematiker, Physiker, Ingenieur, Erfinder und Astronom. Er ist einer der führenden Wissenschaftler der klassischen Antike und gilt allgemein als der größte Mathematiker der Antike und als einer der bedeutendsten Denker aller Zeiten. Archimedes nahm die moderne Mathematik und Analyse vorweg, indem er Konzepte der infinitesimalen Zahlen und Grenzwerte einführte.

ARISTARCHOS VON SAMOS (ca. 310–230 v. Chr.): Griechischer Astronom und Mathematiker, der das erste bekannte heliozentrische Modell entwickelte, das die Sonne in den Mittelpunkt des bekannten Universums stellte, wobei sich die Erde um sie herum drehte.

ARISTOTELES (384–322 v. Chr.): Griechischer Philosoph und Universalgelehrter während der klassischen Periode im antiken Griechenland. Von Platon unterrichtet, war er der Begründer der aristotelischen philosophischen Tradition. Seine Schriften umfassen viele Fächer, darunter Physik, Biologie, Zoologie, Metaphysik, Logik, Ethik, Ästhetik, Poesie, Theater, Musik, Rhetorik, Psychologie, Sprachwissenschaft, Wirtschaft, Politik und Regierung. Aristoteles lieferte eine komplexe Synthese der verschiedenen vor ihm existierenden Philosophien. Seine Philosophie hat einen einzigartigen Einfluss auf fast jede Form des Wissens im Westen in den letzten 2300 Jahren ausgeübt.

AVERROËS (Ibn Rushd; 11. April 1126 – 11. Dezember 1198): Muslimisch-andalusischer Universalgelehrter und Jurist. Sein bedeutendstes philosophisches Werk sind zahlreiche Kommentare zu Aristoteles, für die er im Westen als »Der Kommentator« bekannt war.

BACON, FRANCIS (22. Januar 1561–9. April 1626): Englischer Philosoph und Staatsmann, der als Generalstaatsanwalt und Lordkanzler von England diente. Er schrieb maßgebliche Werke zur Entwicklung der wissenschaftlichen Methode, die durch die wissenschaftliche Revolution hindurch einflussreich wirkten.

BACON, ROGER (ca. 1219/20 – 1292): Mittelalterlicher englischer Philosoph und Franziskanermönch, der großen Wert auf das Studium der Natur durch Empirie legte. Auch bekannt unter dem scholastischen Ritterschlag »Doktor Mirabilis«.

BARROW, ISAAC (Oktober 1630 – 4. Mai 1677): Englischer Mathematiker, berühmt für seine Vorlesungen in Optik sowie für verschiedene von ihm entwickelte konkrete Vorläufer der Infinitesimalrechnung. Vorgänger Newtons auf dem Lucasischen Lehrstuhl in Cambridge.

BRACCIOLINI, GIAN FRANCESCO POGGIO (11. Februar 1380 – 30. Oktober 1459): Italienischer Gelehrter und Humanist der frühen Renaissance. Er war verantwortlich für die Wiederentdeckung und Wiederauffindung vieler klassischer lateinischer Handschriften, die in deutschen, schweizerischen und französischen Klosterbibliotheken zumeist verschollen und vergessen waren. Sein berühmtester Fund ist »De rerum natura«, das einzige erhaltene Werk von Lukrez.

BRAHE, TYCHO (14. Dezember 1546 – 24. Oktober 1601): Dänischer Adeliger, Astronom und Schriftsteller, der die genauesten und umfassendsten astronomischen Beobachtungen seiner Zeit durchführte. Brahes Beobachtungen waren für Kepler, der für ihn arbeitete, die Grundlage für Keplers Gesetze der Planentenbewegung.

CARDANO, GIROLAMO (24. September 1501 – 21. September 1576): Italienischer Universalgelehrter und einer der einflussreichsten Mathematiker der Renaissance, auch eine der Schlüsselfiguren in der Grundlage der Wahrscheinlichkeitsrechnung.

DEMOKRIT (ca. 460 – 370 v. Chr.): Griechischer vorsokratischer Philosoph, am bekanntesten für seine Formulierung einer atomaren Theorie des Universums. Er war Gegner von Platons Philosophie und wurde kaum überliefert, da Platon alle seine Bücher verbrannt haben wollte. Dennoch gilt Demokrit als ein Vater der modernen Wissenschaften.

DESCARTES, RENÉ (1. März 1596 – 11. Februar 1650): Französischer Philosoph, Mathematiker und Wissenschaftler. Er ist eine der bemerkenswertesten intellektuellen Persönlichkeiten des 17. Jahrhunderts und wird heute als einer der Begründer der modernen Philosophie angesehen.

EINSTEIN, ALBERT (14. März 1879 – 18. April 1955): Deutsch-schweizerisch-amerikanischer theoretischer Physiker, der die Relativitätstheorie entwickelte, eine der beiden Säulen der modernen Physik (neben der Quantentheorie, die er ebenfalls maßgeblich beeinflusste). Einsteins Werk ist auch für seinen bedeutenden Einfluss auf die Wissenschaftsphilosophie

bekannt. Einstein gilt als einer der bedeutendsten Physiker der Weltgeschichte.

EPIKUR (341–270 v. Chr.): Griechischer Philosoph, der die philosophische
Strömung des Epikureismus begründete, eine bis zur Verbreitung des
Christentums höchst einflussreiche Schule der antiken Philosophie. Stark
beeinflusst von Demokrit und Pyrrhon von Elis und möglicherweise den
Zynikern, wandte sich Epikur gegen den Platonismus seiner Zeit und
gründete in Athen eine eigene Schule, die als »der Garten« bekannt war.

EUKLID VON ALEXANDRIA (3. Jhd. v. Chr.): Griechischer Mathematiker, oft als
»Begründer der Geometrie« bezeichnet. Seine Schrift »Elemente« ist eines
der einflussreichsten Werke in der Geschichte der Mathematik.

DE FERMAT, PIERRE (zwischen 31. Oktober und 6. Dezember 1607–12. Januar
1665): Französischer Mathematiker, dem frühe Entwicklungen der
Infinitesimalrechnung zugeschrieben werden. In Korrespondenz mit
Blaise Pascal legte er auch die Grundlage für die Wahrscheinlichkeitstheorie.

GALEN VON PERGAMON (129–200 oder 216): Römischer Arzt, Chirurg und
Philosoph und einer der wohl versiertesten medizinischen Forscher der
Antike. Galen prägte das europäische Denken über die Medizin bis ins
16. Jahrhundert.

GALILEI, GALILEO (15. Februar 1564–8. Januar 1642): Italienischer Astronom, Physiker und Ingenieur. Er beschrieb Geschwindigkeit, Schwerkraft,
die Physik des freien Falls, das Prinzip der Relativität, Trägheit, Geschoss-
bewegung und arbeitete auch in der angewandten Wissenschaft und
Technik. So nutzte er das Teleskop für wissenschaftliche Beobachtungen
von Himmelsobjekten. Seine Beiträge zur beobachtenden Astronomie
umfassen die teleskopische Bestätigung der Venusphasen, die Beobachtung der vier größten Jupitersatelliten, die Beobachtung der Saturnringe
und die Analyse von Sonnenflecken. Galilei wird als »Vater der beobachtenden Astronomie«, als »Vater der modernen Physik«, als »Vater der
wissenschaftlichen Methode« und als »Vater der modernen Wissenschaft«
bezeichnet.

GAUSS, CARL FRIEDRICH (30. April 1777–23. Februar 1855): Deutscher Mathematiker, der auf zahlreichen Gebieten der Mathematik und der Naturwissenschaften bedeutende Beiträge leistete. Manchmal wird Gauß auch als
»Princeps mathematicorum« (Fürst der Mathematik) und als »der größte
Mathematiker seit der Antike« bezeichnet. Gauß wird zu den einflussreichsten Mathematikern der Geschichte gezählt.

GUTENBERG, JOHANNES (ca. 1400–3. Februar 1468): Deutscher Goldschmied,
Erfinder, Drucker und Verleger, der mit der Druckerpresse das Drucken

in Europa einführte. Seine Entwicklung des mechanischen Buchdrucks mit beweglichen Lettern in Europa leitete die Druckrevolution ein. Damit spielte Gutenberg eine Schlüsselrolle in der Entwicklung der Renaissance, der Reformation, des Zeitalters der Aufklärung und der wissenschaftlichen Revolution.

HALLEY, EDMOND (29. Oktober 1656–25. Januar 1742): Englischer Astronom, Geophysiker, Mathematiker, Meteorologe und Physiker. Er half dabei, Isaac Newtons Bewegungsgesetze durch Beobachtungen zu beweisen, und finanzierte die Veröffentlichung von Newtons einflussreicher »Philosophiae Naturalis Principia Mathematica«. Aus seinen Beobachtungen vom September 1682 berechnete er anhand der Bewegungsgesetze die Periodizität des »Halley'schen Kometen«.

HARVEY, WILLIAM (1. April 1578–3. Juni 1657): Englischer Arzt, der einflussreiche Beiträge zur Anatomie und Physiologie leistete. Er war der erste Mediziner, der die systemische Zirkulation und die Eigenschaften des Blutes, das durch das Herz zum Gehirn und zum Rest des Körpers gepumpt wird, vollständig und detailliert beschrieb.

HEROPHILOS VON CHALKEDON (335–280 v. Chr.): Griechischer Arzt, der als einer der frühesten Anatomen gilt. Er war der erste, der systematisch wissenschaftliche Sezierungen von menschlichen Leichen durchführte.

HYPATIA VON ALEXANDRIA (350–370 bis 415): Hellenistische neoplatonische Philosophin, Astronomin und Mathematikerin aus Alexandria. Hypatia war eine prominente Denkerin der neoplatonischen Schule in Alexandria, wo sie Philosophie und Astronomie lehrte.

JUNMAI, ZHANG (1886–1969; auch unter seinem Geburtsnamen Carsun Chang bekannt): Chinesischer Philosoph, öffentlicher Intellektueller und politischer Mensch als Mitglied und Akteur in der sozialdemokratischen Partei Chinas. Seine Lebensphilosophie führte 1923 zu heftiger Diskussion und Kontroverse über die chinesische Wissenschaft und Metaphysik (auch bekannt als »Weltanschauungskontroverse«).

KANT, IMMANUEL (22. April 1724–12. Februar 1804): Deutscher Philosoph der Spätaufklärung und einer der größten Philosophen der Weltgeschichte. Seine philosophischen Abhandlungen umfassen Themen der Metaphysik, Ethik, Theologie, Ästhetik und Naturphilosophie sowie des Rechts in einer Breite, wie sie es seit Aristoteles nicht mehr gegeben hat. Mit seiner Transzendentalphilosophie gilt Kant als Auslöser der »kopernikanischen Wende« in der Philosophie.

KEPLER, JOHANNES (27. Dezember 1571–15. November 1630): Deutscher Astronom, Mathematiker und Astrologe, am besten bekannt für seine Gesetze der Planetenbewegung. Keplers Werke waren zentral für die wissenschaftliche Revolution im 17. Jahrhundert und bildeten die Grundlage für Newtons Theorie der universellen Gravitation.

KOLUMBUS, CHRISTOPHER (31. Oktober 1451–20. Mai 1506): Italienischer Entdecker und Kolonisator, der vier Reisen über den Atlantischen Ozean absolvierte, die die Neue Welt für die Eroberung und dauerhafte europäische Kolonisierung Amerikas öffneten. Seine Expeditionen, die von den katholischen Königen von Spanien gesponsert wurden, waren der erste europäische Kontakt mit der Karibik, Mittelamerika und Südamerika.

KOPERNIKUS, NIKOLAUS (9. Februar 1473–24. Mai 1543): Polnischer Universalgelehrter, der mit seiner Theorie des Himmels die Sonne und nicht die Erde in den Mittelpunkt des Universums stellte. Die Veröffentlichung von Kopernikus' Buch »De revolutionibus orbium coelestium« (*Über die Revolutionen der Himmelssphären*) kurz vor seinem Tod im Jahr 1543 war eines der wichtigsten Ereignisse in der Geschichte der Wissenschaft, das die kopernikanische Revolution auslöste und einen bahnbrechenden Beitrag zur wissenschaftlichen Revolution leistete.

KUO, SHEN (1031–1095): Chinesischer Mathematiker, Wissenschaftler und Staatsmann der Song-Dynastie (960–1279). Er war der Erste, der den Magnetnadelkompass beschrieb, der für die Navigation verwendet werden sollte.

LAPLACE, PIERRE SIMON (23. März 1749–5. März 1827): Französischer Mathematiker, Physiker, Astronom und Philosoph. Er gilt als einer der größten Wissenschaftler aller Zeiten und wird manchmal auch (zumeist in Frankreich) als »der französische Newton« bezeichnet. Er leistete Pionierarbeiten in der mathematischen Physik und der Wahrscheinlichkeitstheorie

LEIBNIZ, GOTTFRIED WILHELM (1. Juli 1646–4. November 1716): Deutscher Universalgelehrter und einer der wichtigsten Logiker, Mathematiker und Naturphilosophen der Aufklärung. Als Mathematiker war Leibniz' herausragendste Leistung die Konzeption der Ideen der Differenzial- und Integralrechnung, unabhängig von Isaac Newtons gleichzeitigen Arbeiten. Leibniz verfeinerte auch das binäre Zahlensystem, das die Grundlage aller Digitalrechner bildet. In der Philosophie war Leibniz zusammen mit René Descartes und Baruch Spinoza einer der drei großen Verfechter des Rationalismus im 17. Jahrhundert. Das Werk von Leibniz nahm Teile der modernen Logik und analytischen Philosophie vorweg.

LUKREZ (ca. 99–55 v. Chr.): Römischer Dichter und Philosoph. Sein einziges bekanntes Werk ist das philosophische Gedicht »De rerum natura«, ein didaktisches Werk über die Lehren und die Philosophie des Epikureismus. Diese Schrift war lange verschollen, bis sie zu Beginn des 15. Jahrhunderts wiederentdeckt wurde und maßgeblichen Einfluss auf den sich formenden Humanismus und die Renaissance ausübte.

NEWTON, ISAAC (25. Dezember 1642–20. März 1727): Englischer Mathematiker, Physiker, Astronom und Schriftsteller, der weithin als einer der einflussreichsten Wissenschaftler aller Zeiten und als Schlüsselfigur der wissenschaftlichen Revolution gilt. Sein Buch »Philosophiae Naturalis Principia Mathematica« (*Mathematische Prinzipien der Naturphilosophie*), das erstmals 1687 veröffentlicht wurde, legte die Grundlagen der klassischen Mechanik. Newton leistete auch bahnbrechende Beiträge zur Optik und teilte die Anerkennung mit Gottfried Wilhelm Leibniz für die Entwicklung der Infinitesimalrechnung.

PARACELSUS (Theophrastus Bombastus von Hohenheim; 1493/1494–24. September 1541): Schweizer Arzt, Alchimist, Laientheologe und Philosoph der deutschen Renaissance. Er war ein Pionier in mehreren Aspekten der »medizinischen Revolution« der Renaissance, wobei er den Wert der Beobachtung in Kombination mit der erhaltenen Weisheit betonte.

PASCAL, BLAISE (19. Juni 1623–19. August 1662): Französischer Mathematiker, Physiker, Erfinder, Schriftsteller und katholischer Theologe. Seine Arbeiten befassten sich mit den Naturwissenschaften und den angewandten Wissenschaften. Pascal war auch ein wichtiger Mathematiker, der mit Pierre de Fermat die Wahrscheinlichkeitstheorie entwickelte, was die Entwicklung der modernen Wirtschafts- und Sozialwissenschaften stark beeinflusste.

PLATON (428/427 oder 424/423–348/347 v. Chr.): Athenischer Philosoph während der klassischen Periode im antiken Griechenland, Begründer der platonischen Denkschule und der »Akademie«, der ersten Hochschuleinrichtung der westlichen Welt. Platon gilt weithin als Schlüsselfigur in der Geschichte der antiken griechischen und westlichen Philosophie, zusammen mit seinem Lehrer Sokrates und seinem berühmtesten Schüler Aristoteles. Sein Werk, das »Corpus Platonicum«, umfasst im Wesentlichen Dialoge seines Lehrers Sokrates, die Platon (v. a. in seinen mittleren und späteren Dialogen) verwendet, um sein eigenes philosophisches System darzulegen, das in der Philosophie-Tradition als »Ideenlehre« zusammengefasst wird. Ein großer Teil der frühen christlichen Philosophie wurde von den platonischen Gedanken um die Ideenlehre geprägt.

POLO, MARCO (1254–9. Januar 1324): Italienischer Kaufmann, Entdecker und Schriftsteller, der zwischen 1271 und 1295 auf der Seidenstraße durch Asien reiste. Mit »Die Reisen des Marco Polo« verfasste Polo ein Buch, das den Europäern die damals geheimnisvolle Kultur und das Innenleben der östlichen Welt beschrieb, einschließlich des Reichtums und der Größe des

Mongolenreichs und Chinas in der Yuan-Dynastie, und das dem Westen einen ersten umfassenden Einblick in China, Indien, Japan und andere asiatische Städte und Länder gab.

PTOLEMÄUS (ca. 170–100 v. Chr.): Griechischer Mathematiker, Astronom, Geograf und Astrologe aus Alexandria. Seine astronomische Abhandlung, die heute als »Almagest« bekannt ist, obwohl sie ursprünglich den Titel »Mathematische Syntaxis« trug, prägte das europäische Denken über den Kosmos bis ins 16. Jahrhundert.

SOKRATES (ca. 470–399 v. Chr.): Athenischer Philosoph während der klassischen Periode im antiken Griechenland. Nach ihm unterscheidet man im antiken griechischen philosophischen Denken eine »vorsokratische« und eine klassische Phase. Sokrates gilt als einer der Hauptbegründer der westlichen Philosophie, insbesondere der Ethik und der Methode des skeptischen Zweifels. Letzteres lässt ihn zu einem ersten Verfechter der modernen wissenschaftlichen Methode werden. Sokrates hat selbst keine Schriften hinterlassen (und wohl auch keine verfasst). Sein Schüler Platon verewigte ihn allerdings in seinen »Sokratischen Dialogen«, die das wesentliche Werk Platons umfassen. Sokrates, sein Schüler Platon und dessen Schüler Aristoteles bilden das klassische Dreigestirn in der antiken Philosophie..

VESALIUS, ANDREAS (31. Dezember 1514–15. Oktober 1564): Flämischer Anatom, Arzt und Autor eines der einflussreichsten Bücher über die menschliche Anatomie: »De Humani Corporis Fabrica Libri Septem« (*Über das Gewebe des menschlichen Körpers*). Vesalius gilt als Begründer der modernen menschlichen Anatomie.

VESPUCCI, AMERIGO (9. März 1454–22. Februar 1512): Italienischer Kaufmann, Entdecker und Seefahrer aus der Republik Florenz. In den Jahren 1503 und 1505 wurden unter seinem Namen zwei Broschüren veröffentlicht, die farbenfrohe Beschreibungen der Erkundungen in Übersee enthielten. Sie trugen maßgeblich dazu bei, das Bewusstsein für die Neue Welt zu schärfen. Vespucci galt damit als führender Entdecker und Seefahrer seiner Zeit. Der neue Kontinent »Amerika« ist nach ihm benannt.

WATT, JAMES (30. Januar 1736–25. August 1819): Schottischer Erfinder, Maschinenbau-Ingenieur und Chemiker, der 1776 Thomas Newcomens Dampfmaschine mit seiner neuen Watt-Dampfmaschine verbesserte. Watts Erfindung war für die Veränderungen, die die industrielle Revolution sowohl in seiner Heimat Großbritannien als auch im Rest der Welt mit sich brachte, von grundlegender Bedeutung.

WENJIANG, DING (20. März 1887–5. Januar 1936): Chinesischer Essayist, Geologe und Schriftsteller, der vor allem während der Republikzeit

(1912–1949) in China tätig war. Mit seinem Aufsatz »Mythologie und Wissenschaft« kämpfte er gegen die Ansichten Zhang Junmais und behauptete, dass »Wissenschaft für die menschliche Philosophie irrelevant« sei, womit er ein zentraler Akteur in der Wissenschaftsdiskussion in China während der Republikphase war.

Bildnachweis

akg-images: S. 33 (AKG79402), 39 (AKG17654), 55 (AKG235409), 71 (AKG151962), 129 (AKG3010520), 131 (AKG7236038), 169 (AKG222702), 171 (AKG19364), 183 (AKG79837), 239 (AKG141440), 296 (AKG139655)

akg-images / Album / Oronoz: S. 123 (AKG1316576)

akg-images / bilwissedition: S. 215 (AKG2097077)

akg-images / De Agostini / G. Costa: S. 107 (AKG6123873)

akg-images / De Agostini / Icas94: S. 79 (AKG7327095)

akg-images / De Agostini Picture Library: S. 139 (AKG7310557), 263 (AKG5781747)

akg-images / IAM / World History Archive: S. 12 (AKG6334169)

akg-images / Pictures From History: S. 285 (AKG4566503)

akg / Science Photo Library: S. 83 (AKG935147), 153 (AKG4013300), 251 (AKG935840), 257 (AKG934637)

akg-images / Science Source: S. 29 (AKG5464596), 94 (AKG5429406), 105 (AKG5428814), 223 (AKG5427728), 249 (AKG5428562), 255 (AKG5428798), 275 (AKG5430145)

akg-images / © SCIENCE SOURCE/SCIENCE SOURCE: S. 159 (AKG8139934)

akg-images / UIG / Universal History Archive: S. 89 (AKG7055843), 133 (AKG7055359), 289 (AKG7915345)

akg-images / Universal Images Group: S. 18 (AKG4815627)

akg-images / WHA / World History Archive: S. 234 (AKG1071881)

Bildarchiv Pisarek / akg-images: S. 291 (AKG441584)

Heritage Images / Fine Art Images / akg-images: S. 41 (AKG5702030), 162 (AKG5692395)

Heritage-Images / Oxford Science Archive / akg-images: S. 145 (AKG4893387), 259 (AKG4893862), 267 (AKG4894945)

Quagga Media UG / akg-images: S. 61 (AKG4550486)

Lars Jaeger (Gestaltung Silke Nalbach): S. 85, 102, 175, 218, 219

DER AUTOR

Lars Jaeger, Dr. rer. nat., Jg. 1969, hat Physik, Mathematik, Philosophie und Geschichte in Bonn und Paris studiert und mehrere Jahre in der theoretischen Physik im Bereich der Quantenfeldtheorien und Chaostheorie geforscht (Universität Bonn, Max-Planck-Institut für Physik komplexer Systeme Dresden). Als umtriebiger Querdenker hat er zwei Unternehmen aufgebaut, die mit mathematischen Methoden globale Kapitelmärkte modellieren und daraus systemische Handelsmodelle konstruieren. Die Begeisterung für die Naturwissenschaften und die Philosophie hat ihn nie losgelassen. Er lebt mit seiner Familie im Kanton Zug.